高职高专教育"十三五"规划教材

DANPIANJI YUANLI YU YINGYONG
XIANGMUHUA JIAOCHENG

单片机原理与应用项目化教程

主编 王 瑾 刘爱玲 李 飞

东北林业大学出版社
Northeast Forestry University Press
·哈尔滨·

版权专有　侵权必究

举报电话：0451－82113295

图书在版编目（CIP）数据

单片机原理与应用项目化教程 / 王瑾，刘爱玲，李飞主编． — 哈尔滨：东北林业大学出版社，2019.5
 ISBN 978－7－5674－1779－3

Ⅰ．①单… Ⅱ．①王…②刘…③李… Ⅲ．①单片微型计算机－高等学校－教材 Ⅳ．①TP368.1

中国版本图书馆CIP数据核字（2019）第093688号

责任编辑：	陈珊珊　刘天杰
封面设计：	华盛英才
出版发行：	东北林业大学出版社（哈尔滨市香坊区哈平六道街6号　邮编：150040）
印　　装：	北京佳顺印务有限公司
规　　格：	787 mm×1 092 mm　16开
印　　张：	15.5
字　　数：	377千字
版　　次：	2019年5月第1版
印　　次：	2019年5月第1次印刷
定　　价：	45.00元

如发现印装质量问题，请与出版社联系调换。（电话：0451－82113296　82191620）

前　言

"单片机原理与应用"是随着微电子技术的发展而迅速发展起来的一门应用科学。单片机是一种高集成度的微机芯片，由于其体积小，价格便宜，使得它在很多计算机无法应用的领域大显身手。这些领域包括仪表仪器、计算机外部设备、过程及工业设备控制、人工智能等。单片机是按工业标准设计的，它具有丰富的外部接口功能芯片、很好的环境适应能力和抗干扰能力，是工程测控系统中不可或缺的核心器件。

本书既是机电专业的基础课教材，它为测控技术的具体实现提供了物质基础和技术手段；同时，它又自成体系，是一门专业课教材，它的任务是使学生逐步掌握测控信号的聚集与控制处理等，为进一步研制工业设备及过程中的测控系统打好基础。

应用型高等教育的特点是侧重于学生能力的培养和技能的训练。传统的单片机教材已不能适应新的教学要求，本书正是为了满足不断深化的职业教育改革和高职人才培养目标而编写的。本教材在编写过程中力求在内容、结构、理论教学与工程实践的衔接方面充分体现高职教育的特点。

(1) 本书按照高等院校学生的认知规律，以单片机的应用为主线，采用任务驱动的模式来组织相关知识点。针对每个任务首先引导学生对任务进行分析，诱发学生的学习兴趣，继而激发学生对完成任务所需知识点的学习热情，最后利用所学的知识点水到渠成地完成预定任务的软、硬件设计及仿真。这样的内容结构安排，使学生带着任务来主动学习，在享受利用所学知识完成任务的成就感中，轻松地掌握了单片机的基本开发应用技术。同时，也在潜移默化中提高了学生分析问题、解决问题的能力。本教材中的所有应用实例均采用 Proteus 仿真软件调试通过，以方便学生参考学习。这种通过任务驱动而不是靠理论体系的逻辑关系引导的内容体系，是本教材的最大特点。

(2) 本书以理论"必需、够用"为原则，简化了单片机理论的难度和深度，突出实用性和操作性，加强理论联系实际，体现做中学、学中练的教学思路。书中提供的大量实用程序和应用实例，大多是编者在多年的教学中总结积累的经典案例或科研中实际工程项目，通过这些实例的学习，使学生未出校门就已具备单片机系统的开发经验，直接与人才岗位的需求接轨，符合高职高技能应用型人才培养的要求。

(3) 根据职业岗位实践要求，全书主要采用 C 语言编程。单片机应用系统设计的实践表明，使用 C 语言编程更为简练，大大缩短单片机的开发周期，而且程序便于移植。但汇编语言作为一种传统单片机程序设计语言，在行业内将长期存在，在某些环境下还必须借助汇编语言来开发，希望读者能够理解汇编程序代码功能，所以书中也同时介绍了单片机汇编语言的相关知识，在具体的教学过程中可根据实际情况进行取舍。

由于编写时间紧迫，编者水平有限，书中错误和疏漏之处在所难免，敬请广大专家、同行、读者批评指正，以便在今后的重印或再版中改进和完善。

编　者

目 录

项目一 制作简易信号灯 …………………………………………………………… 1
    任务一 搭建单片机最小系统 …………………………………………………… 1
    任务二 简易信号灯的软件设计 ………………………………………………… 29
项目二 制作流水灯和模拟交通灯 ………………………………………………… 51
    任务一 流水灯设计 ……………………………………………………………… 51
    任务二 模拟交通灯设计 ………………………………………………………… 77
项目三 制作简易秒表 ……………………………………………………………… 85
    任务一 了解定时器/计数器 …………………………………………………… 85
    任务二 制作简易秒表 …………………………………………………………… 94
项目四 单片机显示技术与键盘接口 …………………………………………… 111
    任务一 多位数码管显示器设计 ……………………………………………… 111
    任务二 点阵显示器设计 ……………………………………………………… 118
    任务三 LCD 字符显示器设计 ………………………………………………… 126
    任务四 制作 4×4 阵列式键盘按键 …………………………………………… 137
项目五 制作单片机之间的通信系统 …………………………………………… 146
    任务一 测试串行口的通信状态 ……………………………………………… 146
    任务二 制作双机通信系统 …………………………………………………… 163
项目六 制作智能小车 …………………………………………………………… 182
    任务一 制作调速小车 ………………………………………………………… 182
    任务二 制作智能小车 ………………………………………………………… 195
项目七 掌握一些单片机的扩展技术 …………………………………………… 200
    任务一 了解存储器的系统扩展 ……………………………………………… 200
    任务二 了解 I/O 口的扩展 …………………………………………………… 211
    任务三 了解 I^{2}C 总线 E^{2}PROM 的扩展 ………………………………………… 222
附录一 MCS-51 指令集 ………………………………………………………… 236
附录二 ASCII 表 ………………………………………………………………… 241
参考文献 …………………………………………………………………………… 242

项目一 制作简易信号灯

任务一 搭建单片机最小系统

任务目标

➢ 掌握单片机的概念；
➢ 掌握 MCS-51 单片机的外部引脚功能；
➢ 掌握 MCS-51 单片机的内部结构组成；
➢ 掌握 MCS-51 单片机的复位电路；
➢ 掌握 MCS-51 单片机的时钟电路。

一、单片机的基本概念

微处理器 MP（Micro Processor）就是传统计算机的 CPU，是集成在同一块芯片上的具有运算和逻辑控制功能的中央处理器，简称 MP。它是构成微型计算机系统的核心部件。

微型计算机 MC（Micro Computer）以微处理器为核心，再配上存储器、I/O 接口和中断系统等构成的整体，称为微型计算机。它们可集中装在同一块或数块印制电路板上，一般不包括外围设备和软件。

微型计算机系统 MCS（Micro Computer System）是指以微型计算机为核心，配上外围设备、电源和软件等，构成能独立工作的完整计算机系统。

单片微型计算机（Single Chip Microcomputer），简称单片机，是将微处理器、存储器、I/O（Input/Output）接口和中断系统集成在同一块半导体芯片上，具有完整功能的微型计算机，该芯片就是其硬件。由于它的结构及功能均是按照工业控制要求设计的，所以其确切的名称应是单片机微控制器（Single Chip Microcontroller）。

单片机结构上的设计，在硬、软件系统及 I/O 接口控制能力等方面都有独到之处，具有较强且有效的功能。因而，无论从其组成还是逻辑功能上来看，单片机都有微机系统的含义。但是，单片机毕竟还只是一个芯片，只有外加接口芯片、输入/输出设备等，才可以构成实用的单片机应用系统。

图 1-1 所示为单片机实物图。

位、字节、字及字长都是计算机中常用的名词术语。

(1) 位（Bit）

位是指一个二进制位，它是计算机中信息存储的最小单位。位用 b 表示。

(2) 字节（Byte）

字节指相邻的 8 个二进制位，通常存储器是以字节为单位存储信息的。字节用 B 表示。

(3) 字（Word）及字长

字是计算机内部进行数据传递、数据处理的基本单元。一个字所包含的二进制位数称为字长。字用 W 表示。在一般的计算机中定义一个字长为 2 字节。

电子计算机高速发展到今天，通常可分为巨型机、大型机、中型机、小型机和微型机 5 类。它们在系统结构和基本工作原理方面并无本质的区别，只是在体积、性能和应用领域方面有所不同。

图 1-1 单片机实物图

二、单片机的应用与发展

自从 1975 年美国得克萨斯仪器公司（TI 公司）的第一个单片机 TMS-1000 问世以来，迄今为止，仅有近 30 年的历史，但是单片机技术已成为计算机技术的一个独特分支，在众多领域尤其在智能化仪器仪表、检测和控制系统中有着广泛的应用。

单片机作为微型计算机的一个分支，它的产生与发展和微处理器的产生与发展大体同步，主要分为三个阶段。

第一阶段（1974～1978）：初级单片机阶段。以 Intel 公司的 MCS-48 为代表。该系列单片机在片内集成了 8 位 CPU、并行 I/O 口、8 位定时/计数器、RAM 等，无串行 I/O 口，寻址范围不大于 4KB。

第二阶段（1978～1983）：高性能单片机阶段。以 MCS-51 系列为代表，该阶段的单片机内均带有串行 I/O 口，具有多级中断处理系统，定时/计数器为 16 位，片内 RAM 和 ROM 容量相对增大，且寻址范围可达 64KB。这类单片机应用领域极为广泛，由于其优良的性价比，特别适合我国的国情，故在我国得到广泛应用。

第三阶段（1983～今）：8 位单片机巩固完善及 16 位单片机推出阶段。以 MCS-96 系列为 16 位单片机的代表，其内部除了 CPU 为 16 位以外，还采用了新颖的寄存器堆/逻辑部件（RALU），片内 RAM 和 ROM 的容量进一步增大，ROM 为 8KB 甚至更大且可以加密，片内还带有高速输入/输出部件、多通道 10 位 A/D 转换器，以及 8 级中断等。近年来，32 位单片机也已进入实用阶段。

目前，单片机正朝着高性能和多品种的方向发展，但由于 MCS-51 系列的 8 位单片机仍能满足绝大多数应用领域的需要，所以以 MCS-51 系列为主的 8 位单片机，目前及以后相当长的一段时期内仍将占据单片机应用的主导地位。

1. 单片机的应用领域

单片机的应用极为广泛，已深入到国民经济的各个领域，对各行业的技术改造和产品的更新换代起着积极的推动作用，单片机的应用领域主要有以下几个方面。

（1）生产自动化

自动化生产不但能够降低劳动强度，而且可以提高经济效益、改善产品质量，广泛应用于机械、汽车、电子、石油、化工、食品等工农业生产领域。自动化生产线、机器手、数控机床等自动化生产设备都能由单片机实现其智能化的自动控制功能。

（2）实时测控

测控系统的工作环境往往比较恶劣，干扰繁杂，并且要求实时测量控制，如工业窑炉的温度、酸度、化学成分的测量和控制等。单片机工作稳定、可靠，抗干扰能力强，体积小，使用灵活，适用于各种恶劣环境，最宜承担测控工作。

（3）智能化产品

现代工业产品的一个重要发展趋势是不断提高其智能化程度，而智能化的提高离不开单片机的参与。传统的机电产品与单片机结合后，可简化产品结构、升级产品功能并实现控制智能化。单片机与机械技术相结合，称为机电一体化，是机械工业的发展方向。单片机在家电产品上更得到普遍应用，出现了程控洗衣机、电脑空调机等。为提高汽车的动力性、经济性、舒适性、稳定性，减少污染排放，现代汽车上都大量使用了单片机。

（4）智能化仪表

用单片机改造、设计制造仪器仪表，大大促进了仪表向数字化、智能化、多功能化、综合化和柔性化方向发展，并能同时提高仪器仪表的精度和准确度，简化结构，减小体积。

（5）信息通信技术

多机系统（各种网络）中的各计算机之间的通信联系，计算机与其外围设备（键盘、打印机、传真机、复印机等）之间的协作都有单片机的参与。

（6）科学研究

小到实验测控台，大到卫星、运载火箭，单片机都发挥着极其重要的作用。

（7）国防现代化

各种军事装备、管理通信系统都有单片机深入其中。例如，数字化部队的武器、通信等装备都大量应用了单片机。

单片机技术的应用遍布国民经济与人民生活的各个领域，如图1-2所示。

图1-2 单片机技术的应用领域

2. 单片机的应用特点

(1) 面向控制的应用

由于单片机内部采用了微控制技术,其结构及功能均按自动控制的要求设计,因而主要应用于控制领域。微控制技术从根本上改变了传统的控制系统设计思想,它通过对单片机编程方法的代替,由模拟电路或数字电路实现大部分控制功能,是对传统控制方式的一次革命。

传统控制系统的控制功能是通过电气元件和线路连接等硬件手段实现的,一经完成,功能很难更改。若要改变功能,必须重新连接电路,十分不便。而微控制技术是由硬件和软件共同实现的。只要改变程序的内容就可在硬件线路基本功能的基础上实现多种功能。例如,彩灯的控制,若由传统控制系统实现,则线路完成之后,彩灯的闪烁变换方式也就确定了;而由单片机系统控制,不改变线路连接,只简单地改变程序即可实现多种不同的彩灯闪烁方式。

(2) 在线应用

在线应用就是以单片机代替常规模拟或数字控制电路,使其成为测控系统的一部分,在被控对象工作过程中实行实时检测及控制。在线应用为实时测控提供了可能和方便。

(3) 嵌入式应用

单片机在应用时通常装入到各种智能化产品之中,所以又称嵌入式微控制器(Embedded Micro Controller Unit,EMCU)。单片机应用系统就是典型的嵌入式系统。

嵌入式系统是作为其他系统的组成部分使用的。由于通用计算机系统有限的可靠性、较高的价位及庞大的身躯,限制了其在嵌入式系统的广泛应用,尤其限制了以嵌入式系统作为核心控制产品的发展。单片机以较小的体积、现场运行环境的高可靠性满足了许多对象的嵌入式应用要求。在嵌入式系统中,单片机是最重要也是应用最多的智能核心器件。

将单片机系统嵌入到对象体系中后,单片机就成为对象体系的专用指挥中心。嵌入式系统的广泛应用和不断发展的美好前景,极大地影响着每个人的学习、工作和生活。

3. 单片机的应用系统

单片机应用系统按扩展及配置状况,可分为最小系统、最小功耗系统、典型系统等。

单片机最小系统是指单片机嵌入一些简单的控制对象(如开关状态的输入/输出控制等),并能维护单片机运行的控制系统。该系统成本低,结构简单,其功能完全取决于单片机芯片技术的发展水平。

单片机最小功耗系统是指系统功耗最小。设计该系统时,必须使系统内所有器件及外围设备都有最小的功耗,该系统常用在一些袖珍式智能仪表及便携式仪表中。

单片机典型系统是单片机控制系统的一般模式,它是单片机要完成工业测控功能必须具备的硬件结构系统,其系统框图如图1-3所示。

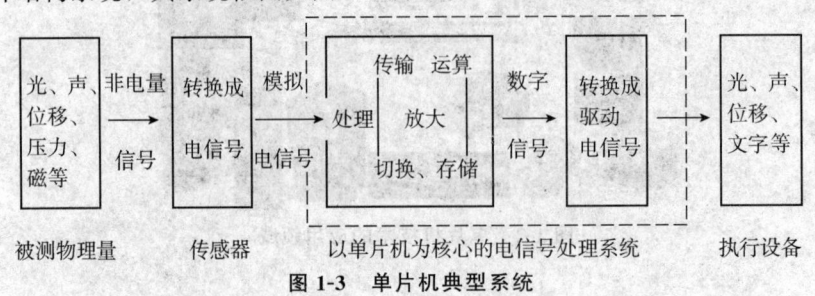

图1-3 单片机典型系统

下面简要说明图中主要部分的作用。该系统中，通过传感器把被控对象的物理量转换成标准的模拟电量。如把 0℃～500℃温度转换成 4～20mA 标准直流电流输出。该输出经滤波器滤除掉输入通道的干扰信号，然后送入多路采样器。多路模拟采样开关分时地对多个模拟量进行采样、保持，使 A/D 转换器能将某时刻的模拟量转换成相应的数字量，然后该数字量输入单片机。单片机对输入的数据进行运算处理后，输出相应的数字量，经 D/A 转换器转换为模拟量，该模拟量经保持器控制相应的执行机构，对被控对象的相关参数进行调节，从而控制被调参数的物理量，使之按给定规律变化。

4. 单片机的发展趋势

（1）微型化

芯片集成度的提高为单片机的微型化提供了可能。早期单片机大量使用双列直插式封装，随着贴片工艺的出现，单片机也大量采用了各种符合贴片工艺的封装，大大减小了芯片的体积，为嵌入式系统提供了可能。

（2）低功耗

现在新的单片机的功耗越来越小，特别是很多单片机都设置了多种工作方式，包括等待、暂停、睡眠、空闲、节电等。扩大电源电压范围及在较低电压下仍然能工作是当今单片机发展的目标之一。目前，一般单片机都可在 3.3～5.5V 的条件下工作，一些厂家甚至生产出可以在 2.2～6V 条件下工作的单片机。

（3）高速化

早期 MCS-51 单片机的典型时钟频率为 12MHz，目前西门子公司的 C500 系列单片机（与 MCS-51 兼容）的时钟频率为 36MHz；EMC 公司的 EM78 系列单片机的时钟频率高达 40MHz；现在已有更快的 32 位 100MHz 的单片机产品出现。

（4）集成更多资源

单片机在内部已集成了越来越多的部件，这些部件包括一些常用的电路，例如，定时器、比较器、A/D 转换器、D/A 转换器、串行通信接口、Watchdog（看门狗）电路、LCD 控制器等。有的单片机为了构成控制网络或形成局部网，内部含有局部网络控制模块，甚至将网络协议固化在其内部。

（5）通信及网络功能加强

在某些单片机内部由于封装了局部网络控制模块，因此这类单片机十分容易构成网络。特别是在控制系统较为复杂时，构成一个控制网络十分有用。目前，将单片机嵌入式系统和 Internet 连接起来已是一种趋势。

（6）专用型单片机发展加快

专用型单片机具有最大程度简化的系统结构，资源利用率最高，大批量使用有着可观的经济效益。

三、单片机的种类

1. 单片机的主要生产厂商及产品

自单片机诞生以来，其产品在近 30 年里得到了迅猛的发展，形成了多公司、多系列、多型号的局面。在国际上影响较大的公司及其产品如表 1-1 所示。

表 1-1　单片机主要生产厂商及产品

公　司	典型产品系列
Intel	MCS-48、MCS-51、MCS-96 系列
Philips	与 MCS 系列兼容的 51 系列
Motorola	MC68 系列
ATMEL	与 MCS 系列兼容的 51 系列
Microchip	PIC16C5X 系列
Zilog	Z8 系列

除上述公司及其产品外，还有一些其他公司如 Siemens、OKI、Fairchild、Mostek 公司等，也生产各种类型的单片机。

(1) Intel 公司系列单片机

Intel 公司的系列单片机可分为 MCS-48、MCS-51、MCS-96 三个系列。每一系列芯片的 ROM 根据其型号一般分为片内掩膜 ROM、片内 EPROM 和外接 EPROM 三种方式，这是 Intel 公司的首创，现已成为单片机的统一规范。最近 Intel 公司又推出了片内带 E^2PROM 型单片机。片内掩膜 ROM 型单片机适合于已定型的产品，可以大批量生产；片内带 EPROM 型、外接 EPROM 型及片内带 E^2PROM 型单片机适合于研制新产品和生产产品样机。

MCS-48 系列单片机是 1976 年推出的 8 位单片机，其典型产品为 8048。MCS-51 系列单片机是 Intel 公司 1980 年推出的高性能的 8 位单片机。与 MCS-48 系列相比，无论是在片内 RAM/ROM 容量、I/O 功能、种类和数量，还是在系统扩展能力方面均有很大改善，性能全面提高，其许多功能超过了 8085CPU 和 Z80CPU，成为当前工业测控类应用系统的优选单片机。MCS-51 系列单片机，其主要产品及性能如表 1-2 所示。MCS-96 系列单片机是 Intel 公司 1983 年推出的 16 位单片机，其功能更加强大。

表 1-2　MCS-51 系列单片机主要产品及性能

型　号		程序存储器	RAM（B）	I/O 口线	定时器（个×位）	中断源	晶振（MHz）
8051	8031	无	128	32	2×16	5	2～12
	8051	4KB ROM	128	32	2×16	5	2～12
	8751	4KB EPROM	128	32	2×16	5	2～12
8052	8032	无	256	32	3×16	6	2～12
	8052	8KB ROM	256	32	3×16	6	2～12
	8752	8KB EPROM	256	32	3×16	6	2～12
80C51	80C31	无	128	32	2×16	5	2～12
	80C51	4KB ROM	128	32	2×16	5	2～12
	87C51	4KB EPROM	128	32	2×16	5	2～12
80C52	80C32	无	256	32	3×16	6	2～12
	80C52	8KB ROM	256	32	3×16	6	2～12
80C54	87C54	16KB ROM	256	32	3×16	6	2～20
	80C54	16KB ROM	256	32	3×16	6	2～20
80C58	87C58	32KB EPROM	256	32	3×16	6	2～20

(2) Philips 公司单片机

Philips 公司生产与 MCS-51 兼容的 80C51 系列单片机，片内具有 I^2C 总线、A/D 转换器、定时监视器、CRT 控制器（OSD）、看门狗（WTD）电路、电源监测和时钟监测等丰富的外围部件。其某些产品工作电压甚至可低至 1.8V，并且扩大了接口功能，如设置高速口，扩展 I/O 数量，增加外部中断源，以及将 ADC、PWM 做入片内。为提高运行速度，时钟频率已达 16/24MHz。主要产品有 80C51、80C52、80C31、80C32、80C528、80C552、80C562、80C751 等。

Philips 单片机的独特之处是具有 I^2C 总线，这是一种集成电路和集成电路之间的串行通信总线。可以通过总线对系统进行扩展，使单片机的系统结构更简单，体积更小。

(3) Motorola 公司单片机

Motorola 公司的单片机从应用角度可以分成两类：高性能的通用型单片机和面向家用消费领域的专用型单片机。

通用型单片机具有代表性的是 MC68HCll 系列，有几十种型号；其典型产品为 MC68HCllA8，具有准 16 位的 CPU、8KB ROM、256B RAM、512B E^2PROM、16 位 9 功能定时器、38 位 I/O 口线、2 个串行口、8 位脉冲累加器、8 路 8 位 AD 转换器、WTD 电路、17 个中断向量等功能，既可单片工作，也可以扩展方式工作。

专用型单片机性价比较高，应用时一般采用"单片"形式，原则上一块单片机就是整个控制系统。这类单片机无须外接存储器，如 MC68HC05/MC68HC04 系列。

(4) ATMEL 公司单片机

ATMEL 公司生产的 CMOS 型 51 系列单片机，具有 MCS-51 内核，用 Flash ROM 代替 ROM 作为程序存储器，具有价格低、编程方便等优点。例如，89C51 就是拥有 4KB FlashROM 的单片机。

ATMEL 公司生产的单片机主要有 89C51、89F51、89C52、89LV52、89C55 等。

(5) Microchip 公司的单片机

Microchip 公司推出了 PIC16C5X 系列的单片机。它的典型产品 PIC16C57，具有 8 位 CPU、2KB×12 位 E2PROM 程序存储器、80BRAM、1 个 8 位定时计数、21 根 I/O 口线等硬件资源。指令系统采用 RISC 指令，其中 33 条基本指令，长度为 12 位，工作速度较高。主要产品有 PIC16C54、PIC16C55、PIC16C56 等。

(6) Zilog 公司的单片机

Zilog 公司推出的 Z8 系列单片机是一种中档的 8 位单片机。它的典型产品为 Z8601，具有 8 位 CPU、2KB ROM、124B RAM、2 个 8 位定时/计数器、32 位 I/O 二线、1 个异步串行通信口、6 个中断向量等。主要产品型号有 Z8600/10、Z8601/11、Z86C06、Z86C21、Z86C40、Z86C93 等。

2. MCS-51 系列单片机的分类

MCS-51 系列单片机是 Intel 公司开发的非常成功的产品，具有性价比高、稳定、可靠、高效等特点。自从开放技术以来，不断有其他公司生产各种与 MCS-51 兼容或者具有 MCS-51 内核的单片机。它已成为当今 8 位单片机中具有事实"标准"意义的单片机，应用非常广泛。本书以 8051 为核心，讲述 MCS-51 系列单片机。该系列单片机采用模块化设计，各种型号的单片机都是在 8051（基本型）的基础上通过增、减部件的方式获得的。

1) MCS-51 系列单片机按照系列分类

（1）8031/8051/8751

这 3 种芯片常称为 8051 子系列，它们之间的区别仅在于片内程序存储器不同。8031 片内无程序存储器，8051 片内有 4KB 的 ROM，8751 片内有 4KB 的 EPROM，其他结构性能相同。其中，8031 易于开发，价格低廉，应用广泛。

（2）8032/8052/8752

这是 8031/8051/8751 的改进型，常称为 8052 子系列。其片内 ROM 和 RAM 比 8051 子系列各增加一倍，ROM 为 8KB，RAM 为 256B；另外，增加了一个定时/计数和一个中断源。

（3）80C31/80C51/87C51

这 3 个型号是 8051 子系列的 CHMOS 型芯片，可称为 80C31 子系列，两者功能兼容。CHMOS 型芯片的基本特点是高集成度和低功耗。

（4）其他系列产品

其他系列产品有 80C52、80C54、80C58 等。

2) MCS-51 系列单片机按照功能分类

（1）基本型

基本型主要有 8031、8051、8751、8031AH、8051AH、8751AH、8751BH、80C31BH、80C51BH、87C51BH 等。后缀有 AH 或 BH 型单片机采用 HMOS 工艺制造，中间有一个"C"字母的单片机采用 CMOS 工艺制造，具有低功耗的特点，支持节能模式。

（2）增强型

① 增大内部存储器型。

该型产品将内部的程序存储器 ROM 和数据存储器 RAM 增加一倍，如 8032AH、8052AH、8752BH 等，内部拥有 8KB ROM 和 256B RAM，属于 52 子系列。

② 可编程计数阵列（PCA）型。

型号中含有字母"F"的系列产品，如 80C51FA、83C51FA、87C51FA、83C51FB、87C51FB、83C51FC、87C51FC 等，均是采用 CHMOS 工艺制造的，具有比较捕捉模块及增强的多机通信接口。

③ A/D 型。

该型产品如 80C51GB、83C51GB、87C51GB 等具有下列新功能：8 路 8 位 A/D 转换模块，256B 内部 RAM，2 个 PGA 监视定时器，A/D 和串行口中断，7 个中断源，振荡器失效检测功能。

四、引脚的定义及其功能

本书从用户应用的角度出发，主要以 8051 子系列为背景，具体分析 MCS-51 单片机的外部引脚、内部结构和工作原理。

8051 单片机芯片采用 40 引脚双列直插封装 DIP（Double in Line Package）方式，CHMOS 的 80C31/80C51 除采用 DIP 封装方式外，还采用方形封装 PLCC（Plastic Leaded Chip Carrier）方式。图 1-4（a）为 DIP 封装引脚排列图，图 1-4（b）为逻辑符号图。

1. 单片机引脚编号说明

要使用单片机，必须要搞清楚单片机的引脚号、引脚名及引脚功能。单片机引脚编号的方法是：把单片机有字的一面正对自己，即如图 1-4（a）所示标有 "AT89S5224PC0530"
字样一面正对自己，然后把其上带有一个半圆形的缺口及有一个小圆点及小三角形标记的
一端朝上，从左上角开始从上往下编号，第一个引脚就是 1 号，第二个引脚是 2 号，依次
类推，直到左下角最后一个引脚为 20 号；右边引脚编号是从右下角开始的，第一个为 21
号，第二个为 22 号，依次类推，直到右上角引脚为 40 号，如图 1-4（b）所示。

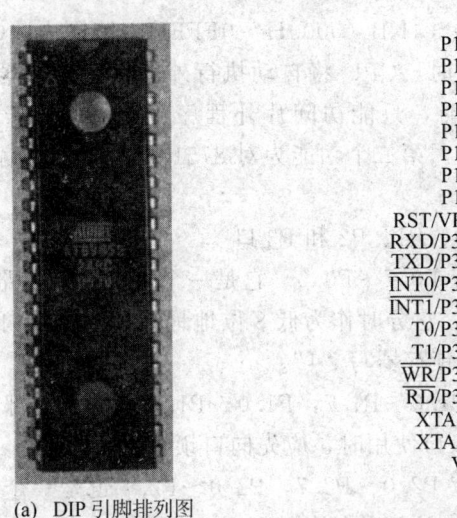

  (a) DIP 引脚排列图　　　　　　　　　(b) 逻辑符号图

图 1-4　MCS-51 引脚图

2. 单片机引脚名及引脚功能说明

MCS-51 是高性能单片机，因为受到集成电路芯片引脚数目的限制，所以有许多引脚
具有双功能。它们的功能简要说明如下。

（1）主电源引脚

V_{CC}：芯片电源端正极，引脚号为 40，接电源正极，工作电源和编程校验为 +5V。

V_{SS}：接地端，引脚号为 20。

（2）时钟振荡电路引脚 XTAL1 和 XTAL2

XTAL1、XTAL2：引脚号分别为 18、19，这两个引脚用来外接石英晶体振荡器，该
振荡器产生的振荡信号送至内部时钟电路产生时钟脉冲信号。

（3）控制总线

ALE/$\overline{PROG}$：引脚号为 30，ALE 为地址锁存允许信号。在访问外部存储器时，ALE
用来把扩展地址低 8 位锁存到外部锁存器。在不访问外部存储器时，ALE 引脚以不变的
频率（时钟振荡器频率的 1/6）周期性地发出正脉冲信号，因而它又可用作外部定时或其
他需要。但要注意，在遇到访问外部数据存储器时，会丢失一个 ALE 脉冲，ALE 能驱动
8 个 LSTTL 负载。在 8751 单片机内部 EPROM 编程期间，此引脚接编程脉冲（$\overline{PROG}$功
能）。

RST/VPD：引脚号为 9，RST 为复位信号输入端。当 RST 引脚持续接入两个机器周
期（24 个时钟周期）以上的高电平时，使单片机完成复位操作。此引脚还可以接入备用
电源。当主电源 V_{CC} 一旦发生断电（也称掉电或失电），降到一定低电压值时，可由 VPD
向内部 RAM 提供电源，以保护片内 RAM 中的信息不丢失，使上电后能继续正常运行

(有关此方面的电路可查阅其他书籍)。

$\overline{PSEN}$：引脚号为 29，外部程序存储器 ROM 的读选通信号。在从外部程序存储器取指令（或数据）期间，$\overline{PSEN}$产生负脉冲作为外部 ROM 的选通信号。而在访问外部数据 RAM 或片内 ROM 时，不会产生有效的$\overline{PSEN}$信号。$\overline{PSEN}$可驱动 8 个 LSTTL 负载。

$\overline{EA}/V_{PP}$：引脚号为 31，$\overline{EA}$访问外部程序存储器控制信号。对 8051 和 8071 而言，当$\overline{EA}$为高电平时，若访问的地址空间在 0～4KB（0000H～0FFFH）范围内，CPU 访问片内程序存储器；当访问的地址超出 4KB 时，CPU 将自动执行外部程序存储器的程序，即访问片外程序存储器；当$\overline{EA}$为低电平时，只能访问片外程序存储器。对于 8031 而言，$\overline{EA}$必须接地，只能访问片外程序存储器。第二个功能为对 8751 的 EPROM 编程期间，接 +21V 编程电源。

（4）输入/输出引脚（I/O 引脚）P0、P1、P2 和 P3 口

P0 口：引脚号为 32～39，分别对应 P0.7～P0.0。它是一个 8 位漏极开路的双向 I/O 口。第二个功能是在访问外部存储器时，它分时作为低 8 位地址线和 8 位双向数据线。当 P0 口作为普通输入口使用时，应先向口锁存器写"1"。

P1 口：引脚号为 1～8，分别对应 P1.0～P1.7，P1.0～P1.7 是一个内部带上拉电阻的准双向 I/O 口。当 P1 口作为普通输入口使用时，应先向口锁存器写"1"。

P2 口：引脚号为 21～28，分别对应 P2.0～P2.7，P2.0～P2.7 也是一个内部带上拉电阻的 8 位准双向 I/O 口。第二功能是在访问外部存储器时，作为高 8 位地址线。

P3 口：引脚号为 10～17，分别对应 P3.0～P3.7，P3.0～P3.7 也是一个内部带上拉电阻的 8 位准双向 I/O 口。P3 口除了作为一般准双向口使用外，每个引脚还有第二功能，见表 1-3。

表 1-3 P3 口各位的第二功能

口　　线	第二功能	信号名称
P3.0	RXD	串行数据接收（输入口）
P3.1	TXD	串行数据发送（输出口）
P3.2	$\overline{INT0}$	外部中断 0 申请输入
P3.3	$\overline{INT1}$	外部中断 1 申请输入
P3.4	T0	定时/计数器 0 计数输入
P3.5	T1	定时/计数器 1 计数输入
P3.6	$\overline{WR}$	外部 RAM 写脉冲输出
P3.7	$\overline{RD}$	外部 RAM 读脉冲输出

五、MCS-51 单片机的内部结构

1. MCS-51 单片机的结构框图

前面已经提到，单片机是在一块芯片上集成了 CPU、RAM、ROM、定时/计数器、I/O 接口及串行通信接口等基本功能部件的一个完整的单片微型计算机，其内部结构如图 1-5 所示。

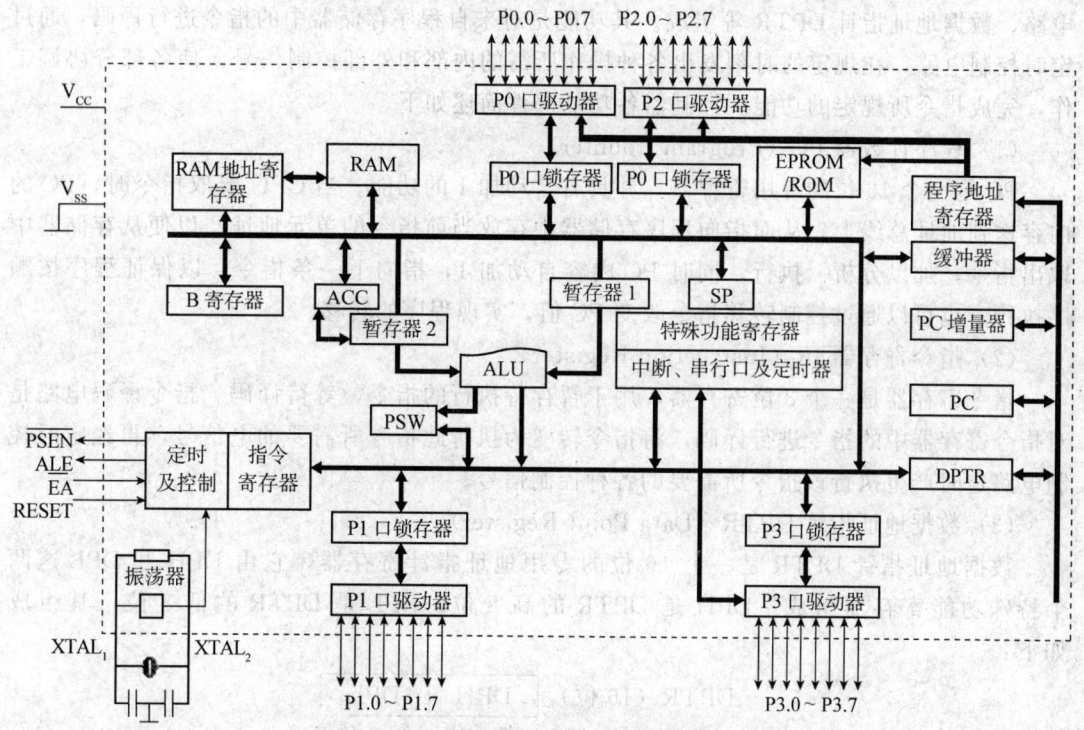

图 1-5 8051 单片机内部结构图

MCS-51 单片机内部包括以下部件：

(1) 一个 8 位 CPU；
(2) 一个片内时钟振荡器，最高时钟频率为 12MHz；
(3) 4KB 程序存储器 ROM/EPROM（8031 片内无 ROM）；
(4) 128B 数据存储器 RAM；
(5) 可寻址的外部程序存储器和数据存储器空间为 64KB 的机构；
(6) 21 个 8 位的特殊功能寄存器 SFR；
(7) 4 个 8 位并行 I/O 口，共 32 根 I/O 线；
(8) 1 个全双工串行口；
(9) 2 个 16 位定时/计数器；
(10) 5 个中断源，2 个优先级的中断结构；
(11) 具有位寻址功能的位处理器，适用于位（布尔）处理。

MCS-51 系列单片机的典型芯片是 8051。与 8051 结构相同的产品还有 8031 和 8751。8031 无 ROM，它从外部 ROM 取所用的指令；8751 用 EPROM 代替 ROM 的 8051。除此之外，三者的内部结构及引脚完全相同。今后，除特别说明外，用 8051 这个名称来代表 8031、8051 和 8751。

2. CPU 结构

CPU 从功能上可分为控制器和运算器两部分，下面分别介绍这两部分的组成及功能。

1) 控制器

控制器由程序计数器 PC、指令寄存器 IR、指令译码电路、定时控制与条件转移逻辑电路、数据地址指针 DPTR 等组成。其功能是对来自程序存储器中的指令进行译码，通过定时控制电路，在规定的时刻发出各种操作所需的内部和外部控制信号，使各部分协调工作，完成指令所规定的功能。控制器各功能部件简述如下。

（1）程序计数器 PC（Program Counter）

PC 是一个 16 位的专用寄存器，并具有自动加 1 的功能。当 CPU 要取指令时，PC 的内容送到地址总线上，从而指向程序存储器中存放当前指令的单元地址，以便从存储器中取出指令，加以分析、执行，同时 PC 内容自动加 1，指向下一条指令，以保证程序按顺序执行。也可以通过控制转移指令改变 PC 值，实现程序的转移。

（2）指令寄存器 IR（Instruction Register）

指令寄存器是一个 8 位寄存器，用于暂存待执行的指令，等待译码。指令译码电路是对指令寄存器中的指令进行译码，将指令转变为执行此指令所需要的电信号，再经定时控制电路定时产生执行该指令所需要的各种控制信号。

（3）数据地址指针 DPTR（Data Point Register）

数据地址指针 DPTR 是一个 16 位的专用地址指针寄存器，它由 DPH 和 DPL 这两个特殊功能寄存器组成。DPH 是 DPTR 的高 8 位，DPL 是 DPTR 的低 8 位，其组成如下：

DPTR（16 位）	DPH	DPL
	高 8 位	低 8 位

DPTR 用于存放 16 位地址，可对外部数据存储器 RAM 64KB（0000H～0FFFFH）地址空间寻址。

2）运算器

运算器由算术逻辑运算部件 ALU、累加器 ACC、寄存器 B、暂存寄存器、程序状态字寄存器 PSW、堆栈指针 SP 等组成，另外为提高数据处理和位操作功能，还增加了一些专用寄存器。运算器各功能部件简述如下。

（1）算术逻辑运算部件 ALU

算术逻辑运算部件 ALU 在定时控制逻辑电路发出的内部控制信号的控制下，可以进行如下的算术/逻辑操作。

①带进位和不带进位的加法。

②带借位减法。

③8 位无符号数乘法和除法。

④逻辑与、或、异或操作。

⑤加 1、减 1 操作。

⑥按位求反操作。

⑦循环左、右移位操作。

⑧半字节交换。

⑨二—十进制调整。

⑩比较和条件转移的判断等操作。

（2）累加器 ACC

累加器 ACC 是 8 位寄存器，它通过暂存器和 ALU 相连，是 CPU 中工作最繁忙、最常用的专用寄存器，许多指令的操作数取自于 ACC，许多运算结果也存放在 ACC 中。在指令系统中，累加器 ACC 的助记符也记作 A。

（3）程序状态字寄存器 PSW

程序状态字寄存器也是一个 8 位寄存器，相当于标志寄存器，用于存放指令执行结果的一些特征，供程序查询和判别之用。其格式如下：

	D7	D6	D5	D4	D3	D2	D1	D0
PSW	CY	AC	F0	RS1	RS0	OV	F1	P

其中每一位的具体含义如下。

CY：进位标志。在进行加（或减）法运算时，如果执行结果最高位 D7 有进（或借）位，CY 置 1，否则 CY 清 0。在进行位操作时，CY 又是位操作累加器，指令助记符用 C 表示。

AC：辅助进位。在进行加（或减）法运算时，如果低半字节 D3 向高半字节有进（或借）位时，AC 置 1，否则 AC 清 0。

F0：用户标志。由用户根据需要对其置位或复位，可作为用户自行定义的一个状态标志。

RS1 和 RS0：工作寄存器组选择位。由用户程序改变 RS1 和 RS0 组合中的内容，以选择片内 RAM 中的 4 个工作寄存器组之一作为当前的工作寄存器组。工作寄存器组的选择见表 1-4。

单片机在复位后，RS1 和 RS0 都为 0，CPU 自然选择工作寄存器组 0 作为当前工作寄存器组。根据需要，用户可以利用传送指令或位操作指令来改变 RS1，RS0 的内容，选择其他的工作寄存器组，这种设置对程序中保护现场提供了方便。

表 1-4　当前工作寄存器组的选择

RS1（PSW.4）	RS0（PSW.3）	当前使用的工作寄存器组（R0~R7）
0	0	工作寄存器组 0（00H~07H）
0	1	工作寄存器组 1（08H~0FH）
1	0	工作寄存器组 2（10H~17H）
1	1	工作寄存器组 3（18H~1FH）

OV：溢出标志。在补码运算时，当运算结果超出 -128~+127 范围，产生溢出，OV 置 1。否则，OV 清 0。

F1：用户标志。作用同 F0，但要用位地址 D1H 或符号 PSW.1 来表示这一位。

P：奇偶标志。该标志位始终跟踪累加器 A 中 1 的数目的奇偶性。如果 A 中 1 的数目为奇数，则 P 置 1，若 A 中 1 的数目为偶数或 A=00H（没有 1），则 P 清 0。无论执行什么指令，只要 A 中 1 的数目改变，P 就随之而变。以后在指令系统中，凡是累加器 A 的内容对 P 标志位的影响都不再赘述。

图 1-5 中的暂存器用于暂存进入运算器之前的数据。

（4）位（布尔）处理器

MCS-51 片内的 CPU 还是一个性能优异的位处理器，也就是说 MCS-51 实际上又含有一个完整的一位微型计算机。这个一位机有自己的 CPU、位寄存器、位累加器、I/O 接口和指令系统。它们组成一个完整的、独立的而且功能很强的位处理单片机。这是 MCS-51 系列单片机的突出优点之一。MCS-51 单片机对于位变量操作（布尔处理）有置位、清 0、取反、测试转移、传送、逻辑与和逻辑或运算等。

把 8 位微型计算机和 1 位微型计算机相互结合在一起是微机技术上的一个突破。1 位机在开关量决策、逻辑电路仿真和实时控制方面非常有效。而 8 位机在数据采集及处理、数值运算等方面有明显的长处。在 MCS-51 单片机中，8 位微处理器和位处理器的硬件资源是复合在一起的，二者相辅相承。例如，8 位 CPU 中程序状态字寄存器 PSW 的进位标志位 C_Y，在位处理器中用作位累加器 C 使用；又如内部数据存储器的某些存储区既可以按字节寻址，也可以按位寻址。这是 MCS-51 在设计上的精美之处，也是一般微机所不具备的。

利用位处理功能进行随机逻辑设计，可以很方便地用软件来实现各种复杂的逻辑关系，方法简单、明了，免除了许多类似 8 位数据处理中的数据传送，字节屏蔽和测试判断转移等繁琐的方法。位处理还可以实现各种组合逻辑功能。

3. MCS-51 单片机的存储器结构

MCS-51 单片机的存储器组织结构与一般微型计算机不同，一般微机通常是程序和数据共用一个存储空间。MCS-51 单片机的存储器结构中程序存储器和数据存储器的寻址空间是分开的，有 4 个物理上相互独立的存储器空间，即片内、外程序存储器和片内、外数据存储器。

但从用户的角度即逻辑上看有 3 个存储空间：片内外统一编址的 64KB 的程序存储器地址空间（包括片内 ROM 和外部 ROM）；64KB 的外部数据存储器地址空间；256 字节的片内数据存储地址空间（包括 128 字节的内部 RAM 和特殊功能寄存器的地址空间）。在对这 3 个不同的存储空间进行数据传送时，必须分别采用 3 种不同形式的指令。图 1-6 表示了 8051 的存储空间结构及物理地址分配。

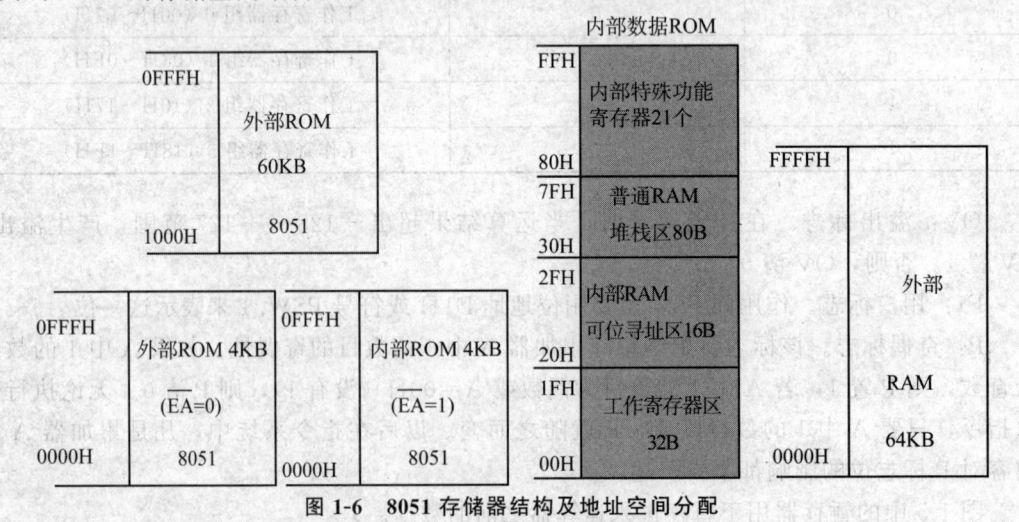

图 1-6 8051 存储器结构及地址空间分配

1）程序存储器

程序存储器是用于存放程序及表格常数的。8051（或 8751）片内驻留有 4KB 的 ROM（或

EPROM），外部可用 16 位地址线扩展到最大 64KB 的 ROM 空间。片内 ROM 和外部扩展 ROM 是统一编址的。当芯片引脚$\overline{EA}$为高电平时，8051 的程序计数器 PC 在 0000H～0FFFH 范围内（即前 4KB 地址），执行片内 ROM 中的程序。当 PC 的内容在 1000H～FFFFH 范围（超过 4KB 地址）时，CPU 自动转向外部 ROM 执行程序。如果$\overline{EA}$为低电平（接地），则所有取指令操作均在外部程序存储器中进行，这时外部扩展的 ROM 可从 0000H 开始编址。对 8031 单片机而言，因片内无 ROM，只能外部扩展程序存储器，并且从 0000H 开始编址，$\overline{EA}$必须为低电平。存储在 ROM 中的变量存储区域用 code 来分配。

在程序存储器中，有 6 个单元是分配给系统使用的，具有特定的含义。

0000H：单片机系统复位后，PC=0000H，即程序从 0000H 开始执行指令。通常在 0000H～00002H 单元安排一条无条件转移指令，使之转向主程序的入口地址。

0003H：外部中断 0 入口地址。

000BH：定时器 0 溢出中断入口地址。

0013H：外部中断 1 入口地址。

001BH：定时器 1 溢出中断入口地址。

0023H：串行口中断入口地址。

2）数据存储器

数据存储器是用于存放运算中间结果，数据暂存和数据缓冲，以及设置特征标志等。它由随机读写存储器 RAM 组成，8051 数据存储器地址空间分为内部和外部两个独立部分。

对于 8051 单片机，其片内有 256 字节的数据存储器地址空间，可把它们的物理地址空间划分成 4 个用途不同的区域。低 128 字节地址空间（00H～7FH）为片内数据存储器区，高 128 字节地址空间（80H～FFH）为特殊功能寄存器区 SFR，如图 1-7 所示。

（1）片内数据存储器低 128 字节存储单元

内 RAM 低 128 字节存储单元按用途可分为 3 个区域，如表 1-5 所示。

① 作寄存器区。

片内 RAM 中的 00H～1FH 共 32 字节存储单元为工作寄存器区，共分 4 组（0 组、1 组、2 组、3 组），每组有 8 个 8 位工作寄存器 R0～R7，如表 1-5 所示。表中最左列的数字代表 RAM 区域低 128 字节存储单元的字节物理地址。通过对特殊功能寄存器程序状态字 PSW 的位 3 和位 4（RS0、RS1）的设置，可决定当前程序使用哪一组工作寄存器。CPU 复位后，总是选中 0 组工作寄存器。如果实际应用中并不需要 4 组工作寄存器，那么其余的工作寄存器组所对应的单元可作为一般的数据缓冲器使用。

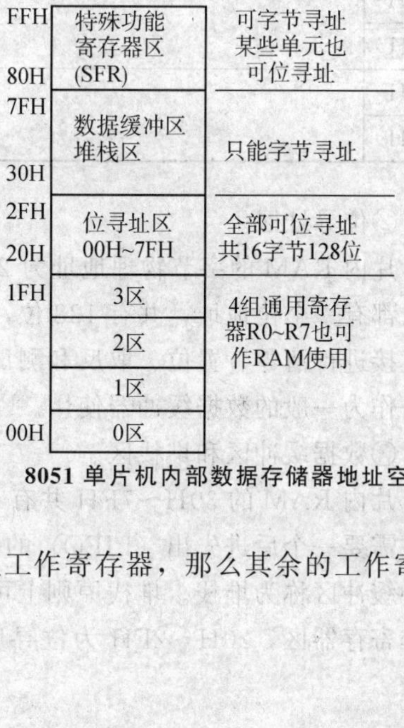

FFH	特殊功能	可字节寻址
80H	寄存器区(SFR)	某些单元也可位寻址
7FH	数据缓冲区	
30H	堆栈区	只能字节寻址
2FH	位寻址区	全部可位寻址
20H	00H~7FH	共16字节128位
1FH	3区	4组通用寄存器R0~R7也可作RAM使用
	2区	
	1区	
00H	0区	

图 1-7　8051 单片机内部数据存储器地址空间

表 1-5 MCS-51 单片机内部 RAM 低 128 字节结构及物理地址

7FH								RAM 及堆栈区 80B
30H								
2FH	7F	7E	7D	7C	7B	7A	79	78
2EH	77	76	75	74	73	72	71	70
2DH	6F	6E	6D	6C	6B	6A	69	68
2CH	67	66	65	64	63	62	61	60
2BH	5F	5E	5D	5C	5B	5A	59	58
2AH	57	56	55	54	53	52	51	50
29H	4F	4E	4D	4C	4B	4A	49	48
28H	47	46	45	44	43	42	41	40	位寻址区 16B
27H	3F	3E	3D	3C	3B	3A	39	38
26H	37	36	35	34	33	32	31	30
25H	2F	2E	2D	2C	2B	2A	29	28
24H	27	26	25	24	23	22	21	20
23H	1F	1E	1D	1C	1B	1A	19	18
22H	17	16	15	14	13	12	11	10
21H	0F	0E	0D	0C	0B	0A	09	08
20H	07	06	05	04	03	02	01	00
1FH								
18H				3 组				
17H								
10H				2 组				通用寄存器区 32B
0FH								
08H				1 组				
07H								
00H				0 组				

②位寻址区。

片内 RAM 的字物理地址为 20H～2FH，是位寻址区域，这 16 字节存储单元的每一位都有一个位地址，共有 128 位，其位地址为 00H～7FH，如表 1-5 所示。程序可对它们直接进行清零、置位、取反和测试等操作。同样，位寻址区的 RAM 单元也可按字节寻址，作为一般的数据缓冲器使用。

③数据缓冲区和堆栈区。

片内 RAM 的 30H～7FH 共有 80 个单元，作为数据缓冲区和堆栈区使用。在程序中往往需要一个后进先出（LIFO）的 RAM 区域，用于调用子程序响应中断时的现场保护，这种缓冲区称为堆栈。堆栈原则上可以设在内部 RAM 的任意区域，但由于 00H～1FH 为工作寄存器区，20H～2FH 为位寻址区，所以堆栈一般设在 30H～7FH 的范围之内，这个区域只能字节寻址。

片内 RAM 的各个单元，都可以通过直接给出的字节地址来寻找。如果要寻找内部 RAM 中的可位寻址区的各个位（bit），必须在位操作指令中用位地址来寻找。对于工作寄存器中的当前工作寄存器，一般都直接用符号名 R0～R7。

（2）特殊功能寄存器（SFR）

MCS-51 单片机内部的 I/O 口锁存器、串行口数据缓冲器、定时/计数器及各种控制寄存器和状态寄存器统称为特殊功能寄存器，简记为 SFR（Special Function Registers），8051 片内实际上仅有 21 字节单元能够被用户使用的 SFR，离散地分布在内部数据存储区 80H～FFH 地址空间内，SFR 的地址分布见表 1-6。

表 1-6　特殊功能寄存地址分配表

SFR 名称	符号	位地址/位定义								字节地址
		D7	D6	D5	D4	D3	D2	D1	D0	
B 寄存器	B	F7	F6	F5	F4	F3	F2	F1	F0	(F0H)
累加器 A	ACC	E7	E6	E5	E4	E3	E2	E1	E0	(E0H)
程序状态字	PSW	D7 CY	D6 AC	D5 F0	D4 RS1	D3 RS0	D2 OV	D1 F1	D0 P	(D0H)
中断优先级控制	IP	BF	BE PS	BD PT1	BC PX1	BB PT1	BA PX0	B9	B8	(B8H)
I/O 端口 3	P3	B7 P3.7	B6 P3.6	B5 P3.5	B4 P3.4	B3 P3.3	B2 P3.2	B1 P3.1	B0 P3.0	(B0H)
中断允许控制	IE	AF EA	AE	AD	AC ES	AB ET1	AA EX1	A9 ET0	A8 EX0	(A8H)
I/O 端口 2	P2	A7 P2.7	A6 P2.6	A5 P2.5	A4 P2.4	A3 P2.3	A2 P2.2	A1 P2.1	A0 P2.0	(A0H)
串行数据缓冲	SBUF									99H
串行控制	SCON	9F SM0	9E SM1	9D SM2	9C REN	9B TB8	9A RB8	99 TI	98 RI	(98H)
I/O 端口 1	P1	97 P1.7	96 P1.6	95 P1.5	94 P1.4	93 P1.3	92 P1.2	91 P1.1	90 P1.0	(90H)
定时/计数器 1（高字节）	TH1									8DH
定时/计数器 0（高字节）	TH0									8CH
定时/计数器 1（低字节）	TL1									8BH
定时/计数器 0（低字节）	TL0									8AH
定时/计数器方式选择	TL0	GATE	C/T	M1	M0	GATE	C/T	M1	M0	89H
定时/计数器控制	TCON	8F TF1	8E TR1	8D TF0	8C TR0	8B IE1	8A IT1	89 IE0	88 TL0	(88H)
电源控制及波特率选择	PCON	SMOD				CF1	CF0	PD	IDL	87H
数据指针高字节	DPH									83H
数据指针低字节	DPL									82H
堆栈指针	SP									81H
I/O 端口 0	P0	87 P0.7	86 P0.6	85 P0.5	84 P0.4	83 P0.3	82 P0.2	81 P0.1	80 P0.0	(80H)

SFR 的地址是不连续的，并没有占满内部数据存储器 80H～FFH 的整个地址空间。80H～FFH 地址空间的很多单元是没有定义的，用户不能使用它。如果对这些未定义的单

元进行读/写操作,将会发现读出的数据不定,欲写入的数据会被丢失。

每一个 SFR 都会有字节地址,并定义了符号名。其中有 11 个 SFR 具有位地址(可位寻址),对应的位也定义了位名。表 1-6 中,凡是字节地址能被 8 整除的 SFR 都具有位地址,即字节物理地址的末位是 0 或 8 的 SFR 可以位寻址。

用户在使用特殊功能寄存器时,可以用直接地址,例如,累加器 A 的字节物理地址 E0H,也可以用其符号名 ACC,而在指令助记符中常用 A 表示。显然,后者明了、方便。

对于具有位地址的 SFR,在表示其某一位时,可以用位地址,也可以用位定义名,或者用"寄存器名.位"的形式表示。例如:

D3H   (位地址)
RS0   (位定义名)
PSW.3   (寄存器.位)

都表示程序状态寄存器 PSW 中的 D3 位。

除了前面介绍过的特殊功能寄存器累加器 ACC、数据地址指针 DRTR 和程序状态寄存器 PSW 外,下面再介绍部分 SFR,其余将在后续项目中叙述。

① B 寄存器。

B 寄存器主要用于乘法和除法操作。对于其他指令,它可作为一个通用寄存器,用于暂存数据。

② 堆栈指针 SP。

堆栈指针 SP 是一个 8 位的 SFR。SP 可指向片内 RAM(00H~7FH)128 字节的任何单元。单片机复位后,SP 初始值自动设为 07H,这主要是考虑到 CPU 工作时通常至少要有一组工作寄存器,且复位后,自动选择当前工作寄存器组 0,当第一个数进栈时,SP 加 1,存入 08H 单元。为了合理使用内部 RAM 这个宝贵资源,堆栈一般不设立在工作寄存器区和位寻址区,通常设在内部 RAM 的 30H~7FH 地址空间内,使用中通过设置 SP 的初值来确定堆栈区的位置,初始值越小,堆栈深度就可以越深。

堆栈可用于响应中断或调用子程序时,保护断点地址。程序断点 16 位地址(当时 PC 的值)会自动压入堆栈,数据入栈前 SP 先自动加 1,然后低 8 位地址($PC_{7\sim0}$)进栈,SP 又自动加 1,而后是高 8 位地址($PC_{15\sim8}$)进栈。

在中断服务程序或子程序结束时,执行中断返回或子程序返回指令,原断点地址会自动从堆栈中弹出给 PC,使程序从原断点处继续顺序执行下去。堆栈中每弹出一个字节,SP 自动减 1。

另外,还可以通过栈操作指令 PUSH 和 POP 对堆栈直接进行操作。这两条指令通常用于保护现场和恢复现场。

堆栈指针 SP 是一个双向计数器,在压栈时 SP 加 1,在出栈时 SP 减 1。存取信息必须按照先进后出(FILO)或后进先出(LIFO)的原则。

③ I/O 端口锁存器 P0~P3。

4 个特殊功能寄存器 P0、P1、P2 和 P3,分别是 4 个 I/O 端口 P0、P1、P2 和 P3 口对应的锁存器。当 I/O 端口某一位用于输入时,必须在相应口锁存器的对应位先写入 1。

(3) 片外数据存储器

片外数据存储器地址空间为 64KB(0000H~FFFFH),在应用系统中,如果数据缓冲器需要量比较大，内部 RAM 不能满足要求，那么就可以外接 RAM 芯片来扩展数据存储器的容量，最大可达 64KB。另外当系统需要扩展 I/O 口时，I/O 地址空间就要占用一部分外部数据存储器地址空间。访问外部 RAM 或扩展 I/O 口时，需用关键字 xdata 来定义变量存储区域。

4. MCS-51 单片机的并行输入/输出（I/O）口

MCS-51 单片机有 4 个 8 位双向输入/输出端口（I/O 口）P0、P1、P2、P3，共 32 根 I/O 线，它们是单片机内外进行数据交换的通道。其每个端口的每一位都有着相同的结构，包括输出锁存器、输入缓冲器和输出驱动器。为方便起见，把 4 个端口和其中的锁存器（即专用寄存器）都笼统地表示为 P0~P3。

在访问片外扩展存储器时，低 8 位地址和数据由 P0 口分时传送，高 8 位地址由 P2 口传送。在无片外扩展存储器的系统中，这 4 个口的每一位均可作为双向的 I/O 端口使用。MCS-51 单片机 4 个 I/O 线路设计的非常巧妙，学习 I/O 口的逻辑电路，不但有利于正确合理的使用端口，而且对设计单片机外围逻辑电路也有很大的帮助。

（1）P0 口

图 1-8 是 P0 口某位的结构图。

P0 口由 1 个输出锁存器、2 个三态输入缓冲器、1 个输出驱动电路和 1 个输出控制电路组成。输出驱动电路由一对场效应管组成，其工作状态受输出控制电路的控制，后者包括一个与门、一个反相器和一路模拟转换开关（MUX）。

模拟转换开关的位置由来自 CPU 的控制信号决定，当控制信号为 0（低电平）时，开关处于图 1-8 所示位置，它把输出驱动电路的下拉场效应管 V2 与锁存器的反端接通；同时，因与门输出为 0，输出驱动电路中的上拉场效应管 V1 处于截止状态，因此输出级是漏极开路的开漏电路。此时 P0 可作一般的 I/O 口用。CPU 向端口输出数据时，写脉冲加在锁存器时钟端 CP 上，这样与内部总线相连的 D 端的数据经锁存器取反后又经输出场效应管反相，在 P0 脚上出现的数据正好是内部总线的数据。

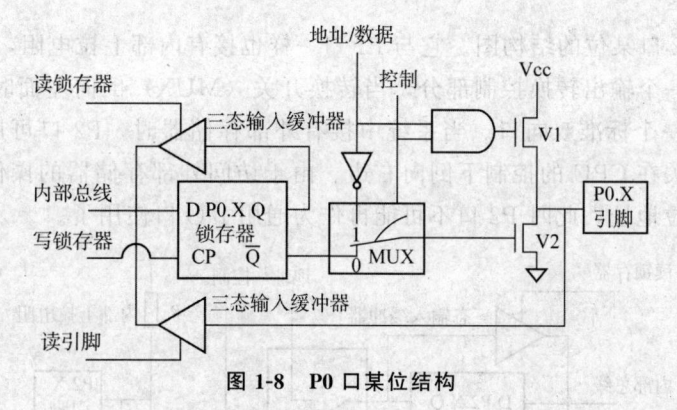

图 1-8 P0 口某位结构

端口中的 2 个三态输入缓冲器用于读操作，一个缓冲器用于直接读端口引脚处的数据，当执行由端口输入的指令时，读脉冲把图 1-8 中下面一个三态缓冲器打开，端口上的数据将经过缓冲器输送至内部总线。但上面一个缓冲器并不直接读取端口引脚上的数据，而是读取锁存器 Q 端的数据，它与引脚上的数据是一致的。

从图 1-8 的结构看，引脚上的外端信号既加在三态缓冲器的输入端上，又加在输出场效应管的漏极上,若此场效应管是导通的,则引脚上的电位始终钳位在 0 电平上,输入数据不可能正确地读入,所以,在作为一般 I/O 口使用时,P0 口也是一个准双向口,在输入数据时,应先把 P0 口置"1",使输出级的两个场效应管皆截止,引脚处于悬浮状态,呈现高阻抗,以便输入的数据在"读引脚"信号的控制下正确的输入。

当 P0 口作为地址/数据总线使用时,可分为两种情况。一种是从 P0 输出地址或数据,此时控制信号应为 1(高电平),转换开关把地址/数据信号输入所用的反相器输出端与下拉场效应管 V2 接通,同时与门开锁。输出的地址或数据信号既通过与门去驱动上拉场应管,又通过反相器去驱动下拉场应管。另一种是从 P0 输入数据,此时信号仍从输入缓冲器进入内部总线。

(2) P1 口

P1 口是一个准双向口,图 1-9 是 P1 口某位的结构图。作通用 I/O 口使用,在输出驱动器部分有别于 P0 口,接有内部上拉电阻。

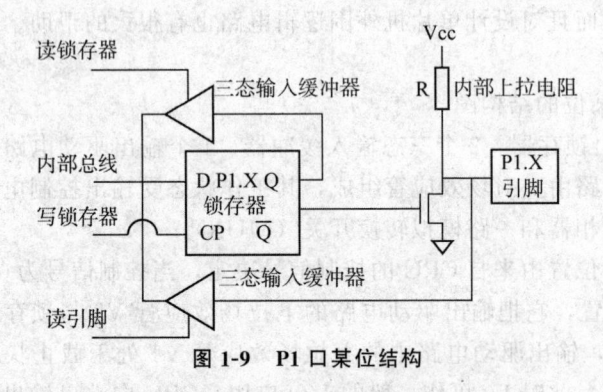

图 1-9　P1 口某位结构

在用作输入方式时,必须首先将口锁存器置 1,关闭作输出驱动器的场效应管,使口内部的上拉电阻将相应引脚上拉成高电平,然后再进行输入操作。

(3) P2 口

图 1-10 是 P2 口某位的结构图。它与 P1 口一样也接有内部上拉电阻,在内部结构上,P2 比 P1 口多了一个输出转换控制部分,当转换开关(MUX)倒向左面时,P2 口作通用的 I/O 口用,是一个标准双向口。当系统中接有外部存储器时,P2 口可用于输出高 8 位的地址,转换开关在 CPU 的控制下倒向右边。由于访问外部存储器的操作连续不断,P2 口不断输出高 8 位地址,此时 P2 口不可能再作为通用 I/O 口使用了。

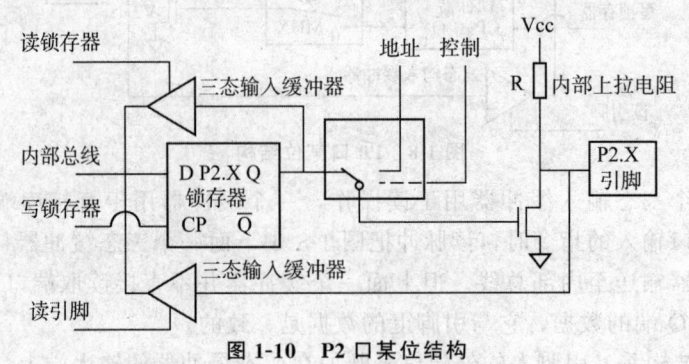

图 1-10　P2 口某位结构

在不接外部程序存储器而接有外部数据存储器的系统中，情况有所不同。若外接数据存储器的容量为256B，则读写外部存储器时，由P0口送出8位地址，并输入/输出数据。P2口引脚上的内容，在整个访问期间，不会改变，因此P2口仍可作通用I/O口。若外接存储器容量较大，读写操作时由P0和P2口送出16位地址，在读写周期内，P2口引脚上将保持地址信息。从图1-10所示的结构可知，输出地址时，并不要求P2锁存器锁存1，锁存器的内容也不会在送地址的过程中改变，故访问外部数据存储器周期结束后，P2锁存器的内容又会重现在引脚上。这样可根据外部数据存储器的频繁程度，P2口仍可在一定限度内作一般I/O口使用。

（4）P3口

P3口是一个多用途的端口，其位结构如图1-11所示，当它作为通用I/O口使用时，工作原理与P1和P2口类似，但第二输出功能端应保持高电平，使与非门对锁存器输出端Q是畅通的。

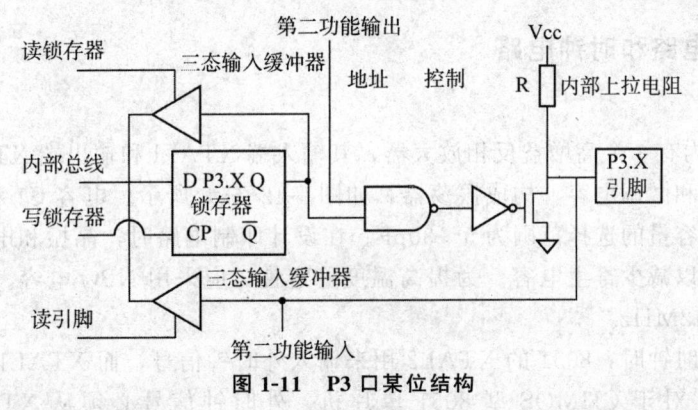

图1-11　P3口某位结构

除了作通用I/O口使用外，P3口的各位还具有第二个专用功能（见表1-3）。当某一位实现第二专用功能时，该端口的锁存器应置1，使与非门第二输出功能是畅通的，或使此端口允许输入专用信号。不管是作通用输入口还是作专用输入口，相应的输出锁存器和第二输出功能端都应置1。

（5）端口负载能力和接口要求

综上所述，P0口的输出级与P1～P3口的输出级在结构上是不相同的，因此，它们的负载能力和接口要求也各不相同。

①P0口的每一位输出可驱动8个LSTTL负载。P0口即可作通用I/O口使用，也可作为地址/数据总线使用。当把它作为通用I/O口使用时，由于输出级是开漏电路，所以当它驱动NMOS或其他拉电流负载时，需要外接上拉电阻才能保证有高电平输出。当作为地址/数据总线使用时，无须外接上拉电阻，但此时不能再作为通用I/O口使用。

②P1～P3口的输出级均接有内部上拉电阻，它们的每一位输出可以驱动3个LSTTL负载。无论是HMOS型还是CHMOS型的单片机，当P1～P3口作为输入口使用时，它们的输入端都可以被集电极开路或漏极开路电路所驱动，而无须再外接上拉电阻。当作为输出口使用时，由于CHMOS端口只能提供几毫安的输出电流，因此，去驱动一个普通晶体管基极时，应在端口与晶体管基极间串接一个电阻，以限制高电平输出的电流。

③P0～P3口都是准双向I/O口，用于输入时，必须先向相应端口的锁存器写入"1"，

使管 FET 截止。P0 口输入时呈高阻态，而 P1～P3 口内部有上拉负载电阻，当系统复位时，P1～P3 端口锁存器全为"1"。

需要强调的是：

P0 口：在扩展外部程序存储器和数据存储器的情况下，P0 口不能作 I/O 口使用。此时 P0 口要作为低 8 位地址总线和 8 位数据总线使用，它先作为地址总线对外传送 8 位地址信息，然后再作为数据总线对外交换数据。

P1 口：只有 I/O 口功能，在任何情况下，P1 都可作 I/O 口使用。

P2 口：在扩展外部存储器时，要作为高 8 位地址总线使用。

P3 口：它的每个引脚有不同的第二功能，当它某引脚按第二功能使用时，P3 口就不能再作为 8 位 I/O 口使用了。

关于 MCS-51 单片机内部的串行口、中断、定时/计数器结构功能与应用，安排在相关项目中专门讲解。

六、振荡电路和时钟电路

1. 基本概念

MCS-51 片内有一个高增益反相放大器，其输入端 XTAL1 和输出端 XTAL2 用于外接石英晶体振荡器和微调电容，构成振荡器，如图 1-12（a）所示。电容 C1 和 C2 对频率有微调作用，电容容量的选择范围为 5～30pF。在设计印制电路时，晶振和电容应尽量安装在单片机附近，以减少寄生电容。为提高温度稳定性，应采用 NPO 电容。振荡频率的选择范围为 1.2～12MHz。

在使用外部时钟时，8051 的 XTAL2 用来输入外时钟信号，而 XTAL1 则接地，如图 1-12（b）所示；对于 CHMOS 型 8051 单片机，外时钟信号必须从 XTAL1 输入，而 XTAL2 悬空，如图 1-12（c）所示。

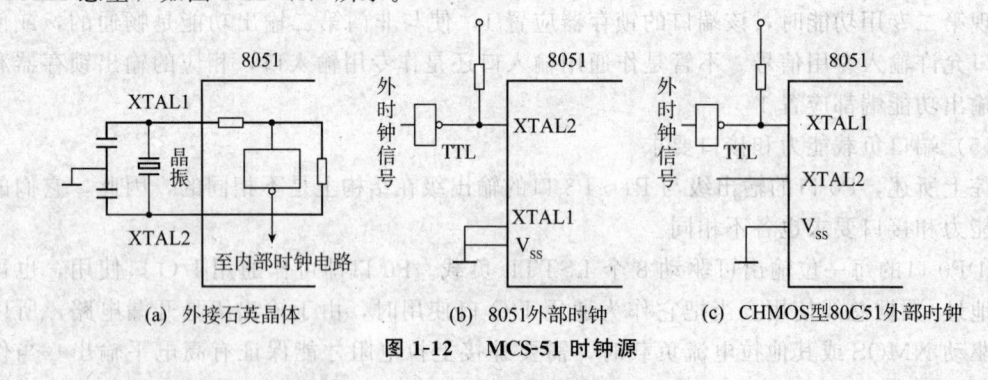

(a) 外接石英晶体　　(b) 8051外部时钟　　(c) CHMOS型80C51外部时钟

图 1-12　MCS-51 时钟源

为了便于分析 CPU 的时序，下面介绍几种周期信号。

（1）振荡周期

振荡周期指为单片机提供定时信号的振荡源的周期。

（2）时钟周期

时钟周期又称状态周期或状态时间 S，是振荡周期的两倍，它分成 P1 节拍和 P2 节拍，P1 节拍通常完成算术逻辑操作，而内部寄存器间传送通常在 P2 节拍完成。

（3）机器周期

若把一条指令的执行过程划分为几个基本操作，则完成一个基本操作所需的时间称为机器周期。一个机器周期由 6 个状态周期（12 个振荡脉冲）组成，分为 6 个状态：S1～S6。每个状态又分为 2 拍：P1 和 P2。因此，一个机器周期中的 12 个振荡周期表示为 S1P1、S1P2、…、S6P1、S6P2，如图 1-13 所示。

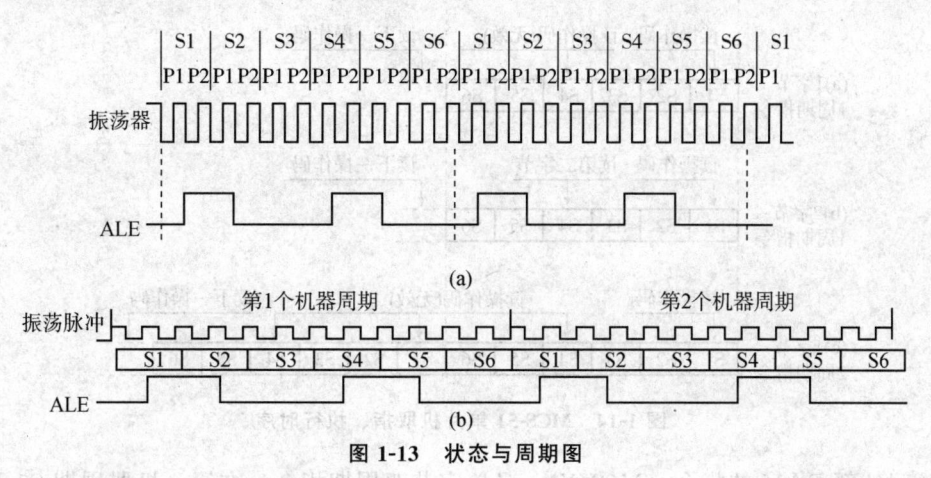

图 1-13 状态与周期图

（4）指令周期

指令周期指执行一条指令所占用的全部时间，通常由 1～4 个机器周期组成。

若外接晶振为 6MHz	若外接晶振为 12MHz
振荡周期＝1/6μs	振荡周期＝1/12μs
时钟周期＝1/3μs	时钟周期＝1/6μs
机器周期＝2μs	机器周期＝1μs
指令周期＝2～8μs	指令周期＝1～4μs

2. CPU 时序

在 MCS-51 指令系统中，有单字节指令、双字节指令和三字节指令。每条指令的执行时间分别占用 1 个或几个机器周期。单字节指令和双字节指令都可能是单周期和双周期，而三字节指令都是双周期，只有乘除法指令占用 4 个机器周期。

每一条指令的执行都有取指和执行两个阶段。图 1-14 列举了几种典型指令的取指和执行时序。在取指阶段，CPU 从程序存储器 ROM 中取出指令操作码及操作数，然后才是执行这条指令的逻辑功能。对于绝大部分指令，在整个指令执行过程中，ALE 是周期性的信号。在每个机器周期中，ALE 信号出现两次：第一次在 S1P2 和 S2P1 期间，第二次在 S4P2 和 S5P1 期间。ALE 信号的有效宽度为 1 个 S 状态。每出现一次 ALE 信号，CPU 就进行一次取指操作。

对于单周期指令，从 S1P2 开始把指令操作码读到指令寄存器。如果是双字节指令，则在同一个机器周期的 S4 读入第二字节。对单字节指令，在 S4 仍有一次读指令码的操作，但读入的内容（它应是下一个指令码）被忽略（不作处理），并且程序计数器 PC 不加 1，这种无效的读取称为假读。在下一个机器周期的 S1 才真正读取此指令码。图 1-14（a）和图 1-14（b）给出了这两种指令的时序，它们都能在 S6P2 结束时完成。

对于单字节双周期指令，2 个机器周期内进行 4 次读取操作码操作，但后 3 次都是假读，如图 1-14（c）所示。

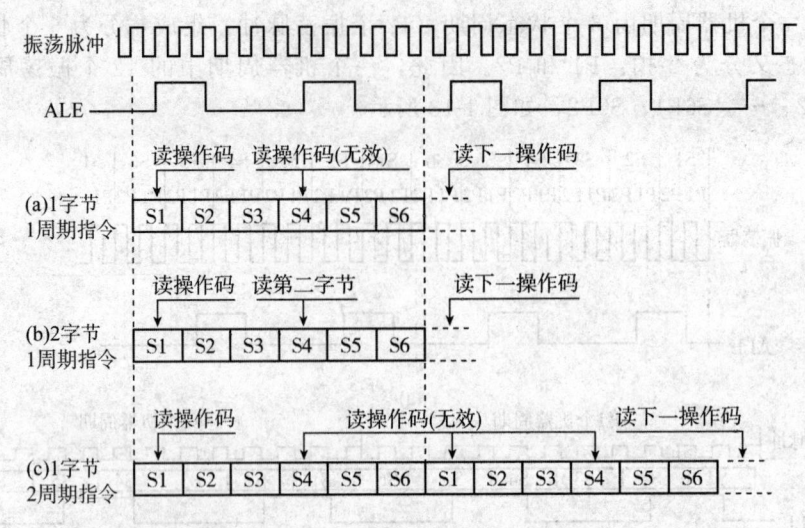

图 1-14　MCS-51 单片机取指、执行时序

访问外部 RAM 的指令（MOVX），是单字节双周期指令。在第一机器周期 S5 开始送出外部 RAM 地址后，进行读/写 RAM 操作。在此期间无 ALE 信号，所以第二周期不产生取指操作，如图 1-15 所示。这种情况下，ALE 信号不是周期性的。

访问外部 ROM 的指令（MOVC）时序图，如图 1-16 所示。

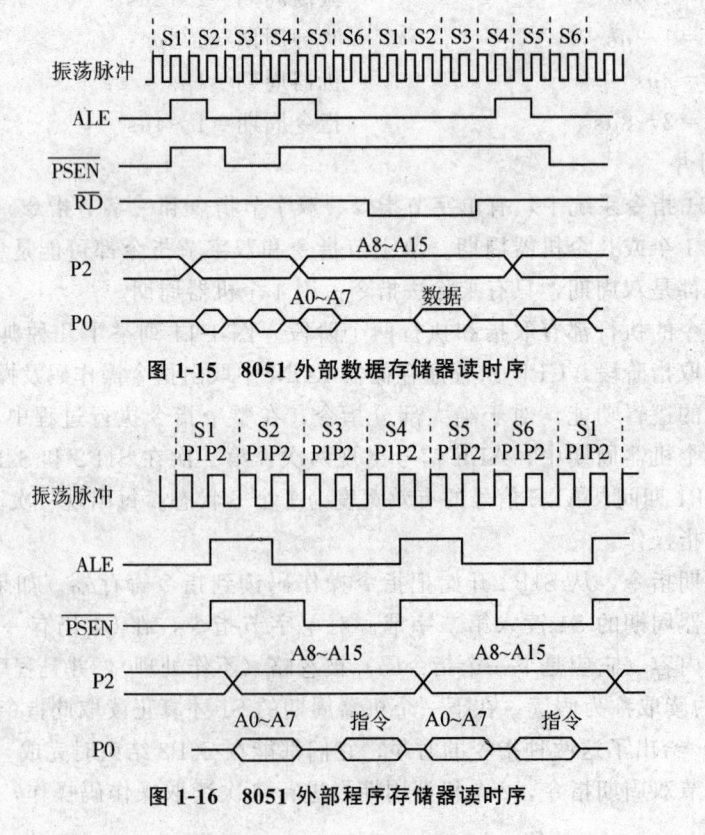

图 1-15　8051 外部数据存储器读时序

图 1-16　8051 外部程序存储器读时序

七、复位电路

单片机复位电路就好比电脑的重启部分,当计算机在使用中出现死机,按下重启按钮计算机内部的程序从头开始执行。单片机也一样,当单片机系统在运行中,受到环境干扰出现程序跑飞时,按下复位按钮,内部的程序自动从头开始执行。

前面讲到 RST 为复位信号输入端,当 RST 引脚持续两个机器周期(24 个时钟周期)以上的高电平时,使单片机完成复位操作。复位后,片内各寄存器的状态见表 1-7。

表 1-7 复位片内各寄存器的状态

寄存器	状 态	寄存器	状 态	寄存器	状 态
PC	0000H	IP	××000000B	TH0	00H
ACC	00H	IE	0××00000B	TL0	00H
B	00H	P0~P3	FFH	TH1	00H
PSW	00H	TMOD	00H	TL1	00H
SP	07H	TCON	00H	SCON	00H
PCON	0×××××××B (HMOS) 0×××000B (CHMOS)				

注:×表示不确定。

MCS-51 系统刚通电(上电)后,必须复位。由于复位后,PC=0000H,指向了程序存储器 0000H 地址单元,使 CPU 从首地址 0000H 单元开始重新执行程序。复位不影响内部 RAM 中的数据。此外,在系统工作异常等特殊情况下,也可以人工使系统复位。复位是由外部复位电路来实现的,按功能可以分为上电自动复位方式和人工复位两种方式。复位电路如图 1-17 所示。

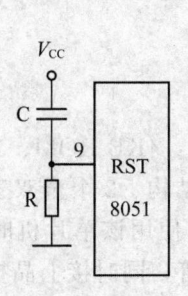

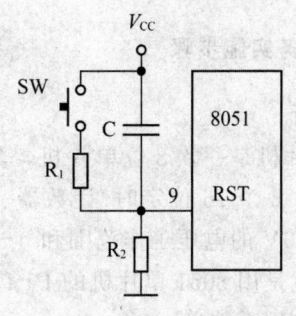

(a) 上电自动复位方式   (b) 上电与按钮复位方式

图 1-17 复位电路

在图 1-17 (a) 中,当振荡频率 $f_{osc}=12\text{MHz}$ 时,典型值 $C=10\mu F$,$R=10k\Omega$;当振荡频率 $f_{osc}=6\text{MHz}$ 时,典型值 $C=20\mu F$,$R=1k\Omega$。在图 1-17 (b) 中,当振荡频率 $f_{osc}=6\text{MHz}$ 时,典型值 $C=20\mu F$,$R_1=1k\Omega$,$R_2=0.2k\Omega$。

在电路图 1-17（a）中，电容的大小是 10μF，电阻的大小是 10kΩ。所以根据公式，可以算出电容充电到电源电压的 0.7 倍（单片机的电源是 5V，所以充电到 0.7 倍即为 3.5V），需要的时间是 10kΩ×10μF＝10ms。也就是说在电脑启动的 10ms 内，电容两端的电压在 0～3.5V 增加。这时 10kΩ 电阻两端的电压从 5～1.5V 减小（串联电路各处电压之和为总电压）。所以在 10ms 内，RST 引脚所接收到的电压是 5～1.5V。在 5V 正常工作的 51 单片机中小于 1.5V 的电压信号为低电平信号，而大于 1.5V 的电压信号为高电平信号。所以在开机 10ms 内，单片机系统自动复位（RST 引脚接收到的高电平信号时间为 10ms 左右）。

在图 1-17（b）中，在单片机启动 10ms 后，电容 C 两端的电压持续充电为 5V，这时候 1kΩ 电阻两端的电压接近于 0V，RST 处于低电平，所以系统正常工作。当按键按下时，开关导通，这时电容两端形成一个回路，电容被短路，所以在按键按下的这个过程中，电容开始释放之前充的电量。随着时间的推移，电容的电压在 10ms 内，从 5V 释放到变为 1.5V，甚至更小。根据串联电路电压为各处之和，这时 1kΩ 电阻两端的电压为 3.5V，甚至更大，所以 RST 引脚又接收到高电平，单片机系统自动复位。

八、任务实施

（一）单片机最小系统的构成

对于内部带有程序存储器的 MCS-51 单片机，若接上工作时所需要的电源、复位电路和晶体振荡电路，利用芯片内部的中断系统、定时/计数器、并行接口、串行接口就可组成完整的单片机系统，若再连接上外部设备，就可以对其进行检测和控制了。这种维持单片机运行的最简单配置系统，称为最小应用系统。如图 1-18（a）所示为 8051 单片机最小应用系统。

对于无片内 ROM 的 8031、8032 等单片机，必须在片外扩展程序存储器后才能工作，其他电路与 8051 电路一样，其最小应用系统如图 1-18（b）所示，图中的线路连接原理将在其后的项目任务中讲述。

（二）任务实施步骤

任务分析

8051 单片机是一款 8 位单片机，具有丰富的内部资源：4KB ROM、128B RAM、32 根 I/O 口线、2 个 16 位定时/计数器、5 个向量两级中断结构、2 个全双工的串行口，具有 4.25～5.50V 的电压工作范围和 0～24MHz 工作频率，使用该单片机时无须外扩存储器。本任务就是用 8051 单片机的 P1 口焊接 8 个发光二极管，同时接上晶振、复位、电源等电路一个应用系统。

根据任务要求，设计的硬件电路如图 1-19 所示。

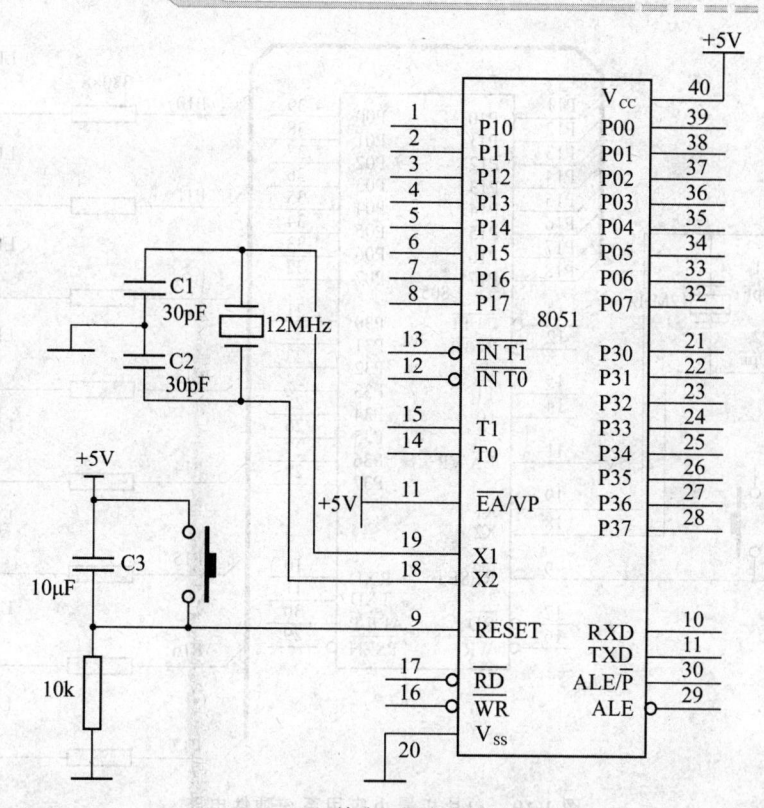

(a) 8051 单片机最小应用系统

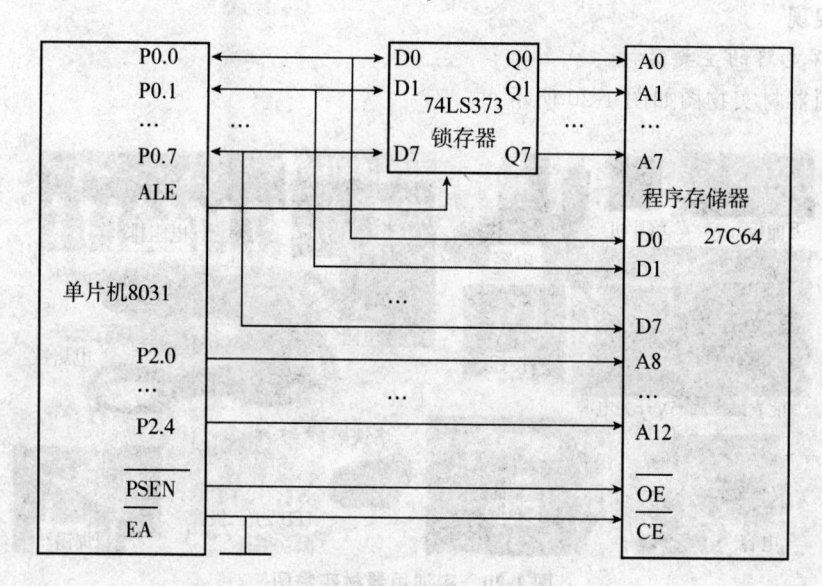

(b) 8031 单片机最小应用系统

图 1-18　MCS-51 单片机最小应用系统

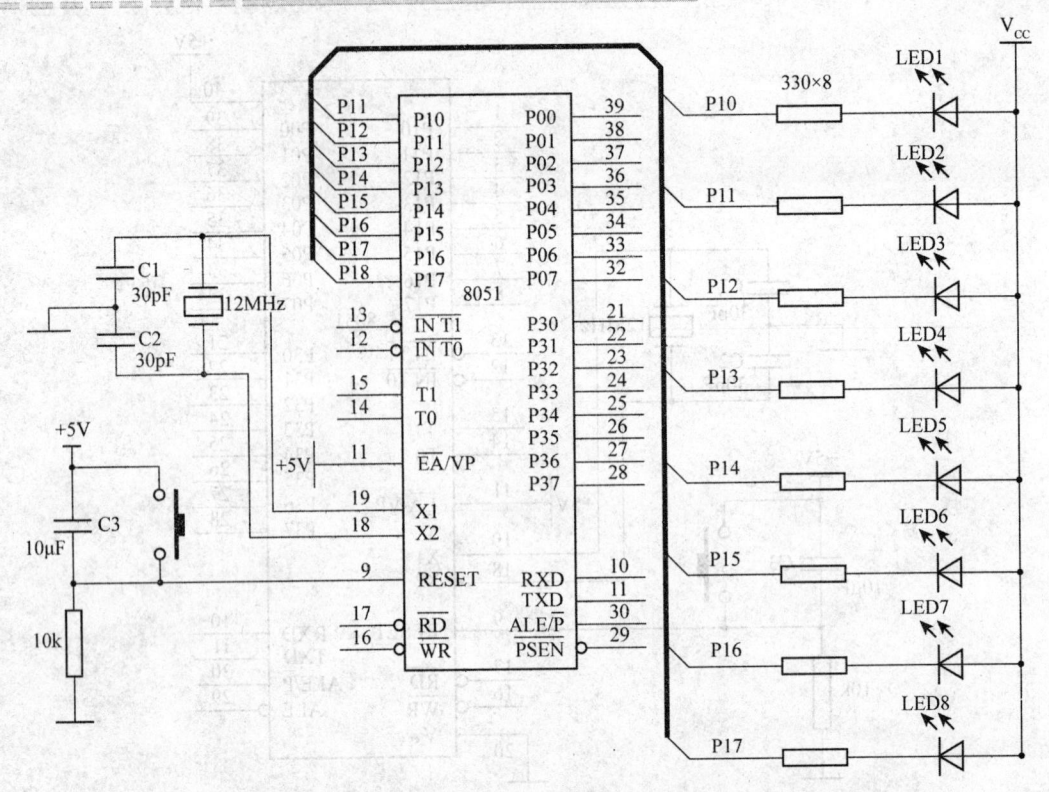

图 1-19　单片机最小应用系统硬件电路

任务实现

1. 组焊电路的主要器材

焊接用器材实物图如图 1-20 所示。

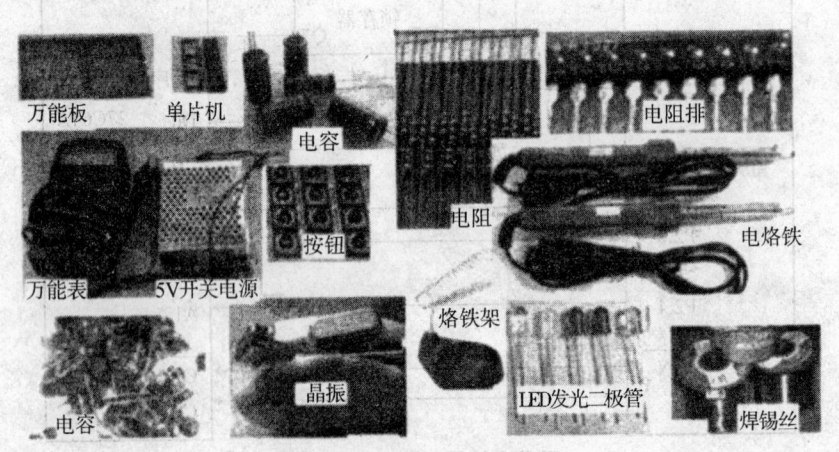

图 1-20　实训用器材实物图

所需元器件清单：

10μF 的电容 1 只；　　　30pF 的电容 2 只；

330Ω 的电阻 8 只；　　　10kΩ 的电阻 1 只；

12MHz 的晶振 1 只；

AT89S51单片机1片；常开按钮开关1只；零压力插座1只；
发光二极管（φ5mm红、绿、黄色各3只）8只；万能板电路板15cm×17cm；
5V开关电源1个，导线若干。

2. 电路组焊

根据电路图，用电烙铁焊接元器件。图1-21所示为焊接完元件的单片机最小系统实物图。

图1-21 焊接完元件的最小系统实物图

3. 电路检查

用万能表检查电路连接是否正确，插上单片机再进行检查，保证电路连接正确可靠。插上单片机的最小系统实物元件正面图如图1-22（a）所示，图1-22（b）为其背面焊接面。

(a)最小系统元件正面图　　(b)最小系统元件背面图

图1-22 最小系统的实物硬件电路图

本项目主要介绍了单片机的内部架构、振荡电路和复位电路、并行输入/输出接口、存储器，特别是内部数据存储器。

任务二　简易信号灯的软件设计

任务目标

➢ 熟练掌握单片机系统开发常用仿真编程软件Keil C51；
➢ 熟悉炜煌程序下载软件的使用；
➢ 熟悉数在单片机上的表示及数的常用编码；

➢ 能在 protens 中调试实现 8 个 LED 发光二极管循环亮灭。

一、单片机系统开发的基本概念

➢ 编程软件：用来对单片机所需的程序进行编辑、编译、调试、仿真运行、观察结果的应用软件，如 WAVE6000、Keil 等。

➢ 编程器：将编写好的程序进行编译，检查其中的语法错误，如果程序语法没有错误即生成下载文件。

➢ 烧录器：一种专门的程序烧写设备，将芯片插到烧录器插座上，并将程序导入烧录器中，利用烧录器将二进制文件下载进芯片（下载程序也叫烧写程序）。

➢ 仿真器：在程序还没有下载进芯片前，利用仿真软件或者编译软件中自带的仿真功能进行程序功能模拟的设备。

仿真是单片机开发过程中非常重要的一个环节，除了一些极简单的任务，一般产品开发过程中都要进行仿真。仿真的主要目的是进行软件调试，当然借助仿真机也能进行一些硬件排错。

一块单片机应用电路板包括单片机部分及为达到使用目的而设计的应用电路，仿真就是利用仿真机来代替应用电路板（称目标机）的单片机部分，对应用电路部分进行测试、调试。仿真有 CPU 仿真和 ROM 仿真两种，所谓 CPU 仿真是指用仿真机代替目标机的 CPU，由仿真机向目标机的应用电路部分提供各种信号、数据，进行调试的方法。这种仿真可以通过单步运行、连续运行等多种方法来运行程序，并能观察到单片机内部的变化，便于改正程序中的错误。

所谓 ROM 仿真，就是用仿真机代替目标机的 ROM，目标机的 CPU 工作时，从仿真机中读取程序，并执行。这种仿真其实就是将仿真机当成一片 EPROM，只是省去了擦片、写片的麻烦，并没有多少调试手段可言。通常这是两种不同类型的仿真机，也就是说，一台仿真机不能既做 CPU 仿真，又做 ROM 仿真。可能的情况下，当然以 CPU 仿真更好。单片机应用系统与仿真器、PC 连接如图 1-23 所示。

ISP（In-System Programming）是指电路板上的空白器件可以编程写入最终用户代码，而不需要从电路板上取下器件，已经编程的器件也可以用 ISP 方式擦除或再编程。ISP 技术是未来的发展方向。

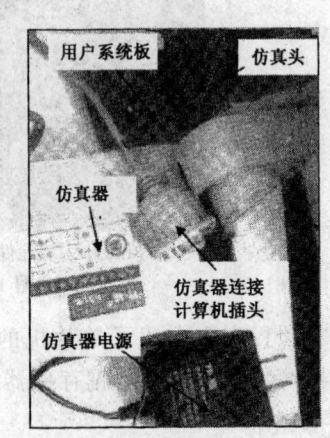

图 1-23 单片机仿真系统连接图

ISP 的实现相对要简单一些，一般通用做法是内部的存储器可以由上位机的软件通过串口来进行改写。对于单片机来讲可以通过 SPI 或其他的串行接口接收上位机传来的数据并写入存储器中。所以，即使将芯片焊接在电路板上，只要留出和上位机接口的这个串口，就可以实现芯片内部存储器的改写，而无须再取下芯片。

ISP 技术的优势是不需要编程器就可以进行单片机的实验和开发，单片机芯片可以直接焊接到电路板上，调试结束即成为成品，免去了调试时由于频繁地插入、取出芯片对芯片和电路板带来的不便。

二、系统开发的过程

这里所说的开发过程并不是一般书中所说的从任务分析开始,此处假设已设计并制作好硬件,下面就是编写软件的工作。在编写软件之前,首先要确定一些常数、地址。事实上,这些常数、地址在设计阶段已被直接或间接地确定下来了。如当某器件的连线设计好后,其地址也就被确定了,当器件的功能被确定下来后,其控制字也就被确定了。然后编写软件,编写好后,用编译器对源程序文件编译、查错,直到没有语法错误。除了极简单的程序外,一般应用仿真机对软件进行调试,直到程序运行正确为止。运行正确后,就可以写片(将程序固化在 EPROM 中)了。在源程序被编译后,生成了扩展名为 HEX 的目标文件。目标文件是最终写入 EPROM 的文件,它一般在编程软件的编译环节生成,学过手工汇编者能够读懂,可通过 Keil 软件的反汇编窗口查阅,在下面的 Keil C51 的介绍中将举例说明。

最后进行写片,即烧写目标程序或下载目标程序。一般的编程器均能识别目标文件,只要将(.hex)文件调入,下载进单片机即可。

三、编程软件 Keil C51 简介

Keil C51 是 Keil Software 公司推出的 51 系列兼容单片机 C 语言软件开发系统,它具有丰富的库函数和功能强大的集成开发调试工具,全 Windows 界面,可以完成从工程建立和管理、编译、连接、目标代码生成、软件仿真调试等完整的开发流程。利用 Keil C51 编译后生成的代码,在准确性和效率方面都达到了较高的水平,是单片机 C 语言软件开发的理想工具。尤其是在开发大型软件时更能体现高级语言的优势。

Keil IDE 有多个版本,其中 Keil μVision4 是 Keil Software 公司最新推出的嵌入式芯片应用软件开发工具包,其内含的 C51 与 A51 编译器,均采用 Windows 界面的集成开发环境(IDE),可以完成 51 系列兼容单片机的 C 语言和汇编语言软件的编辑、编译、链接、调试、仿真等整个开发流程,是单片机汇编语言软件开发的理想工具。

正确安装后,单击计算机桌面上的 Keil μVision4 运行图标,即可进入 Keil μVision4 IDE,如图 1-24 所示。与其他常用的窗口软件一样,Keil μVision4 IDE 设置有菜单栏、可以快捷选择命令的按钮工具栏、源代码文件窗口、信息显示窗口等。

熟悉 Keil μVision4 IDE 后,即可录入、编辑、调试、修改单片机 C 语言应用程序,具体包括以下步骤:

(1) 创建一个工程,从设备库中选择目标设备(CPU),设置工程选项;
(2) 用 C 语言创建源程序(.c);
(3) 将源程序添加到工程管理器中;
(4) 编译、链接源程序,并修改源程序中的错误;
(5) 生成可执行代码;
(6) 软件调试、查看结果。

各步骤具体操作说明如下:

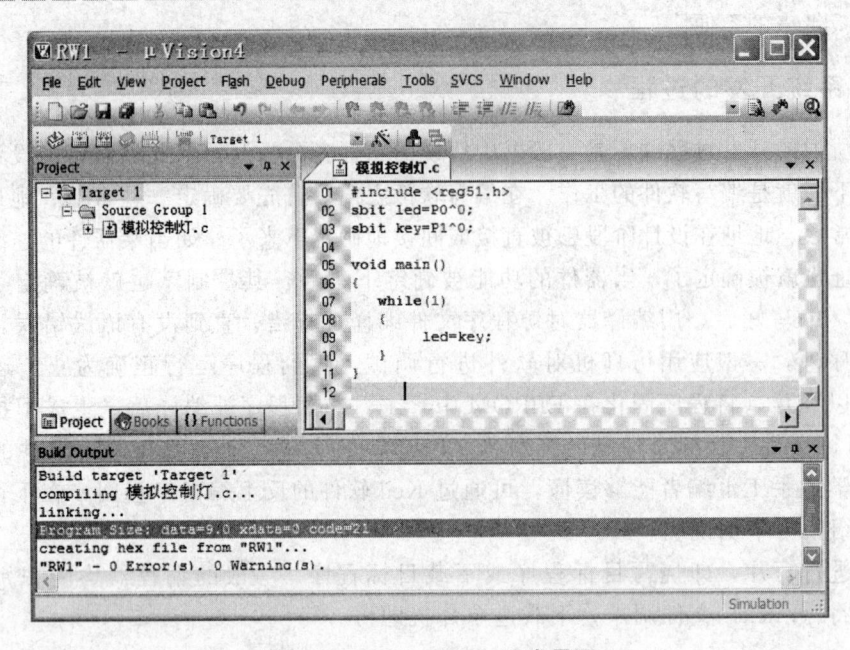

图 1-24　Keil μ Vision4 开发界面

1. 建立工程

51 系列单片机种类繁多，不同种类的 CPU 特性完全不同，在单片机应用项目的开发设计中，必须指定单片机的种类；指定对源程序的编译、链接参数；指定调试方式；指定列表文件的格式等。因此，在 Keil μ Vision4 IDE 中，使用工程的方法进行文件管理，即将 C 语言源程序、说明性的技术文档等都放置在一个工程中只能对工程而不能对单一文件进行编译、链接等操作。

启动 Keil μ Vision4 IDE 后，μ Vision4 总是打开用户上一次处理的工程，要关闭它可以执行菜单命令 Project→Close Project。建立新工程可以通过执行菜单命令 Project→New μ Vision4 Project 来实现，此时将打开如图 1-25 所示的 Create New Project 对话框。

图 1-25　建立新工程

项目一 制作简易信号灯

此时需要做以下工作：

（1）工程名：为新建的工程取一个名字，例如 8led，"保存类型"选择默认值。

（2）保存路径：选择新建工程存放的目录。建议为每个工程单独建立一个目录，并将工程中需要的所有文件都存放在这个目录下，目录名最好用英文。完成上述工作后，单击"保存"按钮返回。

2. 为工程选择目标设备

工程建立完毕后，μVision4 会立即打开如图 1-26 所示的 Select Device for Target 'Target 1' 对话框。列表框中列出了 μVision4 支持的生产厂家分组的所有型号的单片机。我们为本项目选择的是 Atmel 公司生产的 AT89C51。

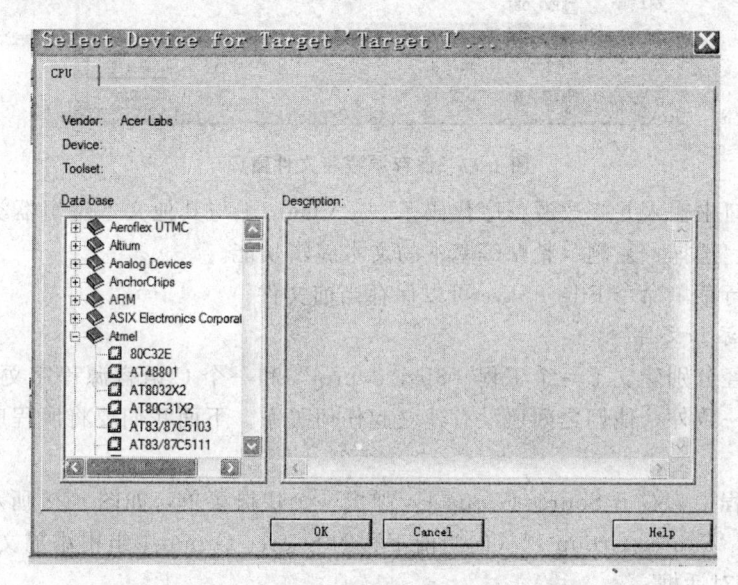

图 1-26 选择目标设备

单击 OK 后，μVision4 会立即弹出一个提示对话框，询问是否将标准 8051 启动代码文件 STARTUP.A51 添加到所建工程中，一般单击"否"按钮。

另外，如果在选择完目标设备后想重新改变目标设备，可以执行菜单命令 Project→Select Device for，在随后出现的"目标设备选择"对话框中重新加以选择。由于不同厂家许多型号的单片机性能相同或相近，因此，如果所需的目标设备型号在 μVision4 中找不到，可以选择其他公司生产的相同型号。

3. 建立/编辑源程序文件

到此，已经建立了一个空白的工程 8led.uvproj，并为工程选择好了目标设备，下面需要人工为该工程添加源程序文件。

执行菜单命令 File→New，打开名为 Text1 的新文件窗口。

执行菜单命令 File→Save As，打开如图 1-27 所示的对话框，在"文件名"文本框中输入文件的正式名称，特别注意，文件后缀.c 不能省略，因为 μVision4 要根据文件后缀判断该源程序文件为一个 C 语言程序代码。另外，文件要与其所属的工程保存在同一目录中，否则容易导致工程管理混乱。

单击"保存"按钮返回，可见"Text 1"变为所存储的名字"8led.c"。下面就可以

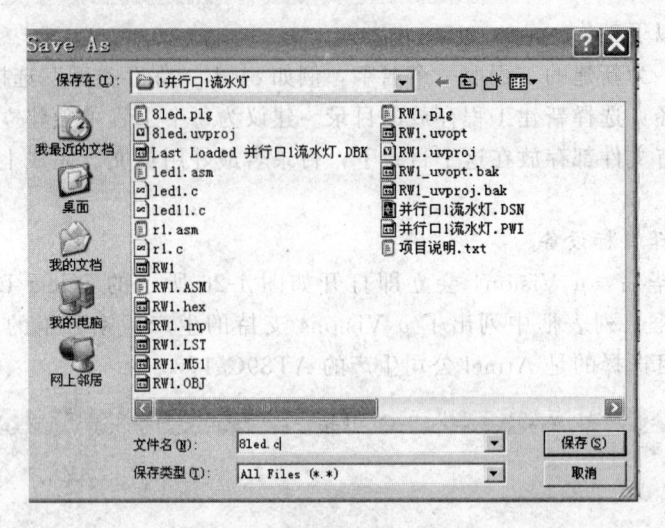

图 1-27 保存源程序文件窗口

在代码编辑窗口中输入并修改源程序代码了。μVision 4 与其他文本编辑器类似，同样具有输入、删除、选择、复制、粘贴等基本的文本编辑功能。

最后，执行菜单命令 File→Save 可以保存当前文件。

4. 为工程添加文件

至此，已经分别建立了一个工程"8led.uvproj"和一个 C 语言源程序文件"8led.c"，除了存放目录一致外，他们之间还没有建立起任何关系。下面我们要将源程序文件添加到工程中。

在空白工程中，右击 Source Group 1，弹出一个快捷菜单，如图 1-28 所示，选择 Add Files to Group 'Source Group 1'（向当前工程的 Source Group 1 组中添加文件），弹出如图 1-29 所示的对话框。

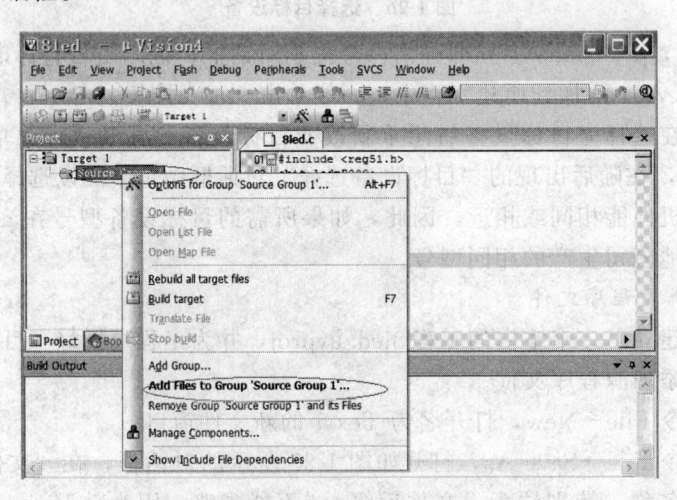

图 1-28 添加文件快捷菜单

在如图 1-29 所示的对话框中，"文件类型"默认为"C Source file（*.c）"，μVision 4 给出当前文件夹下所有 .c 文件列表，选择"8led.c"文件，单击 Add 按钮，然后再

· 34 ·

单击 Close 按钮关闭窗口，将程序文件"8led.c"添加到当前工程的 Source Group 1 中，如图 1-30 所示。

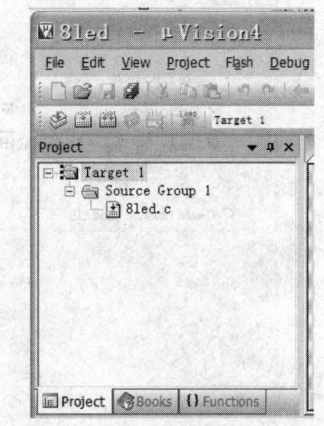

图 1-29　选择要添加的文件　　　　图 1-30　添加文件后的工程

如果想删除已经加入的文件，可以在图 1-30 所示的对话框中，右击该文件，在弹出的快捷菜单中选择 Remove File 选项，即可将文件从工程中删除。值得注意的是，这种删除属于逻辑删除，被删除的文件仍旧保存在磁盘上的原目录下，如果需要，还可以再将其添加到工程中。

5. 进行必要的工程设置

如图 1-31 所示，单击快捷工具栏中 图标，进入工程设置窗口。

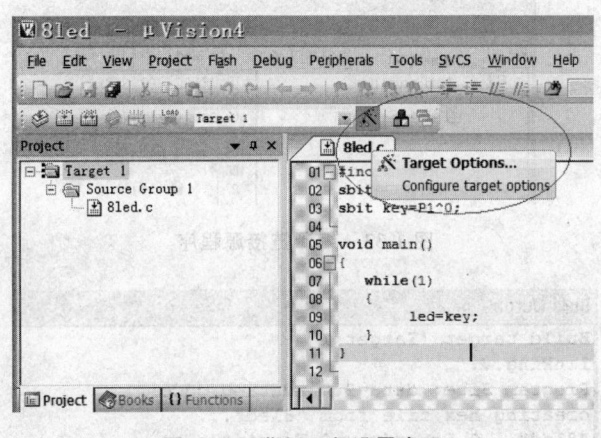

图 1-31　进入工程设置窗口

单击 Output 标签，如图 1-32 所示。在"Create HEX File"前的复选框中打钩，为工程创建目标文件。其他工程设置选择默认值即可，单击"OK"退出。

6. 编译、链接源程序，生成可执行代码

单击快捷工具栏中 图标，开始对源程序的编译链接。结果在"Build Output"窗口中显示，如图 1-34 所示，显示 0 错误、0 警告，并生成了.hex 文件。若编译出现错误，则可在该窗口中错误提示行双击，源程序中的错误所在行的左侧会出现一个箭头标记，便

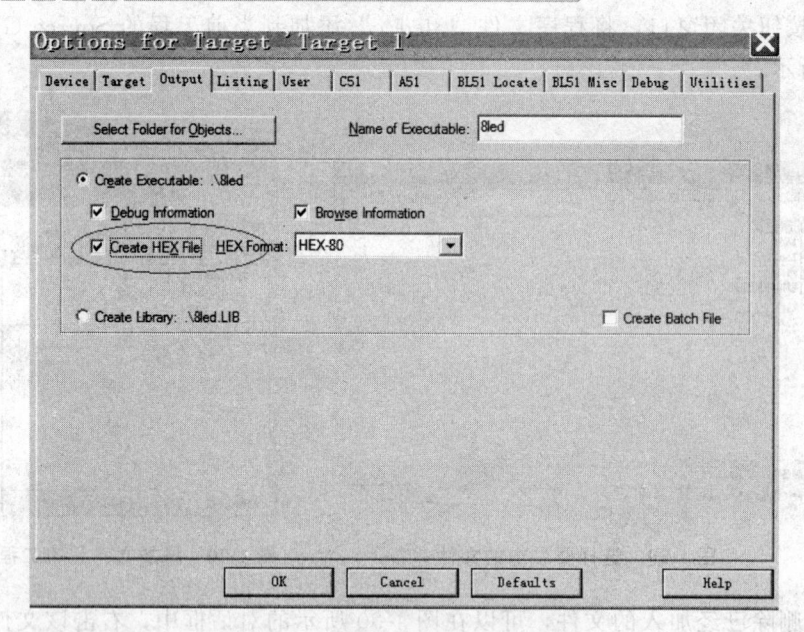

图 1-32 工程设置窗口 Output 标签

于用户排错。关于错误类型，有赖于读者长期编程和调试经验的积累，在此不一一列举。修改好后，再进行编译，直至出现图 1-34 所示的结果为止。

图 1-33 编译链接源程序

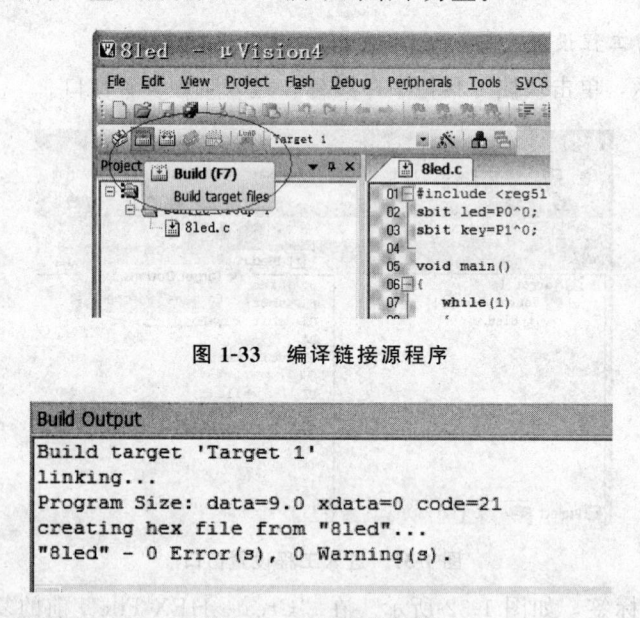

图 1-34 编译输出报告

7. 软件调试，查看结果

单击快捷工具栏中 @ 图标，启动软件仿真调试运行模式，如图 1-35 所示。源代码窗口中的箭头为程序运行光标，指向当前等待运行的程序行。反汇编窗口中显示的是 C 代码对应的汇编代码及其机器码，学过汇编和手工汇编的读者可以对照读取，辅助程序的调试。寄存器窗口中可以实时观察各寄存器的状态变化。

项目一　制作简易信号灯

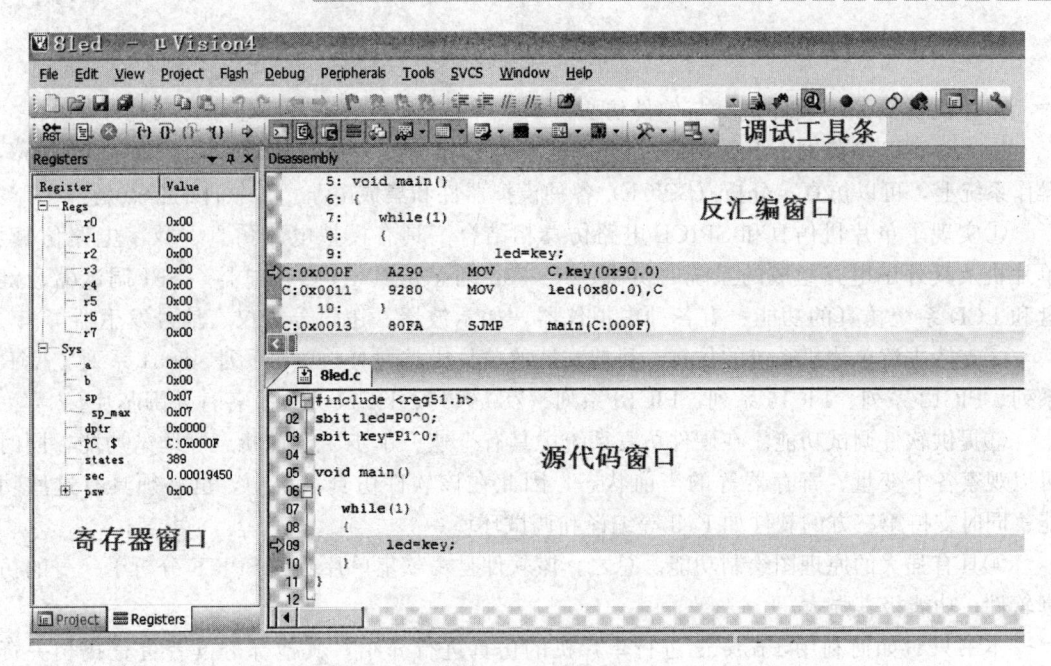

图 1-35　调试模式界面

调试工具条中提供了四种程序运行方式，与常见 C 语言开发环境中一致：单步跟踪（Step Into），单步运行（Step Over），运行到光标处（Run To Cursor Line），全速运行（Go）。其中单步跟踪和单步运行是调试中用到最多的，用户用单步方式，结合各种结果查看工具，监测程序的控制功能。

例如，单击菜单栏 Peripheral→I/O Ports 可打开 PORT0 和 PORT1 端口，如图 1-36 所示。用户可通过该窗口实时监测到程序每步运行对这两个端口的影响。其他的结果显示工具，在后续各任务实施过程将陆续给读者介绍。

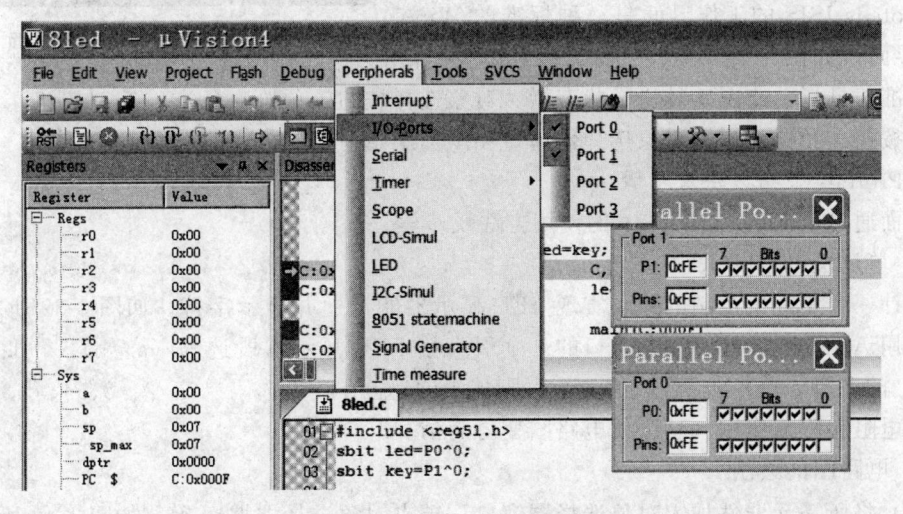

图 1-36　并行口监测窗口

四、仿真软件 Proteus 简介

单片机仿真分为硬件仿真与软件仿真。

ProteusISIS 是英国 Labcenter 公司开发的电路分析与实物仿真软件。它运行于 Windows 操作系统上，可以仿真、分析（SPICE）各种模拟器件和集成电路。该软件的特点是：

①实现了单片机仿真和 SPICE 电路仿真相结合。具有模拟电路仿真、数字电路仿真、单片机及其外围电路组成的系统的仿真、RS-232 动态仿真、I^2C 调试器、SPI 调试器、键盘和 LCD 系统仿真的功能；有各种虚拟仪器，如示波器、逻辑分析仪、信号发生器等。

②支持主流单片机系统的仿真。目前支持的单片机类型有 68000 系列、8051 系列、AVR 系列、PIC12 系列、PIC16 系列、PIC18 系列、Z80 系列、HC11 系列及各种外围芯片。

③提供软件调试功能。在硬件仿真系统中具有全速、单步、设置断点等调试功能，同时可以观察各个变量、寄存器等的当前状态，因此在该软件仿真系统中，也必须具有这些功能；同时支持第三方的软件如 Keil 等编译和调试环境。

④具有强大的原理图绘制功能。总之，该软件是一款集单片机和 SPICE 分析于一身的仿真软件，功能极其强大。

本书只对如何利用 Proteus 进行单片机的仿真进行介绍，其他部分读者可查找相关资料自学。

1．进入 ProteusISIS

双击桌面上的 "ISIS 6 Professional" 图标或者单击屏幕左下方的 "开始" → "程序" → "Proteus 6 Professional" → "ISIS 6 Professional"，出现如图 1-37 所示界面，进入 Proteus ISIS 集成环境。

2．工作界面

Proteus ISIS 的工作界面是一种标准的 Windows 界面，如图 1-38 所示，包括标题栏、主菜单、标准工具栏、绘图工具栏、状态栏、对象选择按钮、预览对象方位控制按钮、仿真进程控制按钮、预览窗口、对象选择器窗口和图形编辑窗口。

图 1-37　Proteus ISIS 启动界面

3．Proteus 使用方法及步骤

下面通过实例说明 Proteus 的使用方法及步骤。

1）单片机电路设计

设计一个单片机控制电路，实现 LED 显示器的选通并显示字符，如图 1-39 所示。单片机采用 AT89C51，单片机 P1 口的 8 个引脚接 LED 显示器段选码（a、b、c、d、e、f、g、dp）的引脚，单片机 P2 口的 6 个引脚接 LED 显示器位选码（1、2、3、4、5、6）的引脚，电阻起限流作用，总线使电路图变得简洁。

2）电路图的绘制

（1）将所需元器件加入对象选择器窗口。单击对象选择器按钮，如图 1-40 所示。

项目一 制作简易信号灯

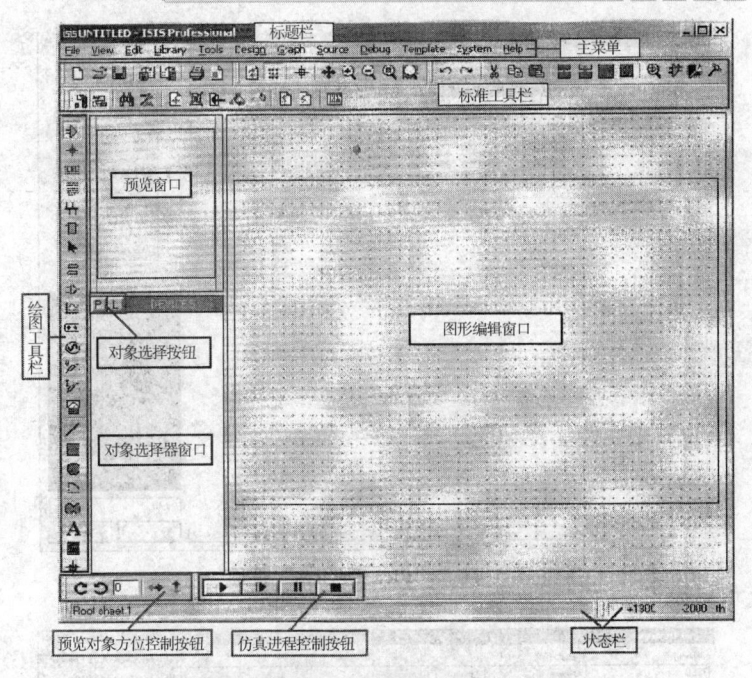

图 1-38 Proteus ISIS 的工作界面

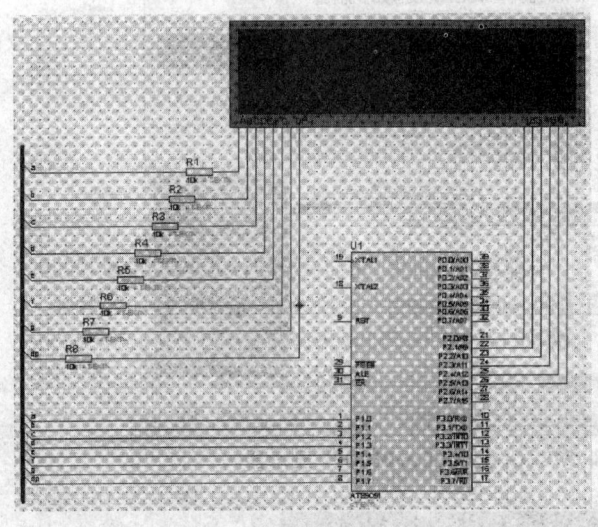

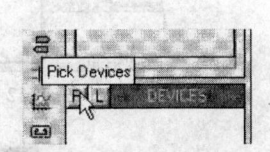

图 1-39 电路原理图　　　　图 1-40 对象选择器窗口

（2）弹出"Pick Devices"页面，在"Keywords"输入"AT89C51"，系统在对象库中进行搜索查找，并将搜索结果显示在"Results"栏中，如图 1-41 所示。

（3）在"Results"栏下的列表项中，双击"AT89C51"，则可将"AT89C51"添加至对象选择器窗口。在"Keywords"栏中重新输入"7SEG"，如图 1-42 所示。双击"7SEG-MPX6-CA-BLUE"（6 位共阳 7 段 LED 显示器），则可将其添加至对象选择器窗口。

（4）在"Keywords"栏中重新输入"RES"，选中"Match Whole Words"复选框，如图 1-43 所示。在"Results"栏中获得与 RES 完全匹配的搜索结果。双击"RES"（电阻），则可将其添加至对象选择器窗口。单击"OK"按钮，结束对象选择。

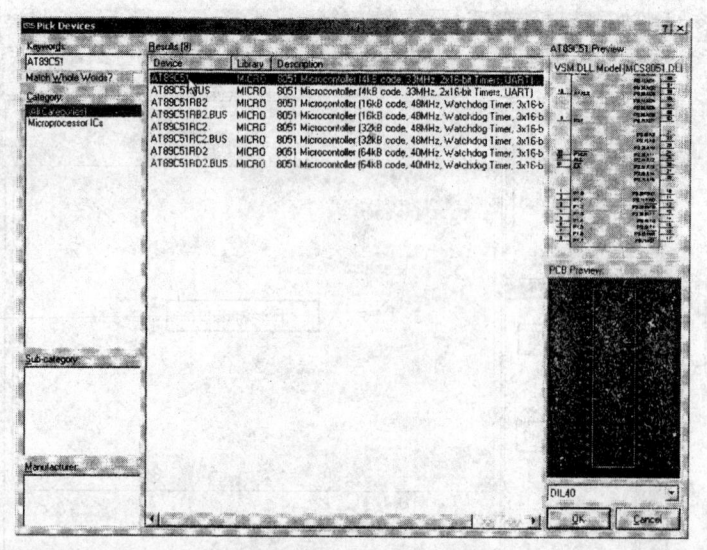

图 1-41 "Pick Devices" 页面

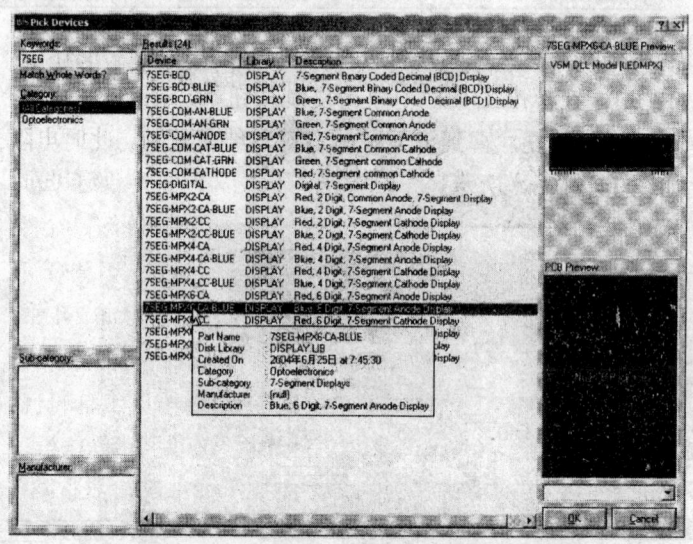

图 1-42 添加 "7SEG-MPX6-CA-BLDE" 显示器

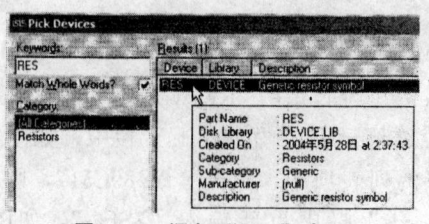

图 1-43 添加 "RES" 电阻

经过以上操作，在对象选择器窗口中已经有 "7SEG-MPX6-CA-BLUE" "AT89C51" "RES" 3 个元器件对象。若单击 "AT89C51"，则在预览窗口中出现 AT89C51 的实物图，如图 1-44（a）所示；若单击 "RES" 或 "7SEG-MPX6-CA-BLUE"，则在预览窗口中出

· 40 ·

现"RES"或"7SEG-MPX6-CA-BLUE"的实物图,如图 1-44(b)、图 1-44(c)所示。此时,在绘图工具栏中的元器件按钮 处于选中状态。

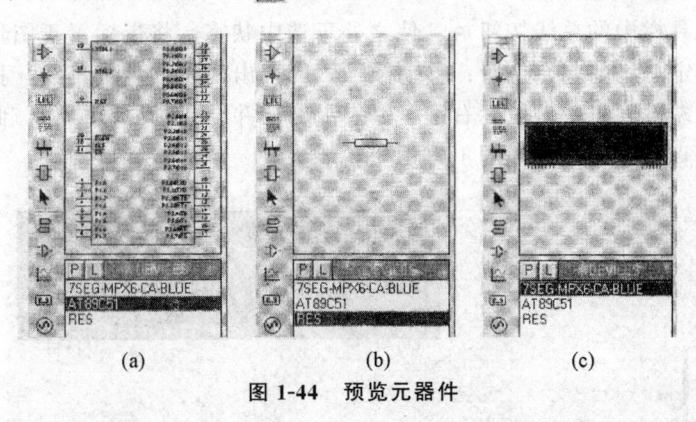

(a)　　　　　　　(b)　　　　　　　(c)

图 1-44　预览元器件

放置元器件至图形编辑窗口(Placing Components onto the Schematic),如图 1-45 所示。在对象选择器窗口中选中"7SEG-MPX6-CA-BLUE",将鼠标置于图形编辑窗口中该对象的欲放位置,单击鼠标左键,完成放置。同理,将"AT89C51"和"RES"放置到图形编辑窗口中,如图 1-45(a)所示。

若对象位置需要移动,将鼠标移到该对象上,单击鼠标右键,此时该对象的颜色变至红色,表明该对象已被选中;按下鼠标左键,拖动鼠标,将对象移至新位置后松开鼠标,完成移动操作。

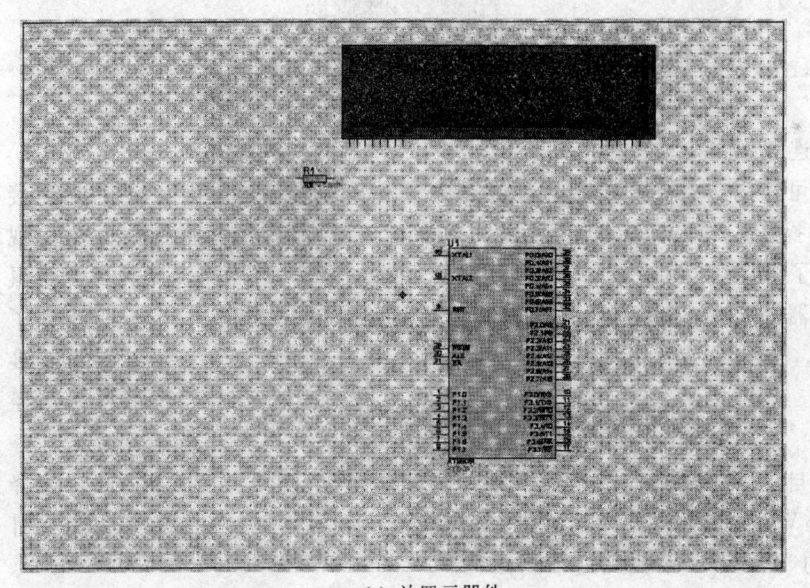

(a) 放置元器件　　　　　　　　　　　　(b) 复制元器件

图 1-45　图形编辑窗口

由于电阻 R1~R8 的型号和电阻值均相同,因此可利用复制功能作图。将鼠标移到 R1,单击鼠标右键选中 R1,在标准工具栏中单击复制按钮 ,拖动鼠标,按下鼠标左键,将对象复制到新位置。如此反复,直到按下鼠标右键,结束复制。此时电阻名的标识系统会自动加以区分，如图 1-45（b）所示。

3）放置总线至图形编辑窗口

单击绘图工具栏中的总线按钮，使之处于选中状态。将鼠标置于图形编辑窗口，单击鼠标左键，确定总线的起始位置；移动鼠标，屏幕出现粉红色细直线，找到总线的终止位置，单击鼠标左键，再单击鼠标右键，以表示确认并结束画总线操作。此后，粉红色细直线被蓝色的粗直线所替代，如图 1-46 所示。

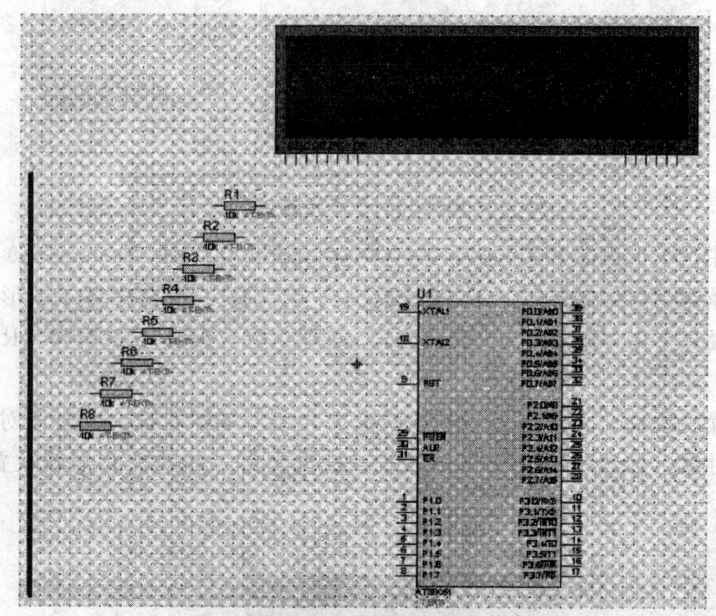

图 1-46　放置总线至图形编辑窗口

4）元器件之间的连线

Proteus 的智能化可在用户想要画线时进行自动检测。下面进行将电阻 R1 的右端连接到 LED 显示器 A 端的操作。当鼠标指针靠近 R1 右端的连接点时，鼠标指针前面会出现一个"×"，表明找到了 R1 的连接点；单击鼠标左键，移动鼠标（不用拖动鼠标），将鼠标指针靠近 LED 显示器 A 端的连接点时，鼠标指针前面会出现一个"×"，表明找到了 LED 显示器的连接点，同时屏幕上出现粉红色的连接。单击鼠标左键，粉红色的连接线变成深绿色，同时，线形由直线自动变成 90°的折线，这是因为选中了线路自动路径功能。

Proteus 具有线路自动路径功能（简称 WAR），当选中两个连接点后，WAR 将选择一个合适的路径连线。WAR 可通过使用标准工具栏里的"WAR"命令按钮来关闭或打开，也可以在菜单栏的"Tools"下找到这个图标。

同理，可以完成其他连线，如图 1-47 所示。在此过程的任何时刻，都可以按"Esc"键或者单击鼠标右键放弃画线。

5）元器件与总线的连线

画总线的时候为了和一般的导线区分，一般用斜线来表示分支线。此时需要自己决定走线路径，只需在想要拐点处单击鼠标左键即可。元器件与总线的连线如图 1-48 所示。

项目一　制作简易信号灯

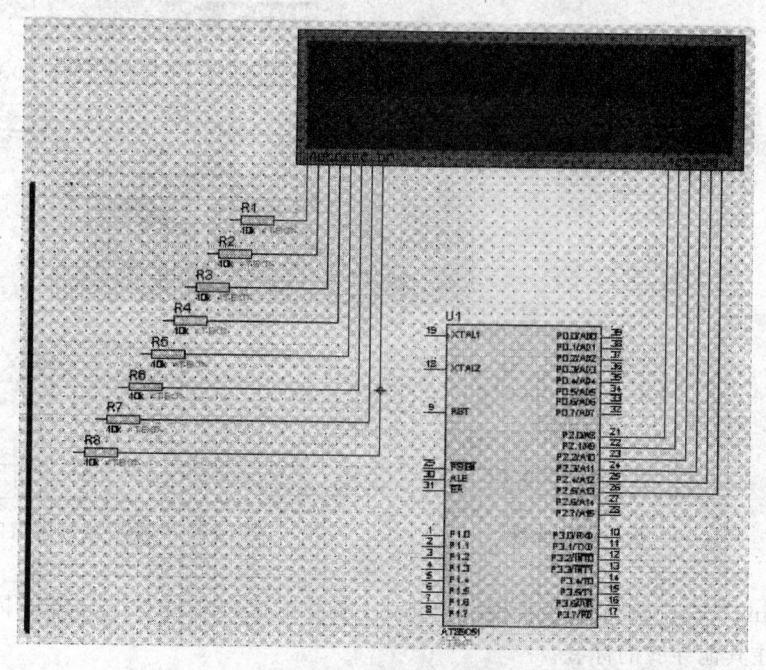

图 1-47　元器件连接图

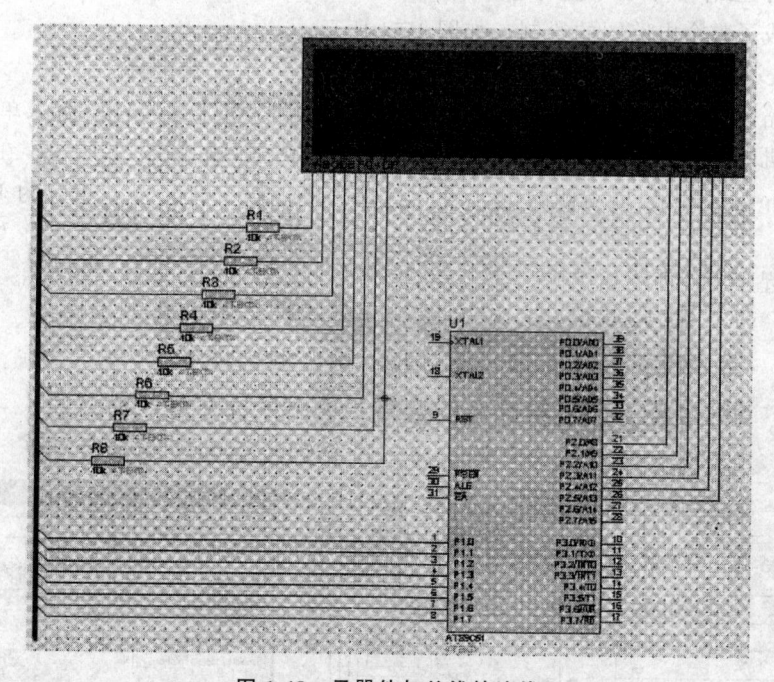

图 1-48　元器件与总线的连线

6）给与总线连接的导线贴标签（PARTLABELS）

单击绘图工具栏中的导线标签按钮，使之处于选中状态。将鼠标置于图形编辑窗口欲贴标签的导线上，鼠标指针前面会出现一个"×"。表明找到了可以标注的导线，如图1-49所示。单击鼠标左键，弹出编辑导线标签窗口，如图1-50所示。

单片机原理与应用项目化教程

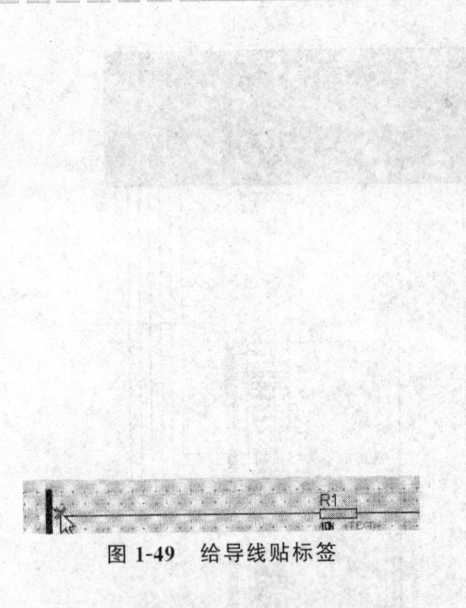

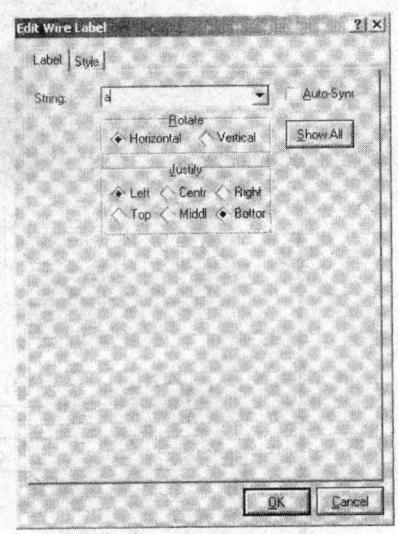

图 1-49　给导线贴标签　　　　　图 1-50　编辑导线标签窗口

在"String"栏中输入标签名称，单击"OK"按钮，结束对该导线的标签标定。同理，可以标注其他导线的标签。

注意：在标定导线标签的过程中，相互接通的导线必须标注相同的标签名。

至此完成了整个电路图的绘制，如图 1-51 所示。

7）Proteus 仿真方法与步骤

画好电路图并修改好各组件属性以后就可以将程序（HEX 文件）载入单片机了。首先双击单片机图标，系统弹出"Edit Component"对话框，如图 1-52 所示。在这个对话框中单击"Program File"框右侧的 ，打开选择程序代码窗口，选中相应的 HEX 文件后返回。这时，按钮左侧的框中就填入了相应的 HEX 文件，单击对话框中的"OK"按钮，回到文档，程序文件即添加完毕。

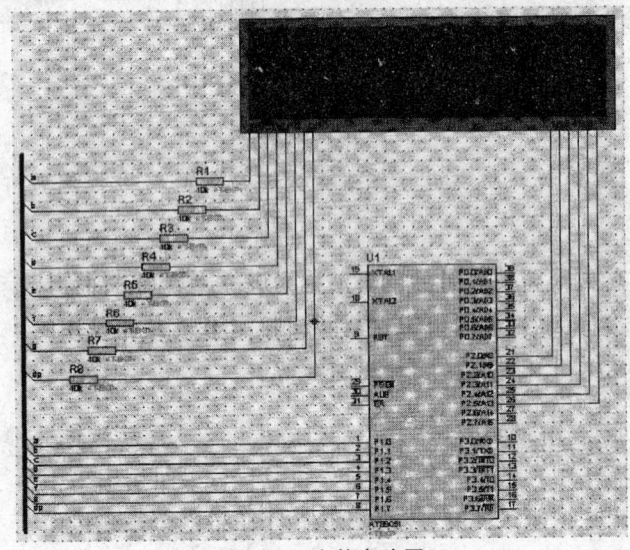

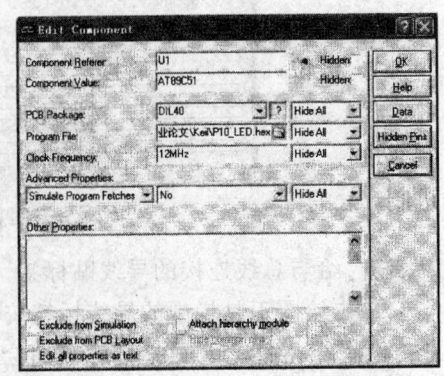

图 1-51　完整电路图　　　　　图 1-52　"Edit Component"对话框

装载好程序就可以进行仿真了。单击"Play"按钮运行仿真,单击"Stop"按钮可停止运行。

五、编程器简介

编程器又叫烧录器,它的作用是将编译好的目标代码如在 Keil 下保存的 .HEX 文件(记住,是目标代码不是源程序)烧录到单片机中。该操作又叫程序固化。编程器一般有两种,一种是独立型,即可以独立编程的,不需要计算机驱动,但前提条件是要有一个母片,适合于批量生产;另一种是由计算机驱动的,但是要有相应的操作软件和编程器配合才能完成烧录工作。

下面介绍本书中使用的计算机驱动的炜煌编程器,如图 1-53 所示是其实物图。

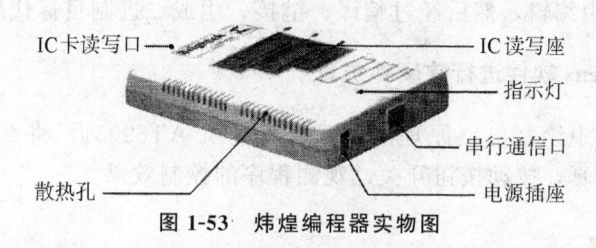

图 1-53 炜煌编程器实物图

炜煌编程器的使用步骤(详细步骤参见炜煌编程器的使用说明书)如下:

(1) 使用串口通信电缆把编程器与 PC 联机,给编程器通上电源,其指示灯闪烁表示编程器工作正常;

(2) 安装 WH500.EXE 文件,提示"串口联机成功",说明编程器与 PC 联机成功;

(3) 在 WH500.EXE 软件中打开在 Keil 中保存的 .HEX 或 .BIN 文件;

(4) 选择需固化程序的单片机;

(5) 固化程序到单片机;

(6) 从 IC 读写座上拔下单片机,完成把程序烧录到单片机的 ROM 中。

六、利用 protens 与 Keil C51 进行软件仿真

(一) 用 Keil C51 编辑源程序

单片机芯片的内部程序存储器中加载了事先编译好的模拟灯控制程序,才能看到按键控制 LED 灯的点亮和熄灭效果。因此,单片机系统由硬件和软件两部分组成,两者缺一不可。

模拟控制灯的源程序 8led.c 如下:

/**
名称:模拟控制灯
模块名:AT89C51
功能描述:当开关闭合时,P1.7 输入低电平,则 P1.0 输出低电平,LED 点亮;当开
         关打开时,P1.7 输入高电平,则 P1.0 输出高电平,LED 熄灭
***/

```
#include<reg51.h>        //包含的头文件,对单片机内部特殊功能寄存器进行了符
                           号定义
sbit Led = P1^0;         //定义位名称
sbit Key = P1^7;
void main ( )
{
   while (1)
   {    Led = Key;       //将按键状态直接映射到LED上
   }
}
```

源程序在 Keil 中编辑,然后经过编译、链接,生成二进制目标代码文件 8led.hex。

(二) 利用 protens 软件进行软硬件仿真

在 proteus 软件中绘制电路原理图,双击单片机 AT89051,将 8led.hex 文件下载进去。启动 proteus 仿真,按动按钮开关,观测程序的控制效果。

项目总结

本项目主要介绍了单片机的内部架构、振荡电路和复位电路、并行输入/输出接口、存储器,特别是内部数据存储器。

单片微型计算机(Single Chip Microcomputer),简称单片机,是将微处理器、存储器、I/O (Input/Output)接口和中断系统集成在同一块半导体芯片上,具有完整功能的微型计算机。

MCS-51 单片机有 40 个引脚,其中,电源占 2 个引脚,晶振占 2 个引脚,P0~P3 口占 32 个引脚,复位电路占 1 个引脚,3 个控制总线 $\overline{EA}/V_{PP}$、$\overline{PSEN}$、$ALE/\overline{PROG}$ 各占 1 个引脚。

MCS-51 单片机的存储器组织结构与一般微型计算机不同,一般微机通常是程序和数据共用一个存储空间。MCS-51 单片机的存储器结构中程序存储器和数据存储器的寻址空间是分开的,有 4 个物理上相互独立的存储器空间,即片内、外程序存储器和片内、外数据存储器。

从用户的角度即逻辑上看有 3 个存储空间:片内外统一编址的 64KB 的程序存储器地址空间(包括片内部 ROM 和外部 ROM);64KB 的外部数据存储器地址空间;256 字节的片内数据存储地址空间(包括 128 字节的内部 RAM 和特殊功能寄存器的地址空间)。对这 3 个不同的存储空间中的变量或常量,C51 采用不同的存储器类型声明。

MCS-51 单片机有 4 个八位双向输入/输出端口(I/O 口):P0、P1、P2、P3,共 32 根 I/O 线,它们是单片机内外进行数据交换的通道。其每个端口的每一位都有着相同的结构,包括输出锁存器、输入缓冲器和输出驱动器。在访问片外扩展存储器时,低 8 位地址和数据由 P0 口分时传送,高 8 位地址由 P2 口传送。在无片外扩展存储器的系统中,这 4 个口的每一位均可作为双向的 I/O 端口使用。

振荡电路和时钟电路、复位电路、电源电路是构成单片机系统必不可少的基本电路。

时钟电路为单片机提供时钟；复位电路用于当单片机系统在运行中，受到环境干扰出现程序跑飞的时候，按下复位按钮内部的程序自动从头开始执行。

组焊了由 8051 单片机 P1 口接 8 个 LED 发光二极管的控制系统。

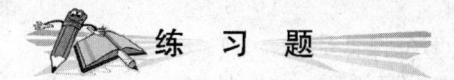

练 习 题

一、单项选择题

（1）在 MCS-51 单片机中，DPTR 和 SP 分别是（　　）的寄存器。

A. DPTR 和 SP 均为 8 位　　　　B. DPTR 为 8 位，SP 为 16 位

C. DPTR 为 16 位，SP 为 8 位　　D. DPTR 和 SP 均为 16 位

（2）在 MCS-51 单片机中，地址总线和数据总线分别是（　　）。

A. 均为 8 条　　　　　　　　　　B. 地址总线为 8 条，数据总线为 16 条

C. 均为 16 条　　　　　　　　　　D. 地址总线为 16 条，数据总线 8 条

（3）决定程序执行顺序的寄存器是（　　）。

A. 程序是否有转移指令　　　　　B. 指令地址寄存器 PC

C. 累加器 A　　　　　　　　　　D. 堆栈指针 SP

（4）MCS-51 单片机有（　　）条引脚。

A. 28　　　　B. 40　　　　C. 20　　　　D. 32

（5）MCS-51 单片机的一个指令周期包括（　　）个机器周期。

A. 1～4　　　B. 6　　　　C. 12　　　　D. 2

（6）R0～R7 所在的工作寄存器区是由（　　）来选定的。

A. PSW 寄存器的 RS1 和 RS0　　B. CPU

C. 内部数据存储器　　　　　　　D. 程序

（7）8031 单片机的外部程序存储器的读选通信号是（　　）有效。

A. 输入，高电平　　　　　　　　B. 输出，高电平

C. 输入，低电平　　　　　　　　D. 输出，低电平

（8）在 MCS-51 单片机中，PC 的初值和 P0、P1、P2、P3 的初值为（　　）。

A. PC 的初值为 0000H，P0、P1、P2、P3 的初值为 FFH

B. PC 的初值为 0003H，P0、P1、P2、P3 的初值为 00H

C. PC 的初值为 0000H，P0、P1、P2、P3 的初值为 00H

D. PC 的初值为 0003H，P0、P1、P2、P3 的初值为 FFH

（9）单片机存储器在物理上它们是（　　）个相互独立的存储器空间。

A. 1　　　　B. 2　　　　C. 3　　　　D. 4

（10）MCS-51 单片机的工作寄存器区的地址范围是（　　）。

A. 00H～1FH　　B. 00H～0FH　　C. 00H～07H　　D. 00H～08H

（11）CPU 主要的组成部分为（　　）。

A. 运算器、控制器　　　　　　　B. 加法器、寄存器

C. 运算器、寄存器　　　　　　　D. 运算器、指令译码器

（12）计算机的主要组成部件为（　　）。

A. CPU，内存，I/O 口　　　　　B. CPU，键盘，显示器
C. 主机，外部设备　　　　　　　D. 以上都是

(13) MCS-51 的 CPU 是（　　）位的单片机。
A. 16　　　B. 4　　　C. 8　　　D. 准 16

(14) 对于 8031 来说，EA 脚总是（　　）。
A. 接地　　　B. 接电源　　　C. 悬空　　　D. 不用

(15) 在单片机中，通常将一些中间计算结果放在（　　）中。
A. 累加器　　　B. 控制器　　　C. 程序存储器　　　D. 数据存储器

(16) 程序计数器 PC 用来（　　）。
A. 存放指令　　　　　　　　　B. 存放正在执行的指令地址
C. 存放下一条的指令地址　　　D. 存放上一条的指令地址

(17) 数据指针 DPDR 在（　　）中。
A. CPU 控制器　　　　　　　B. CPU 运算器
C. 外部程序存储器　　　　　　D. 外部数据存储器

(18) 单片机应用程序一般存放在（　　）。
A. RAM　　　B. ROM　　　C. 寄存器　　　D. CPU

(19) 单片机上电后或复位后，工作寄存器 R0 是在（　　）。
A. 0 区 00H 单元　　　　　　B. 0 区 01H 单元
C. 0 区 09H 单元　　　　　　D. SFR

(20) 进位标志 CY 在（　　）中。
A. 累加器　　　　　　　　　　B. 算逻运算部件 ALU
C. 程序状态字寄存器 PSW　　　D. DPTR

(21) 单片机 8051 的 XTAL1 和 XTAL2 引脚是（　　）引脚。
A. 外接定时器　　　　　　　　B. 外接串行口
C. 外接中断　　　　　　　　　D. 外接晶振

(22) 8031 复位后，PC 与 SP 的值为（　　）。
A. 0000H，00H　　　　　　　B. 0000H，07H
C. 0003H，07H 寄存器　　　　D. 0800H，00H

(23) 单片机的堆栈指针 SP 始终是（　　）。
A. 指示堆栈底　　　　　　　　B. 指示堆栈顶
C. 指示堆栈地址　　　　　　　D. 指示堆栈长度

(24) P0、P1 口作输入用途之前必须（　　）。
A. 相应端口先置 1　　　　　　B. 相应端口先置 0
C. 外接高电平　　　　　　　　D. 外接上拉电阻

(25) MCS-51 单片机中既可位寻址又可字节寻址的单元是（　　）。
A. 20H　　　B. 30H　　　C. 00H　　　D. 70H

(26) MCS-51 单片机中片内 RAM 共有（　　）字节。
A. 128　　　B. 256　　　C. 4K　　　D. 64K

(27) 当标志寄存器 PSW 的 RS0 和 RS1 分别为 1 和 0 时，系统选用的工作寄存器组

为（　　）。

A. 组 0　　　　B. 组 1　　　　C. 组 2　　　　D. 组 3

(28) 计算机内部数据之所以用二进制形式表示，主要是（　　）。

A. 为了编程方便　　　　　　B. 由于受器件的物理性能限制
C. 为了通用性　　　　　　　D. 为了提高运算速度

(29) 累加器 A 的位地址为（　　）。

A. E7H　　　　B. F7H　　　　C. D7H　　　　D. 87H

(30) MCS-51 的内部 RAM 中，可以进行位寻址的地址空间为（　　）。

A. E7H　　　　B. F7H　　　　C. D7H　　　　D. 87H

(31) MCS-51 的内部 RAM 中，可以进行位寻址的地址空间为（　　）。

A. 00H~2FH　　B. 20H~2FH　　C. 00H~FFH　　D. 20H~FFH

(32) MCS-51 的程序计数器 PC 为 16 位计数器，其寻址范围是（　　）。

A. 8K　　　　B. 16K　　　　C. 32K　　　　D. 64K

(33) 提高单片机的晶振频率，则机器周期（　　）。

A. 不变　　　　B. 变长　　　　C. 变短　　　　D. 不定

(34) MCS-51 单片机中，唯一一个用户不能直接使用的寄存器是（　　）。

A. PSW　　　　B. DPTR　　　　C. PC　　　　D. B

(35) 89C51 单片机的一个内存单元存有（　　）位二进制数。

A. 1　　　　B. 2　　　　C. 4　　　　D. 8

(36) 除了特殊功能寄存器外，片内数据存储器中可位寻址的位有（　　）。

A. 128　　　　B. 8　　　　C. 211　　　　D. 218

(37) MCS-51 中，（　　）可使程序计数器 PC 取值为 0。

A. 复位脚接地　　　　　　　B. 复位脚接+5V
C. 复位脚悬空

(38) 20H，90H，2000H，1000H 这些地址中，（　　）单元属于特殊功能寄存器专用地址单元。

A. 020H　　　　B. 90H　　　　C. 2000H　　　　D. 1000H

二、简答题

(1) 8051 有多少个特殊功能寄存器？各完成什么主要功能？

(2) 决定程序执行顺序的寄存器是哪个？它是几位寄存器？是否为特殊功能寄存器？

(3) DPTR 是什么寄存器？它的作用是什么？它是由哪几个寄存器组成？

(4) 8051 的工作寄存器分成几个组？每组为多少个单元？8051 复位后，工作寄存器位于哪一组？

(5) MCS-51 引脚中有多少 I/O 线？它们和单片机对外的地址总线和数据总线有什么关系？地址总线和数据总线各是几位？单片机各引脚的功能是什么？

(6) 什么叫堆栈？堆栈指示器 SP 的作用是什么？8051 单片机堆栈的容量不能超过多少字节？

(7) 8051 单片机的内部数据存贮器可以分为几个不同区域？各有什么特点？

(8) MCS-51 单片机的寻址范围是多少？8051 单片机可以配置的存贮器最大容量是多

少？而用户可以使用的最大容量又是多少？

(9) 8051 单片机对外有几条专用控制线？其功能是什么？

(10) 什么叫指令周期？什么叫机器周期？MCS-51 的一个机器周期包括多少时钟周期？

(11) 8051 是低电平复位还是高电平复位？复位后，P0～P3 口处于什么状态？

(12) 8051 的时钟周期，机器周期，指令周期是如何分配的？当振荡频率为 12MHz 时，一个机器周期为多少微秒？

(13) 在 8051 扩展系统中，片外程序存储器和片外数据存储器共处同一地址空间，为什么不会发生总线冲突？

(14) 8051 的 P3 口具有哪些第二功能？

(15) 位地址 7CH 与字节地址 7CH 有什么区别？位地址 7CH 具体在内存中什么位置？

(16) 程序状态字 PSW 的作用是什么？常用的状态标志有哪几位？作用是什么？

(17) 在程序存储器中，0000H，0003H，000BH，0013H，001BH，0023H 这 6 个单元有什么特定的含义？

(18) 若 P1～P3 口作通用 I/O 口使用，为什么把它们称为准双向口？

项目二

制作流水灯和模拟交通灯

任务一 流水灯设计

任务目标

- 了解单片机常用编程语言；
- 了解并掌握 C51 程序的结构与特点；
- 熟悉 C 语言的数据类型、变量与常量、运算符与表达式等基本概念；
- 掌握 C51 对标准 C 语言的扩充功能；
- 进一步熟练 Keil 软件和 Proteus 仿真软件的使用。

一、单片机开发语言

1. 单片机开发语言简介

在单片机程序设计系统中，目前支持汇编语言和 C 语言（简称 C51）两种程序设计语言。汇编语言可以对硬件直接操作，控制能力更加灵活，程序执行速度快，但代码冗长，程序可读性相对较差。而 C 语言代码更易懂，可读性强，符合程序快速开发理念，随着单片机功能的增强，使用 C 语言已成为主流。本书将以 C51 作为单片机开发的首选开发语言。

但汇编语言作为一种传统的单片机程序设计语言，在 C 语言程序指令不理想的情况下，可通过反汇编，查看汇编代码，进而清楚了解硬件的执行过程，在某些环境下还必须借助汇编语言来开发。因此汇编语言在行业内将长期存在，在这里，不推荐读者使用汇编语言为最佳开发语言，但希望读者能够理解汇编程序代码功能。51 单片机汇编指令系统在附录中提供，方便读者开发时参考使用。

2. 单片机 C 语言特点

C 语言是一种高级编程语言，采用结构化编程，在代码效率和速度上，稍逊于汇编语言，但比其他高级语言要高。利用 C 语言编程，具有良好的可移植性和可读性，对程序员来说，不必过多地考虑处理器的硬件特性与接口形式。通过 C51 编译器，如 Keil 编译器，可将 C 语言程序代码编译成单片机可执行的目标代码。

对于大多数 MCS-51 系列单片机，使用 C 语言与使用汇编语言相比具有如下优点。

(1) 可使用与人的思维相近的关键字和操作函数，且程序结构清晰，可读性强。
(2) 在不了解单片机指令系统而仅熟悉单片机存储器结构时就可以开发单片机程序。
(3) 寄存器分配、寻址方式及数据类型等细节由编译器管理，编程时不需要考虑。
(4) 程序可以分为多个不同的函数，这使程序设计结构化。
(5) 编译器提供了很多标准函数，具有较强的数据处理能力。
(6) C语言移植性好且非常普及，很容易地将已完成的项目移植到其他处理器环境中。
(7) 程序编写和调试时间大大缩短，开发效率远高于汇编语言。

因而易学易用，用过汇编语言后再使用C语言开发，这种体会将更加深刻。

3. 单片机C语言的基本结构

C51程序结构与标准C语言程序结构一样，也都是由函数构成，每一个函数都完成相对独立的功能。C语言中的函数就相当于汇编语言中的"子程序"。C程序的基本结构如图2-1所示。

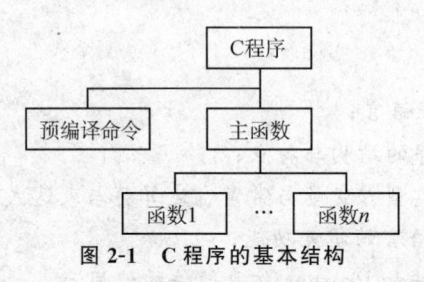

图2-1 C程序的基本结构

每个C程序都必须有且仅有一个主函数main()，程序的执行总是从主函数开始，主函数通过直接书写语句和调用其他函数来实现有关的功能。由编译系统直接提供给用户使用的函数，称为库函数，由用户自己编写的函数称为用户函数。当使用系统库函数时，只需要包含具有该函数说明的相应的头文件即可，如使用sin函数，则：#include〈math.h〉。Keil C提供了100多个库函数供我们直接使用。

所谓预编译命令是在C程序中插入一些传给编译程序的预处理命令，这些命令不能直接进行编译，要在通常编译之前进行预先处理，然后将处理结果和源程序一起进行编译，例如：

#define PI 3.14159   /*预处理时将程序中所有的PI替换为3.14159*/
#include〈math.h〉   /*预处理时将用math.h文件中的实际内容代替该行命令*/

二、C51对标准C语言的扩展

用C语言编写的单片机应用程序与标准C语言程序也有相应的区别：编写C51程序时，需要根据单片机存储结构及内部资源定义相应的数据类型和变量，而标准C语言程序不需要考虑；C51包含的数据类型、变量存储模式、函数等方面与标准C语言也有一定的区别，而其他的语法规则、程序结构及程序设计方法与标准C语言程序设计相同。在这里只对C语言的基本知识做简单介绍，而把主要精力集中到分析C51和标准C语言之间的区别，即C51对标准C语言的扩展。有关标准C的详细知识可参考有关C语言书籍。

1. C51数据类型

在C语言中，数据类型可分为基本数据类型、构造数据类型、指针类型、空类型四大类。C 语言的数据类型如图 2-2 所示。

C51 数据类型与标准 C 语言中的数据类型基本相同，但其中的 char 和 short 相同，float 和 duble 相同。另外，C51 中还扩充有针对单片机的特殊功能寄存器和位数据类型。

图 2-2　C 语言的数据类型

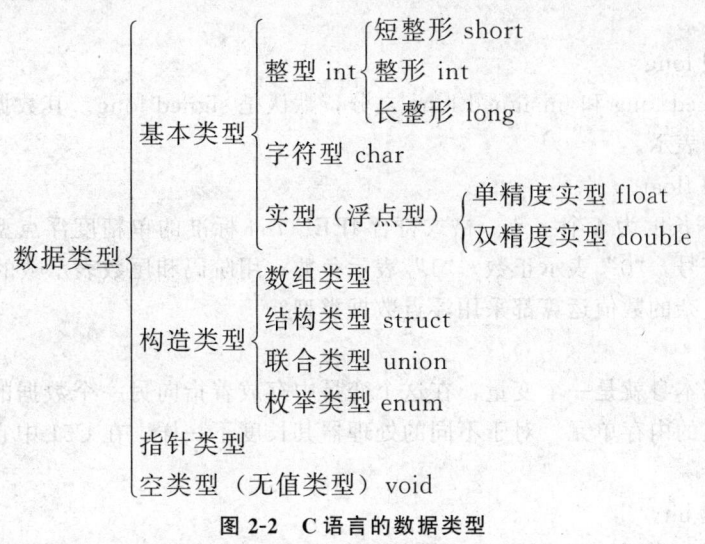

表 2-1 列出 Keil C51 编译器所支持的数据类型。

表 2-1　Keil C51 编译器所支持的数据类型

数据类型	名　称	长　度	表示的数值范围
unsigned char	无符号字符型	1 字节	0～255
signed char	有符号字符型	1 字节	－128～127
unsigned int	无符号整型	2 字节	0～65535
signed int	有符号整型	2 字节	－32768～32767
unsigned long	无符号长整型	4 字节	0～4294967295
signed long	有符号长整型	4 字节	－2147483648～2147483647
float	浮点型	4 字节	$\pm 1.17494E-38 \sim +3.402823E+38$
*	指针型	1～3 字节	存储空间 0～65535
bit	位类型	1 比特	0 或 1
sbit	特殊内能寄存器中可寻址的位	1 比特	0 或 1
sfr	8 位特殊功能寄存器	1 字节	0～255
sfr16	16 位特殊功能寄存器	2 字节	0～65535

(1) 字符型 char

char 有 signed char 和 unsigned char 之分，默认为 signed char，即 "char a" 与 "signed char a" 等效。其数据长度为 1 个字节，通常用于定义字符型数据变量和常量。signed char 用于定义带符号的字节数据，其最高位为符号位，"0" 表示正数，"1" 表示负数，用补码表示；unsigned char 既可以用来存放无符号数据，也可以存放文字符，在计算机内部用 ASCII 码表示。

(2) 整型 int

int 有 signed int 和 unsigned int 之分，默认是 signed int。其数据长度是 2 个字节，负数用补码表示。

(3) 长整型 long

long 有 signed long 和 unsigned long 之分，默认是 signed long。其数据长度是 4 个字节，负数用补码表示。

(4) 浮点型 float

float 型数据长度为 4 个字节。格式符合 IEEE 754 标准的单精度浮点型数据，它用符号位表示数的符号，"0"表示正数，"1"表示负数；用阶码和尾数表示数的大小，具有 24 位精度。许多复杂的数值运算都采用浮点数据类型。

(5) 指针型 *

指针型数据本身就是一个变量，在这个变量中存放着指向另一个数据的地址，这个指针变量占用一定的内存单元。对于不同的处理器其长度不一样，在 C51 中它的长度一般为 1~3 个字节。

(6) 位类型 bit

这是 C51 的一种扩充数据类型，用于访问 MCS-51 单片机 RAM 中的位寻址区，即 RAM 的 20H~2FH 单元的 128 个位。利用它可以定义一个位类型变量，但不能定义位指针，也不能定义位数组。它的值只是一个二进制位，只有 0 和 1。在标准 C 里面，有位运算但没有位类型变量定义。

定义格式：

bit 位变量名；   //其定义方式与标准 C 语言相同

例如：

bit led；   //定义一个位变量"led"

(7) 可寻址位类型 sbit

这也是 C51 的一种扩充数据类型，利用它可以访问芯片内部 RAM 中特殊功能寄存器中的可寻址位（有 11 个特殊功能寄存器具有位寻址功能，它们的字节地址都能被 8 整除）。

定义格式：

sbit 位名称 = 位地址，其中位地址可以用三种方法表示。

例如：

sbit P1_1 = P1^1;   //SFR 单元名称~变量位序号
sbit P1_1 = 0x90^1;   //SFR 单元地址~变量位序号
sbit P1_1 = 0x91;   //位地址（绝对地址）

这样就可以在后面的程序中直接使用 P1_1 来对 P1 端口的 P1.1 引脚进行读写操作了。另外需要注意的是，字节地址与位号之间、特殊功能寄存器与位号之间一般用"^"作间隔。又如：

sbit CY = 0xd7;   //以位绝对地址表示
sbit CY = 0xd0^7;   //以 RAM 单元字节地址 + 比特位的位置号表示

```
sbit CY = PSW^7;        //以特殊功能寄存器名+比特位的位置号表示
```
（8）8位特殊功能寄存器 sfr

sfr 也是 C51 的一种扩充数据类型，用于访问 MCS-51 系列单片机内部 8 位特殊功能寄存器，它们不连续地分布在片内 RAM 的 80H～FFH 范围内。

定义格式：

sfr 特殊功能寄存器名=特殊功能寄存器地址；

例如：
```
sfr P1 = 0x90;          //定义 P1 为 P1 端口在片内的寄存器，P1 的端口地址为 0x90
sfr PSW = 0xd0;         //定义 PSW 为片内的状态寄存器，其地址为 0xd0
```
（9）16位特殊功能寄存器 sfr16

sfr16 也是 C51 的一种扩充数据类型，用于以 16 位方式访问特殊功能寄存器。在新一代 MCS-51 系列单片机中，特殊功能寄存器经常组合成 16 位来使用。

sfr16 和 sfr 定义格式相同，且都用于访问特殊功能寄存器，所不同的是 sfr16 定义的是 2 个字节的寄存器，如 8052 定时器 T2，使用地址 0xcc 和 0xcd，可定义如下：

```
sfr16 T2=0xcc;   //定义 8052 定时器 2，低地址 T2L=0xcc，高地址 T2H=0xcd
```

采用 sfr16 定义 16 位特殊功能寄存器时，两个字节地址是连续的，定义时把低字节地址作为整个 sfr16 地址。需要注意的是，不能用于定时器 0 和 1 的定义。

◆ **注意**：sbit、sfr 和 sfr16 后面的地址必须是常数，且其地址必须是其限定之内的值。

在 C51 中，为了用户方便，C51 编译器把 MSC-51 单片机常用的特殊功能寄存器和特殊位进行了定义，放在一个"reg51.h"或"reg52.h"的头文件中。reg51.h 文件包含内容如下：

```
/* BYTE Register */
sfr P0 = 0x80;
sfr P1 = 0x90;
sfr P2 = 0xA0;
sfr P3 = 0xB0;
sfr PSW  = 0xD0;
sfr ACC = 0xE0;
sfr B = 0xF0;
sfr SP = 0x81;
sfr DPL = 0x82;
sfr DPH = 0x83;
sfr PCON = 0x87;
sfr TCON = 0x88;
sfr TMOD = 0x89;
sfr TL0 = 0x8A;
sfr TH0 = 0x8B;
sfr TL1 = 0x8C;
```

```
sfr TH1 = 0x8D;
sfr IE = 0xA8;
sfr IP = 0xB8;
sfr SCON = 0x98;
sfr SBUF = 0x99;
/* BIT Register */
/* PSW */
sbit CY = 0xD7;
sbit AC = 0xD6;
sbit F0 = 0xD5;
sbit RS1 = 0xD4;
sbit RS0 = 0xD3;
sbit OV = 0xD2;
sbit P = 0xD0;
/* TCON */
sbit TF1 = 0x8F;
sbit TR1 = 0x8E;
sbit TF0 = 0x8D;
sbit TR0 = 0x8C;
sbit IE1 = 0x8B;
sbit IT1 = 0x8A;
sbit IE0 = 0x89;
sbit IT0 = 0x88;
/* IE */
sbit EA = 0xAF;
sbit ES = 0xAC;
sbit ET1 = 0xAB;
sbit EX1 = 0xAA;
sbit ET0 = 0xA9;
sbit EX0 = 0xA8;
/* IP */
sbit PS = 0xBC;
sbit PT1 = 0xBB;
sbit PX1 = 0xBA;
sbit PT0 = 0xB9;
sbit PX0 = 0xB8;
/* P3 */
sbit RD = 0xB7;
sbit WR = 0xB6;
```

```
sbit T1 = 0xB5;
sbit T0 = 0xB4;
sbit INT1 = 0xB3;
sbit INT0 = 0xB2;
sbit TXD = 0xB1;
sbit RXD = 0xB0;
/* SCON */
sbit SM0 = 0x9F;
sbit SM1 = 0x9E;
sbit SM2 = 0x9D;
sbit REN = 0x9C;
sbit TB8 = 0x9B;
sbit RB8 = 0x9A;
sbit TI = 0x99;
sbit RI = 0x98;
```

当用户使用时,只需要用一条预处理命令"#include<reg51.h>"把这个头文件包含到程序中,然后就可以使用这个特殊功能寄存器和特殊位名称了。要熟练地进行C51编程,以上符号名称需要我们掌握,且其他的一些常用库文件内部符号定义和函数也要熟悉。keil C库文件在 INC 目录下。

2. 数据存储类型和存储模式

C51中处理的数据有常量和变量两种,基本使用方式和标准C语言一样,关键在于变量的使用上,它扩展了数据的存储类型和存储模式。

(1) 常量

在程序执行过程中,其值始终保持固定不变。C51支持的常量数据类型有整型、浮点型、字符型、字符串型及位类型。

①整型常量:十进制数、十六进制数和八进制数,例如,十进制数78、−34 等;十六进制数以0x开头,如0x78、−0x23 等;八进制数以字母o开头,如o23、o83 等。对于长整数后面补加字母 L,如1234L、0x23a0L 等。

②浮点型常量:可用十进制或指数形式表示,如34.89、123.78e−4 等。

③字符型常量:使用单引号引起的单个字符,如'a''4'等。一般为 ASCII 字符,对不可显示的控制字符通过转义字符"\"来实现,如"\\n"表示换行符,"\\0"表示空字符,"\r"表示回车符," \ "表示单引号,"\""表示双引号,"\\"表示反斜杠。

④字符串型常量:使用双引号引起的一串字符,如"1432""yes"等。

❖注意:字符串型常量和字符常量是不一样的,在C语言中存储字符串时系统会自动在字符串尾部添加转义字符"\0"作为字符串的结束符。因此字符串常量"A"和字符常量'A'是不一样的。

⑤位类型:一个二进制数,如0和1。

❖注意:常量可以是数值型常量或者是字符型常量。以上为数值型常量,所谓字符型常量是指在程序中用标识符来定义的常量。使用前通过预编译命令"#define"来定义，例如：

#define PI 3.14159

用符号常量 PI 表示数值 3.14159，在此之后的程序代码中，凡是出现 PI 的地方，均用 3.14159 来代替。

(2) 变量

变量是一种在程序执行过程中其值可以改变的量。一个变量由两部分组成：变量名和变量值。变量名是存储单元地址的符号化表示，而变量值就是该单元存放的内容。

变量在使用时，必须先定义、后使用，指出变量的数据类型和存储模式，以便于编译系统为其分配相应的存储单元。在 C51 中，变量的定义格式如下：

[存储种类] 数据类型 [存储器类型] 变量名1 [= 初值]，变量名2 [= 初值]，…；

◆ **注意**：数据类型和变量名是必需的，存储种类和存储器类型及初值是可选的。

①数据类型。在 C51 中，为了增强程序的可读性，可以使用 typedef 或 #define 定义的类型别名。例如：

#define uchar unsigned char

typedef unsigned int WORD

这样，编程时就可以用 uchar 和 WORD 来定义变量了，如：

uchar a = 0x23;   //等价于 unsigned char a = 0x23；

WORD b = 0x1234;   //等价于 unsigned int b = 0x1234；

②变量名。变量名标识符只能由字母、数字、下划线组成，且其第一个字符必须是字母或下划线。变量名不能与系统关键字同名，如"uchar case = 0x23；"是错误的，因为 case 是分支程序关键字。在 Keil C 系统里面，关键字标识符在默认情况下，一般以蓝色显示，这一点可以避免变量名命名错误。

(3) 存储种类

存储种类是变量在程序执行过程中的作用范围，即生存期。C51 变量存储种类有 4 种：auto（自动变量）、register（寄存器变量）、extern（外部变量）和 static（静态变量），其使用规则和方式与标准 C 语言基本一致，这里简单做一下说明。

①auto（自动变量）。自动变量的作用范围在定义它的函数体内或复合语句内。当定义它的函数体或复合语句执行时，C51 为该变量分配存储单元，结束时释放存储单元，其值不能保留。默认状态下，变量默认为 auto 类型，这也是使用最广泛的一种类型。

②register（寄存器变量）。寄存器变量定义在 CPU 内部的寄存器中，如 R0、R1 等通用工作寄存器，处理速度快，但数目少。C51 编译器能够自动识别程序中的使用频率最高的变量，并自动将其作为寄存器变量，用户无须专门声明。

③extern（外部变量）。在一个文件内，要使用一个已经在其他文件中定义过的外部变量时，或者在一个函数体内，要使用一个已经在该函数体外定义或其他文件中定义过的外部变量时，该变量要用 extern 声明。外部变量被定义后分配固定的内存空间，在整个程序执行内都有效。

外部变量声明必须用关键字 extern，而外部变量的定义一般不用 extern 定义。例如：

```
int F1()
{extern int A, B;    /*外部变量声明*/
 ⋮
}
int A = 13, B = -6;  /*定义外部变量*/
```

一般该变量原始定义声明在程序的头部,定义在主函数 main() 之外,又称全局变量。当外部变量不在当前文件时,需要使用预编译命令 #include< >将含有该变量定义的文件添加进来。

④static(静态变量)。在函数体内定义的静态变量为内部静态变量,它在该函数体内有效,在程序执行过程中一直存在,但在函数体外是不可见的,实现了在函数体外值被保护,当离开函数体再次调用该函数时,其值保持不变。在函数体外定义的静态变量是外部静态变量,它在程序中一直存在,但在定义它的文件之外是不可见的。这与 extern 声明的外部变量不同,外部变量可以被其他文件所使用。

(4) 存储器类型

MCS-51 系列单片机将程序存储器 ROM 和数据存储器 RAM 分开,在物理上分为 4 个空间:片内、片外数据存储器区和片内、片外程序存储区。存储器类型用于指明变量所处的存储器区域情况。C51 编译器支持的存储器类型如表 2-2 所示。

表 2-2 C51 编译器支持的存储器类型

存储器类型	描述
data	直接寻址的片内 RAM 的低 128 个字节,访问速度快
bdata	片内 RAM 的可位寻址区:20H~2FH,允许字节和位混合访问
idata	间接寻址访问的片内 RAM,允许访问全部片内 RAM 区(256 个字节)
pdata	使用 Ri 间接访问的片外 RAM 低 256 个字节
xdata	用 DPTR 间接访问的片外 RAM 全部区域,即 64KB 空间
code	程序存储器 ROM 的 64KB 空间

data、bdata 和 idata 型变量存放在片内数据存储区;pdata 和 xdata 型变量存放在片外数据存储区;code 型变量固化在程序存储区。例如:

```
char data x1;              //在片内 RAM 的低 128 个字节中定义可直接寻址的字符变量
unsigned char bdata x2;    /*在片内 RAM 位寻址区 20H~2FH 中定义可位处理和字节处
                             理的无符号字符变量*/
int idata x3;              //在片内 RAM 的 256 个字节中定义可间接寻址的整型变量
long pdata x4;             //在片外 RAM 的 256 个字节中定义可间接寻址的长整型变量
float xdata x5;            //在片外 RAM 的 64KB 中定义可间接寻址的实型变量
int code x6 = 1234;        //在 ROM 空间定义整型变量
```

❖注意:对于 sfr、sfr16 和 sbit 变量不能有存储器类型修饰,bit 型变量可以用 data 或 bdata 加以修饰,其实也是多余的。另外默认的情况下,采用默认的存储器类型,而默认的存储器类型与存储器模式有关。

程序存储区的数据是不可改变的,所以编译时要对 code 型变量初始化,否则就会出错。code 变量内容只可访问不能修改,例如:

unsigned char code a [ ] = {0x00, 0x01, 0x02, 0x03, 0x04, 0x05, 0x06};

(5) 数据存储模式

C51 编译器支持 3 种存储模式: small、compact 和 large 模式。不同的存储模式对变量默认的存储器类型不一样。

①small 模式: 即小编译模式,此模式下编译时,函数参数和变量参数的默认存储器类型为 data。

②compact 模式: 即紧凑编译模式,此模式下编译时,函数参数和变量参数的默认存储器类型为 pdata。

③large 模式: 即大编译模式,此模式下编译时,函数参数和变量参数的默认存储器类型为 xdata。

变量存储模式的改变可通过以下方法实现:

- 使用 Keil C 编译器菜单选项选择 "Project" → "Options for target" → "target"。
- 在程序中使用预处理命令 #pragma 来实现。

如果没有指定,系统隐含为 small 模式,例如:

#pragma small

char x;

int xdata y;

#pragma compact

char m;

int xdata n;

int fun1 (int x1, int y1) large

{return (x1 + y1);}

int fun2 (int x1, int y1) /* 函数的隐含存储模式为 small */

{return (x1 - y1);}

程序编译时,x、y、m、n 存储器类型分别为 data、xdata、pdata 和 xdata;函数 fun1 的形参 x1 和 y1 存储器类型为 xdata;函数 fun2 的形参 x1 和 y1 存储器类型为 data。

(6) 绝对地址的访问 (I/O 端口地址访问)

在 C51 中,可以通过变量的形式访问单片机存储器,也可以通过绝对地址的形式来访问。除了 sfr、sfr16 和 sbit 变量地址是已知的,其他类型的变量地址是可变的。片外 RAM 和外设端口地址是统一编址的,对外设的访问必须使用绝对地址的方式,如 A/D 转换器的通道地址。对绝对地址的访问有 3 种方式:

①使用 C51 预定义的绝对宏。在程序中,用 "#include<absacc.h>" 即可使用其中声明的宏来访问绝对地址,其函数定义原型包含 absacc.h 中,如下所示:

#define CBYTE ((unsigned char volatile code *) 0)

#define DBYTE ((unsigned char volatile data *) 0)

#define PBYTE ((unsigned char volatile pdata *) 0)

#define XBYTE ((unsigned char volatile xdata *) 0)
#define CWORD ((unsigned int volatile code *) 0)
#define DWORD ((unsigned int volatile data *) 0)
#define PWORD ((unsigned int volatile pdata *) 0)
#define XWORD ((unsigned int volatile xdata *) 0)

其中：宏名 CBYTE、DBYTE、PBYTE 和 XBYTE 是以字节的形式对相应的存储区寻址，而 CWORD、DWORD、PWORD 和 XWORD 以字的形式对相应的存储区寻址。访问形式为：

宏名［地址］　　　　　　　/*地址为存储单元的绝对地址，一般用十六进制表示*/

对绝对地址对存储单元的访问，例如：

```
#include<absacc.h>      /*将绝对地址头文件包含在文件中*/
#include<reg52.h>       /*将寄存器头文件包含在文件中*/
#define PORTA XBYTE [0x7FF0]
                        /*将 PORTA 定义为外部 I/O 端口，地址是 7FF0H*/
#define uchar unsigned char /*定义符号 uchar 为数据类型符 unsigned char*/
#define uint unsigned int   /*定义符号 uint 为数据类型符 unsigned int*/
void main ()
{
uchar x1, x2;
uint y1;
x1 = XBYTE [0x0005];    /*读取片外 RAM 的 0005H 字节单元的数据*/
x2 = PORTA;             /*读取片外地址为 7FF0H 的 I/O 端口的数据*/
y1 = XWORD [0x0025];    /*读取片外 RAM 的 0025H 字单元的数据*/
……
PORTA = 0x34;           /*对片外地址为 7FF0H 的 I/O 端口写入数据 34H*/
XBYTE [0x7FF1] = 0x55;  /*对片外地址为 7FF1H 的 I/O 端口写入数据 55H*/
while (1);
}
```

在上面程序中，对 PORTA 进行了预定义，使用方便。一旦硬件端口地址改变，只需改变预定义行内的地址即可。例如：

#define PORTA XBYTE [0xFFF0]

②使用 C51 扩展关键字 _at_。其用法简单，直接在数据变量声明的后面加上 _at_ const 即可，const 为绝对地址常数，但需要注意：绝对地址变量不能被初始化；bit 型变量不能用指定；使用 _at_ 定义的变量必须为全局变量。例如：

```
#define uchar unsigned char
data uchar x1 _at_ 0x40;    /*在 data 区中定义字节变量 x1，它的地址为 40H*/
xdata char text [256] _at_ 0x2000;  /*在 xdata 区中定义字符数组变量 text，
                                     长度为 256 字节，它的起始地址为
```

2000H */

③通过指针形式。采用指针的方法，可以对C51程序中任意指定的存储器单元进行访问。例如：

♯define uchar unsigned char　　/*定义符号uchar为数据类型符unsigned char */
void func (void)
{
uchar data var1;
uchar xdata * dp1;　　　　　　/*定义一个指向xdata区的指针dp1 */
dp1 = 0x1000;　　　　　　　　 /* dp1指针赋值，指向xdata区的1000H单元 */
* dp1 = 0x12;　　　　　　　　　/*将数据0x12送到片外RAM1000H单元 */
var1 = * dp1;　　　　　　　　 /*读取片外RAM1000H单元的内容，传给变量var1保存 */
}

3. C51运算符及表达式

C51具有丰富的运算符，很强的数据处理能力，可以构成多种表达式及语句，与标准的C语言基本相同，如表2-3所示。

表2-3　C51运算符

运算符名称	运　算　符
算术运算符	+，-，*，/，%，++，--
关系运算符	>，<，==，>=，<=，!=
逻辑运算符	&&，||，!
位运算符	&，|，~，^，<<，>>
赋值运算符	=，+=，-=，*=，/=，%=，&=，|=，^=，>>=，<<=
指针运算符	*，&
条件运算符	?:
逗号运算符	,
求字节数运算符	sizeof
特殊运算符	()，[]，->，.

C语言是一种表达式语言，由运算符和运算对象构成的表达式后面加上分号";"，就构成了相应的表达式语句。下面仅对C51编程中常用到的几种运算符进行介绍，其他的可参见标准C语言说明。

(1) 算术运算符

C51支持的算术运算符有：加(+)、减(-)、乘(*)、除(/)、求余(%)、自增1(++)、自减1(--)共7种。需要注意的是：

①对于除运算，如相除的两个数中有浮点数，则运算的结果为浮点数，如相除的两个数都为整数，则运算的结果为整数。如2.5/2结果为1.25，而8/5的值为1。

②对于取余运算，则要求参加运算的两个数必须为整数，运算结果为它们的余数。如

8%5 的值为 3。

③自增运算符（++）和自减运算符（--）的功能是使变量值自动加 1 和减 1，编程时其常用于循环语句中作为循环变量。例如：

int i = 10, m, n;
m = ++i;   //m = 11, i = 11, ++i 是先自增 1 再使用 i 的值
n = i++;   //n = 11, i = 12, i++ 是先使用 i 的值再自增 1

（2）关系运算符

C51 支持 6 种关系运算符：大于（>）、小于（<）、大于等于（>=）、小于等于（<=）、等于（=）和不等于（!=），用于比较运算。

关系运算的结果为逻辑量，成立为真（1），不成立为假（0）。例如：5>3 的值为 1，而 10==100 的值为 0。

（3）逻辑运算符

C51 支持 3 种逻辑运算符：&&（逻辑与）、||（逻辑或）、!（逻辑非），其运算结果为真或假。例如：设 a=3；b=0；则 a&&b 的值为 0，a||b 的值为 1，!a 的值为 0。

◆ **注意**：在参与逻辑运算的数值中，只要不为 0 的数都作为"真"值处理。

（4）位运算符

位操作对单片机的编程非常重要，因为在单片机应用系统设计中，需要经常对 I/O 端口操作。为此，C51 结合单片机硬件特性，也提供了强大灵活的位处理功能，使得也能像汇编语言一样直接对硬件进行操作。

C51 提供了 6 种位运算符：&（按位与）、|（按位或）、^（按位异或）、~（按位取反）、>>（右移）、<<（左移），用于对数值按二进制位形式进行操作。

例如：设 P1=0x55=01010101B，则

P1 = P1&0x0f;   //P1 = 0x05
P1 = P1|0x0f;   //P1 = 0x5f
P1 = P1^0x0f;   //P1 = 0x5a
P1 = ~P1;   //P1 = 0xaa
P1 = P1>>2;   //P1 = 0x15
P1 = P1<<2;   //P1 = 0x54

◆ **注意**：按位与运算通常用来对某些位清零或保留某些位；按位或运算通常用于把指定位为 1，其他位保持不变；左移时，高位丢失，低位补 0；右移时，低位丢失，高位补 0（对正数）或补 1（对负数）。

例：用"左移"分离出 16 位数的高 8 位，用"与"0x00ff 分离出 16 位数的低 8 位。

#include<reg51.h>
#include<stdio.h>
#include<intrins.h>
void main (void)
{
unsigned int data x;   //定义在内部 RAM 中的无符号 16 位整数

```
unsigned char data h, l;    //定义在内部 RAM 中的无符号 8 位字符（整数）
h = x<<8;                   //取 x 的高 8 位
l = x&0x00ff;               //取 x 的低 8 位
}
```

(5) 赋值运算符

赋值运算符"="的作用是将运算符右边的表达式的值赋给其左边的变量。如：y=5+x；"="的左边只能是变量，而不能是常量或表达式，不能写成：4=x；或 x+y=10。赋值运算符是右结合特性，所以：x=y=z=10；与 x=（y=（z=10））；等效。

注意： 关于运算符的优先级和结合型，其内容多，不易记牢，所以在不清楚的情况下，请使用括号加以明确，增强可读性。

复合赋值运算符：在"="之前加上其他双目运算符组成复合的赋值运算符，一共有 10 种，即：+=、-=、*=、/=、%=、<<=、>>=、&=、|=、^=。

例如：

```
a+ = 5;              //等价于 a = a + 5
x* = y + 8;          //等价于 x = x * (y + 8)
x<< = 8;             //等价于 x = x<<8
x& = y + 8;          //等价于 x = x& (y + 8)
```

使用复合赋值运算符可以简化程序和提高编译效果，产生质量较高的目标代码。

4. C51 基本语句

C51 是一种结构化程序设计语言，支持 3 种基本结构：顺序结构、选择结构和循环结构，相应的基本语句有：表达式语句和复合语句、选择语句、循环语句。

(1) 表达式语句和复合语句

在表达式后面加上一个"；"就构成表达式语句。而把若干条语句用 { } 括起来，组合在一起形成的语句称为复合语句，看成实现特定功能的模块而加以区分。例如：

```
{
tmp = a; a = b; b = tmp;    //实现 a 与 b 数据交换
}
```

注意： 可以仅由一个分号"；"占一行形成一个表达式语句，称为空语句。在语法上是一个语句，但在语义上不做具体操作。例如：while（1）；循环条件为真，循环体为空，实现无限循环。

(2) 选择语句

选择语句有 if 语句和 switch 语句。if 语句是用来判定所给定的条件是否满足，根据判定的结果（真或假）决定执行给出的两种操作之一，通常有以下 3 种形式。

①if（表达式）{语句组；}

例如：

if（x>y）printf（"%d"，x）；

②if（表达式）{语句组 1；} else {语句组 2；}

例如：

```
if (x>y) printf ("%d", x);
else printf ("%d", y);
③if (表达式1) {语句组1;}
else if (表达式2) {语句组2;}
else if (表达式3) {语句组3;}
⋮
else if (表达式n-1) {语句组n-1;}
else {语句组n}
```

例如：
```
if (x>y) printf ("%d", x);
else if (y>z) printf ("%d", y);
else printf ("%d", z);
```

if 语句通过第三形式的嵌套可以实现多分支结构，但结构复杂。switch 是 C51 中提供的专门处理多分支结构的多分支选择语句。其格式如下：

```
switch (表达式)
{case 常量表达式1: {语句组1;} break;
 case 常量表达式2: {语句组2;} break;
 ⋮
 case 常量表达式n: {语句组n;} break;
 default: {语句组n+1;}
}
```

例：下面是一个编程器操作函数，根据接收到的不同的命令参数，执行不同的功能。

```
void execute_cmd (unsigned char recv_cmd)
{
switch (recv_cmd)
{
        case 0: pgm_operation (); break;                      //编程操作
        case 1: read_operation (); break;                     //读数据操作
        case 2: pgm_lock_bit1 (); serial_out (CMD_2); break;
                                                              //写加密位1操作
        case 3: verify_data (); break;                        //数据校验操作
        default:;                                             //复位
    }
}
```

❖**注意**：在 switch 结构中，break 语句不能省，否则会从当前语句顺序执行其后的程序。遇到 break 语句后，程序将结束当前 case 段，跳出 switch 结构。

(3) 循环语句

循环语句有 while 语句和 for 语句，与 if 语句一样，在程序设计中经常使用。例如单片机中的延时功能。

①while 语句用于实现当型循环结构。其格式如下：

while（表达式）

　　　｛语句组；｝　　　/＊循环体＊/

例：用 while 语句求 1～100 的和。

```
main ()
{
    int i = 1, sum = 0; //sum 为累加和变量，初始值是 0
    while (i<=100) { sum = sum + i; i++;}
}
```

while 语句另一种方式为：do while 语句，用于实现直到型循环结构。其格式如下：

do

｛语句组；｝　　　　　/＊循环体＊/

while（表达式）；

上面例中相应的 while 语句替换为：

do { sum = sum + i; i++;}

while (i<=100);

两种结构的不同在于，while 先判断后执行，do while 先执行后判断，所以无论条件是否满足，do while 结构至少要执行一次循环体。

②for 语句

for 语句是使用最灵活、用得最多的循环控制语句，同时也最为复杂。它可以用于循环次数已经确定的情况，也可以用于循环次数不确定的情况，它完全可以代替 while 语句。其格式如下：

for（表达式 1；表达式 2；表达式 3）

｛语句组；｝　　　　　/＊循环体＊/

例：在单片机设计中，经常用到的延时函数。用内循环构造一个基准的延时，调用时通过参数设置外循环的次数，这样就可以形成各种延时关系。

```
void delay (unsigned int x)
{
    unsigned int i, j;
    for (i = 0; i<x; i++)
        for (j = 0; j<255; j++);
}
```

❖**注意**：for（;;）与 while（1）一样，为无限循环语句。一般用于单片机中断程序设计中，一直处于等待状态，当有中断发生时，转而执行中断服务程序。

③break 和 continue 语句

break 语句通常用在 switch 语句和 while、for 循环语句中；continue 语句只能用在 for 和 while 循环语句中。break 在 switch 中的使用参看 switch 部分。对于循环体来说，break

语句用于结束整个循环，而 continue 只是停止当前循环而非整个循环，即跳过循环体的剩余语句，再次进入循环条件判断，准备继续开始下一次循环体的执行。

例：求 1~100 的和程序段。
```
int i=1, sum=0;        //sum 为累加和变量，初始值是 0
for (i=1;; i++)
{if (i>100) break;
sum=sum+i;
}
```

例：统计 0~200 间不能被 3 整除的数。
```
for (i=0, sum=0; i<200; i++)
{
    if (i%3==0) continue;
    sum++;              //sum 保存统计数
}
```

5. C51 构造数据类型

C51 构造数据类型有数组、结构体、指针、联合体和枚举等，其使用与标准 C 是一样的，这里对单片机 C51 中常用的数组和指针进行介绍。

(1) 数组

在程序设计中，为了处理方便，把具有相同类型的若干变量按有序的形式组织起来，构成一个新的集合称为数组。数组的每一项称为数组元素。数组元素的数据类型就是该数组的基本类型。在 C51 中，常用的是整型数组和字符数组。

例：在共阳极 LED 电路中，变量 num 中的数字 5 转换成七段字型码送 P0 口显示。
```
#include<reg51.h>
#include<stdio.h>
void main (void)
{
    unsigned char data num;
    unsigned char code display_code [16]={      //定义在 ROM 代码区
    0x0C0, 0x0F9, 0x0A4, 0x0B0, 0x99, 0x92, 0x82, 0x0F8,
                                                //0, 1, 2, 3, 4, 5, 6, 7
    0x80, 0x90, 0x88, 0x83, 0x0C6, 0x0A1, 0x86, 0x8E}
                                                //8, 9, A, B, C, D, E, F
    num=0x5;
    P0=display_code [num];
}
```

在这里使用数组 display_code [16] 存放一表格数据，即与 0~F 相对照的七段显示字型码。

① 一维数组

数组在使用之前，必须先定义。其定义格式如下：

数据类型说明符　数组名 [常量表达式]

例如：

int a [10]; 　　　　　　　　　　　//定义了 a [0] ~ a [9] 共 10 个整型元素

定义的同时，对数组元素初始化，例如：

int a [10] = {0, 1, 2, 3, 4, 5, 6, 7, 8, 9}; //a [0] = 0, a [1] = 1, …, a [9] = 9

②字符数组

用来存放字符数据的数组称为字符数组，字符数组中的每一个元素都用来存放一个字符。字符数组的定义和使用与一般数组相同。

例如：

char a [10]; 　　　　　　　　　　//定义了 a [0] ~ a [9] 共 10 个字符型元素

char a [10] = {'a', 'b', 'c', 'd', 'e', 'f'};

以上在定义的同时对前 5 个元素初始化，其他元素自动赋值空字符。

注意： 通常用字符数组来存放一个字符串。字符串总是以 "\0" 来作为字符串结束符。例如：

char a [] = {'a', 'b', 'c', 'd', 'e', 'f', '\0'};

或者写成 "char a [] =" abcdef";" 和" char a [] = {" abcdef"};"。

(2) 指针

指针是 C 语言中的一个重要概念。正确而灵活地使用指针数据类型，可以有效地表示复杂的数据结构（如数组、结构体）；动态地分配存储器，直接处理内存地址。

①指针的定义

指针就是变量的指针，即变量的地址。例如，变量 a 在内存中的地址为 1000，那么其指针就是 1000。

指针变量是指一个专门用来存放另一个变量地址的变量，它的值是指针，即另一个变量的地址。其定义的一般格式：

数据类型说明符 [存储器类型] *指针变量名；

例如：

int a, b, *p; 　　　　　　　　　//定义变量 a、b 和一个指向 int 型变量的指针变量 p

②指针运算符

· 取地址运算符 &。其功能是取变量的地址，例如：

p = &a; 　　　　　　　　　　　//变量 a 的地址送给指针变量 p

· 取内容运算符 *。用来表示指针变量所指向单元的内容，"*" 后的变量必须是指针变量。例如：

b = *p; 　　　　　　　　　　　//如 a 初值等于 10，那么 b = 10；相当于 b = a

再如在数组和字符串中应用：

char x [5], * xp;

unsigned char * sp, a [] =" hello";

xp = x; 　　//数组名表示数组的首地址，也是第一个元素地址，可写成即 xp = &x [0]

sp = a;   //把字符串的首地址赋值给即

当指针指向数组时，可采用下标的方式引用数组元素，如：xp [1] 与 x [1] 内容相同。

③指针的存储器类型

指针变量定义时，如果指定存储器类型，指针被定义为基于存储器的指针，否则被定义为通用指针。通用指针的声明和使用与标准 C 语言相同。

char data * p1; //指向 data 区的指针，该指针访问的数据在片内数据存储器中

int xdata * p2; //指向 xdata 区的指针，该指针访问的数据在片外数据存储器中

这两种指针的区别在于它们占用的存储字节不同。通用指针在内存中占 3 个字节，存储器类型占 1 个字节，偏移量占 2 个字节。通用指针可访问任何变量而不管它在存储器中的位置。基于存储器指针只需 1 个字节（data、idata、bdata、pdata 指针）或 2 个字节（code、xdata 指针）。

通用指针产生的代码执行速度比基于存储区的指针要慢，因为存储区在运行前是未知的，编译器不能优化存储区访问，必须产生可以访问任何存储区的通用代码。所以考虑到速度，应尽可能地使用基于存储器的指针。

6. 函数

C51 编译器扩展了标准 C 函数的头部声明，这些扩展有：指定函数为一个中断函数；选择使用的寄存器组；指定重入等。其一般定义格式如下：

函数类型 函数名（形式参数表）[reentrant] [interrupt m] [using n]
{
    局部变量定义；
    函数体；
}

省略可选项目后，与标准 C 语言定义方式一样，例如：

int max (int x, int y)
{
    int z;
    z = x>y? x: y;
    return (z);
}

在函数 max 中，将 x 和 y 中最大的赋值给局部变量 z，通过 return () 语句返回。函数类型为 int 型，形式参数为 x 和 y，局部变量是 z。当函数不需要返回值时，一般把它的类型定义为 void，默认是 int。如果函数没有参数传递，在定义时，可以没有或为 void。例如：

void Process (void) {…} 或 void Process () {…}   //一般用于过程处理

(1) reentrant 修饰符

把函数定义为可重入函数。所谓可重入函数就是允许被递归调用的函数。函数的递归调用是指当一个函数正被调用尚未返回时，又直接或间接调用函数本身。一般的函数不能做到这样，只有重入函数才允许递归调用。例如：递归求数的阶乘 n！。

```
int fac (int n) reentrant
{
    int result;
    if (n = = 0) result = 1;
    else result = n * fac (n-1);
    return (result);
}
```

❖**注意**：用 reentrant 修饰的重入函数不支持位操作，包括参数、函数体及返回值。

(2) interrupt m 修饰符

在 C51 程序设计中，当函数定义时用了 interrupt m 修饰符，系统编译时自动转化为中断函数，自动加上程序头段和尾段，并按 MCS-51 系统中断的处理方式自动把它安排在程序存储器中的相应位置。

在该修饰符中，m 的取值对应的中断情况如下：

0——外部中断 0　　　　1——定时/计数器 T0
2——外部中断 1　　　　3——定时/计数器 T1
4——串行口中断　　　　5——定时/计数器 T2

interrupt m 是 C51 函数中非常重要的一个修饰符，这是因为中断函数必须通过它进行修饰。例如：外中断 0 每发生一次中断，P1.0 引脚信号翻转。

```
void int0 () interrupt 0 using 1
{
P1^0 = ~P1^0;
}
```

编写中断函数注意如下几点。

①中断函数不能进行参数传递。

②中断函数没有返回值，在定义中断函数时将其定义为 void 类型。

③在任何情况下都不能直接调用中断函数，否则会产生编译错误。因为中断函数的返回是由专门的中断子程序返回指令 RETI 完成的，与普通子程序返回指令不同，RETI 指令影响 8051 单片机的硬件中断系统。如果在没有实际中断情况下直接调用中断函数，RETI 指令的操作结果会产生一个致命的错误。

(3) using n 修饰符

该修饰符用于指定本函数内部使用的工作寄存器组，n 的取值为 0～3，表示寄存器组号，每组 8 个，分别用 R0～R7 表示。

❖**注意**：using n 修饰符不能用于有返回值的函数，因为 C51 函数的返回值是放在寄存器中的。如寄存器组改变了，返回值就会出错。

除中断函数外，在 C51 的实际编程过程中，关于函数的定义和使用，遵循标准 C 语言的使用方式。

7. C51 的输入/输出

在 C51 语言中，它本身不提供输入和输出语句，输入和输出操作是由函数来实现的。

在 C51 的标准函数库中提供了一个名为 "stdio.h" 的一般 I/O 函数库,它当中定义了 C51 中的输入和输出函数。当对输入和输出函数使用时,须先用预处理命令 "#include<stdio.h>" 将该函数库包含到文件中。

在 C51 中,输入和输出函数用得较少,仅格式输入函数 scanf() 和格式输出函数 printf() 用得相对较多。

C51 的一般 I/O 函数库中定义的 I/O 函数都是通过串行接口实现的,在使用 I/O 函数之前,应先对 MCS-51 单片机的串行接口和定时/计数器进行初始化。串行口的波特率由定时/计数器溢出率决定。例如,选择串行口工作于方式 1,定时/计数器 1 工作于方式 2 (8 位自动重载方式),设系统时钟为 12MHz,波特率为 2400bps,则初始化程序如下(关于串口的设置,详见后续串口通信的相关项目):

```
SCON = 0x52;
TMOD = 0x20;
TH1 = 0xf3;
TR1 = 1;
```

例如,下面程序是通过 while 语句实现计算并输出 1~100 的累加和。

```
#include<reg51.h>          //包含特殊功能寄存器库
#include<stdio.h>          //包含I/O函数库
void main (void)           //主函数
{
    int i, s = 0;          //定义整型变量 x 和 y
    i = 1;
    SCON = 0x52;           //串口初始化
    TMOD = 0x20;
    TH1 = 0xf3;
    TR1 = 1;
    while (i<=100)         //累加1~100之和在s中
    {
        S = S + i; i++;
    }
    printf ("1+2+3+…+100 = %d\n", s);
    while (1);
}
```

在 Keil 中,建立工程,选择 AT89051,输入上述程序,通过编译、链接后,启动仿真 (debng) 模式,打开 Serial#1 窗口,全速运行,即可看到程序执行的结果:1+2+3+…+100=5050。

三、C51 使用规范

目前,基于 C51 的单片机程序设计已经得到广泛的推广和应用,C 语言也成为单片机开发人员必须掌握的一门语言了。因此,为了增强程序的可读性,便于源程序的交流,减少合作开发中的障碍,应当在编写 C51 程序时遵循一定的规范。

1. 注释

(1) 采用中文。

(2) 开始的注释。文件(模块)注释内容：公司名称、版权、作者名称、修改时间、模块功能、背景介绍等,复杂的算法需要加上流程说明。例如:

```
/***************************************************************
公司名称:
模块名:         型号:
创建者:         日期:2011-09-18
修改者:         日期:2012-10-29
功能描述:
其他说明:
版  本:
***************************************************************/
```

(3) 函数开头的注释内容。函数名称、功能、说明、输入、返回、函数描述、流程处理、全局变量、调用样例等,复杂的函数需要加上变量用途说明。

```
/***************************************************************
函数名称:hex_to_ascii
功能描述:十六进制到 ASCII 码转换
入口参数:十六进制数
返回值：相应的 ASCII 码
调用函数:无
全局变量:
局部变量:hex_data, ascii_code
设计者:日期:2011-09-18
修改者:日期:2012-10-29
版  本:
***************************************************************/
unsigned char hex_to_ascii (unsigned char hex_data)
{
    unsigned char ascii_code;
    if (hex_data<=9)
        {
            ascii_code = hex_data + 0x30;
        }
    else
```

```
        {
            ascii_code = hex_data + 0x37;
        }
        return ascii_code;
}
/**************************************************************/
```

（4）程序中的注释内容。修改的时间和作者、方便理解的注释等。注释内容应简练、清楚、明了，一目了然的语句不加注释。

2. 变量和函数的命名

命名必须具有一定的实际意义。例如：

```
unsigned char ascii_code;                        //定义一个存放 ASCII 码的变量
unsigned char hex_data;                          //定义一个存放十六进制数的变量
unsigned char hex_to_ascii (unsigned char);      //定义一个将十六进制数转换为
                                                 //  ASCII 码的函数
```

（1）常量的命名：全部用大写。

```
//定义命令常量
#define CMD_0 0x00      #define CMD_1 0x01
#define CMD_2 0x02      #deline CMD_3 0x03
#define CMD_4 0x04
```

（2）变量的命名：变量名加前缀，前缀反映变量的数据类型，用小写。反映变量意义的第一个字母大写，其他小写。例如：

ucReceiveData 接收数据

（3）函数的命名：函数名首字大写，若包含有两个单词，每个单词首字母大写。

函数原型说明包括：引用外来函数及内部函数，外部引用必须在右侧注明函数来源（模块名及文件名），内部函数只要注释其定义文件名。

3. 编辑风格

（1）缩进：缩进以 Tab 为单位，一个 Tab 为 4 个空格大小。预处理语句、全局数据、函数原型、标题、附加说明、函数说明、标号等均顶格书写。语句块的"{"、"}"配对对齐，并与其前一行对齐。

（2）空格：数据和函数在其类型、修饰名称之间加适当空格并根据情况对齐。关键字原则上空一格，如：if (...) 等。运算符的空格规定如下："—>"、"["、"]"、"++"、"——"、"~"、"!"、"+"、"—"（指正负号）、"&"（取址或引用）、"*"（使用指针时）等几个运算符两边不空格（其中单目运算符系指与操作数相连的一边），其他运算符包括大多数二目运算符和三目运算符 "?:" 两边均空一格。"("、")" 运算符在其内侧空一格，在作函数定义时还可根据情况多空或不空格来对齐，但在函数实现时可以不用。","运算符只在其后空一格，需对齐时也可不空或多空格，对语句行后所加的注释应该用适当空格与语句隔开并尽可能对齐。

（3）对齐：原则上关系密切的行应对齐，对齐包括类型、修饰、名称、参数等各部分对齐。另外每一行的长度不应超过屏幕太多，必要时适当换行，换行时尽可能在","处或运算符处，换行后最好以运算符打头，并且以下各行均以该语句首行缩进，但该语句仍以首行的缩进为准，即如果其下一行为"{"，则应与首行对齐。

（4）空行：程序文件结构各部分之间空两行，若不必要也可只空一行，各函数体之间一般空两行。

（5）修改：版本封存以后的修改一定要将旧语句用/＊ ＊/封闭，不能自行删除或修改，并要在文件及函数的修改记录中加以记录。

（6）形参：在定义函数时，在函数名后面括号中直接进行形式参数说明，不再另行说明。

四、任务实施

（一）硬件电路设计

本任务中设计的流水灯，在单片机最小系统电路的基础上，选择 P2 口连接 8 个 LED 输出即可。设计电路图如下：

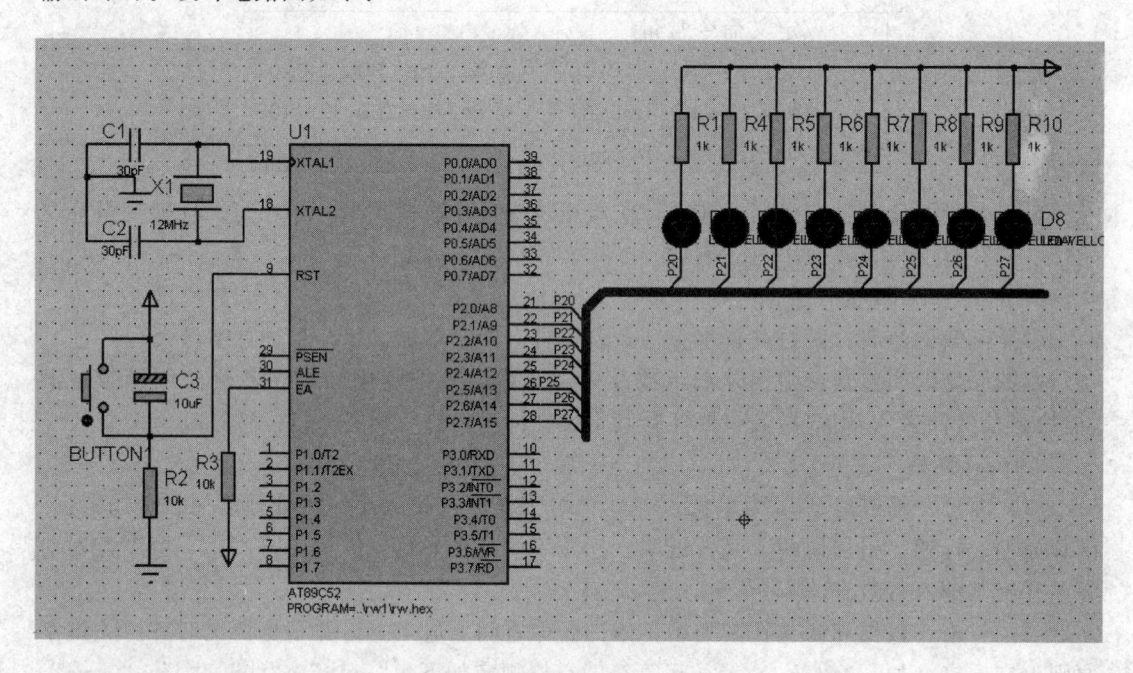

图 2-3　流水灯仿真电路原理图

（二）控制软件设计

首先，对照电路连接，确定 led 的控制信号：单片机输出高电平 LED 灭，单片机输出低电平 LED 亮。

对于设定的从左到右的流水方式，单片机应该给出的信号为：

11111110B → 11111101B → 11111011B → 11110111B → 11101111B → 11011111B → 10111111B → 01111111B 即：FEH→FDH→FBH→F7H→EFH→DFH→BFH→7FH。

考虑使用移位运算≪实现，但使用该运算左移后，右边补0，与汇编语言中的循环左移指令是不同的。请读者思考如何实现上述的功能。

其次，流水灯流水速度的设定使用延时程序来实现。带参数的延时子函数如下：

/***

函数名称：DelayXms（unsigned int x）

函数功能：延时。$f_{OSC}=12MHz$，则延时 x 毫秒

***/

```
void DelayXms (unsigned int x)
{
    unsigned char a, b;
    while (x>0)
    {
        for (b=142; b>0; b--)
            for (a=2; a>0; a--);
        x--;
    }
}
```

主程序采用循环程序设计，程序流程如图 2-4 所示。

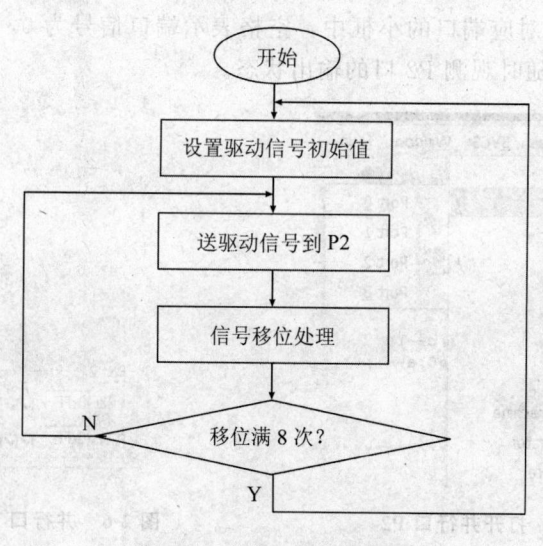

图 2-4 流水灯控制流程图

主程序代码如下：

```
#include <reg51.h>          /* define 8051 registers */
#define uchar unsigned char
void DelayXms (unsigned int x);
```

/***
主程序
***/
```c
void main (void)
{
    uchar i, signal;
    while (1)
    {
        signal = 0x01;
        for (i = 0; i<8; i++)
        {
            P2 = ~signal;
            signal<< = 1;
            DelayXms (1000);
        }
    }
}
```

(三) 程序调试与仿真

在菜单栏中打开 Peripherals→I/O−Ports→Port 2，如图 2-5 所示，弹出并行口 P2 观测窗口如图 2-6 所示，对应端口的小框中，空格表示端口信号为 0，否则表示端口信号为 1，可用于调试过程中随时观测 P2 口的输出状态。

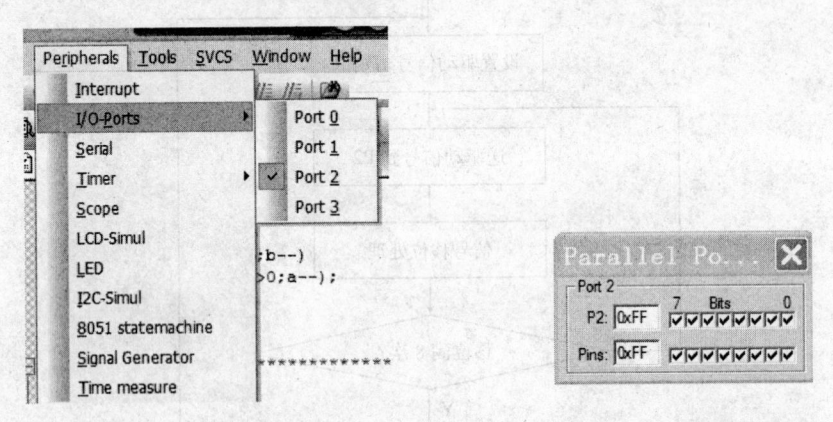

图 2-5　打开并行口 P2　　　图 2-6　并行口 P2 观测窗口

在菜单栏中打开 View→Watch Windows→Locals，如图 2-7 所示，弹出程序变量观测窗口，如图 2-8 所示，可用于程序运行过程中随时观测关键变量的变化情况。

图 2-8 中最下面，还有仿真时间显示，用于了解程序运行的时间状态。

不断点击单步运行按钮，可观察到 P2 口及变量 signal 的变化状态。

将 keil 中生成的 hex 文件，导入到 Proteus 中，运行，流水灯工作正常，调试成功。

项目二　制作流水灯和模拟交通灯

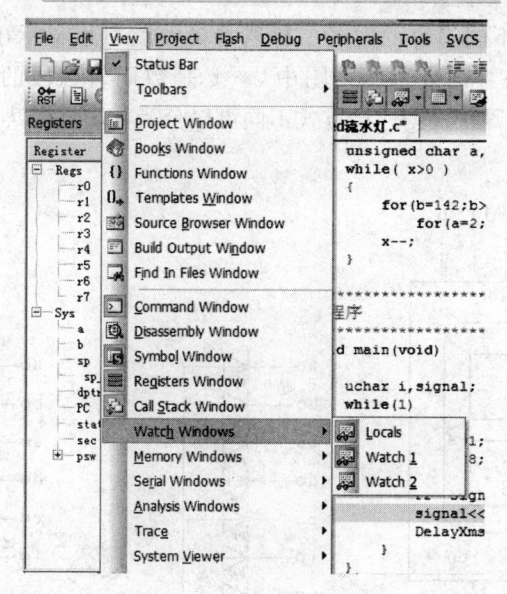

图 2-7　打开变量观测窗口

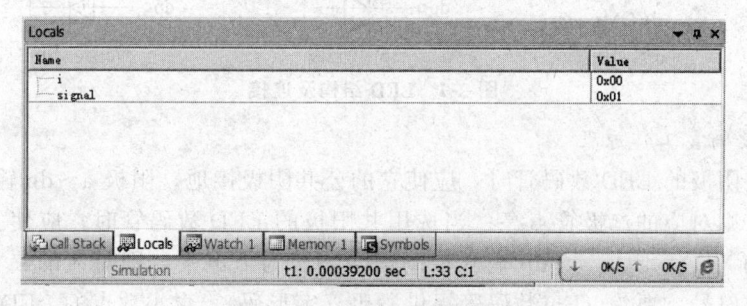

图 2-8　本地变量观测窗口

任务二　模拟交通灯设计

任务目标

➢ 掌握多分支程序设计结构；
➢ 掌握数码管结构及控制；
➢ 进一步熟练 C51 程序设计过程；
➢ 进一步熟练 Keil 软件和 Proteus 仿真软件的使用。

一、LED 数码管结构与工作原理

（一）LED 数码显示器结构与工作原理

1. LED 数码管结构

LED 数码显示器也叫 LED 数码管，它由 8 段（或 7 段，8 段比 7 段多了一个小数点）

· 77 ·

发光二极管组成，控制不同组合的发光二极管导通，就可以显示出各种字符。图 2-9（a）所示为最常用 LED 数码管的外形图，图中 a～g 是数码管各段的代号，dp 表示小数点，COM 为公共端。LED 数码管根据连接方式不同可以分为共阳极和共阴极两种，如图 2-9（b）和（c）所示。

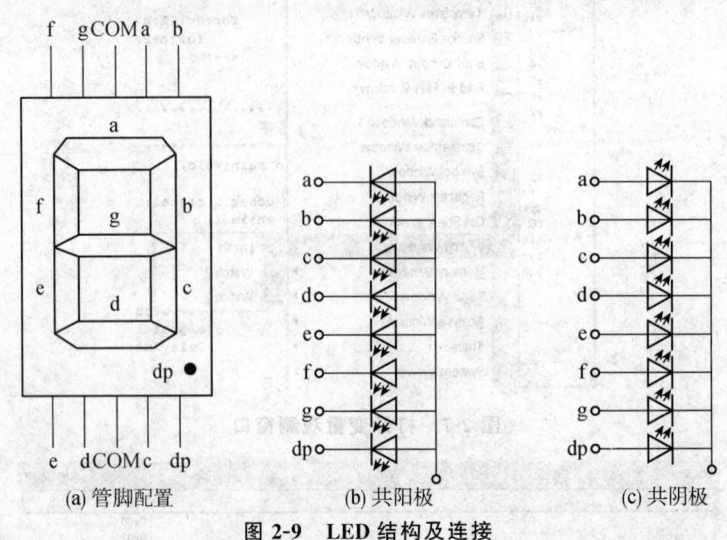

图 2-9 LED 结构及连接

2. LED 数码管工作原理

当选用共阴极的 LED 数码管时，应使它的公共阴极接地，阳极 a～dp 输入控制信号，若为高电平，则对应的二极管点亮；当选用共阳极的 LED 数码管时，应使它的公共阳极接高电平（如 V_{CC}），阴极 a～dp 输入控制信号，若为低电平，则对应的二极管点亮。为了显示数字或符号，要为 LED 数码管提供段码（字形码）。含小数点的 LED 数码管共计 8 段，正好为 1 个字节。段码由各字段与字节中各位的对应关系决定。假设数码管各段与字节中各位的对应关系如表 2-4 所示，则常用字符的段码如表 2-5 所示。注意共阴极和共阳极两种接法的段码是不同的。

表 2-4 数码管各段与字节中各位的关系

D7	D6	D5	D4	D3	D2	D1	D0
dp	g	f	e	d	c	b	a

表 2-5 常用字符的段码表

字符	共阴段码	共阳段码	字符	共阴段码	共阳段码
0	3FH	C0H	D	5EH	A1H
1	06H	F9H	E	79H	86H
2	5BH	A4H	F	71H	8EH
3	4FH	B0H	H	76H	89H
4	66H	99H	L	38H	C7H

项目二 制作流水灯和模拟交通灯

续表

字符	共阴段码	共阳段码	字符	共阴段码	共阳段码
5	6DH	92H	P	73H	8CH
6	7DH	82H	R	31H	CEH
7	07H	F8H	U	3EH	C1H
8	7FH	80H	Y	6EH	91H
9	6FH	90H	.	80H	7FH
A	77H	88H	—	40H	BFH
B	7CH	83H	熄灭	00H	FFH
C	39H	C6H	⋮	⋮	⋮

表 2-5 只列出了部分段码，读者可以根据实际需要选用。

二、任务实施

（一）硬件设计

模拟交通灯仿真电路如图 2-10 所示。电路中自左向右，自上到下，依次为红、黄、绿灯，LED 按照共阳极形式连接，即单片机输出低电平时点亮。同时，在 P1 口连接一位数码管，用于显示状态倒计时。

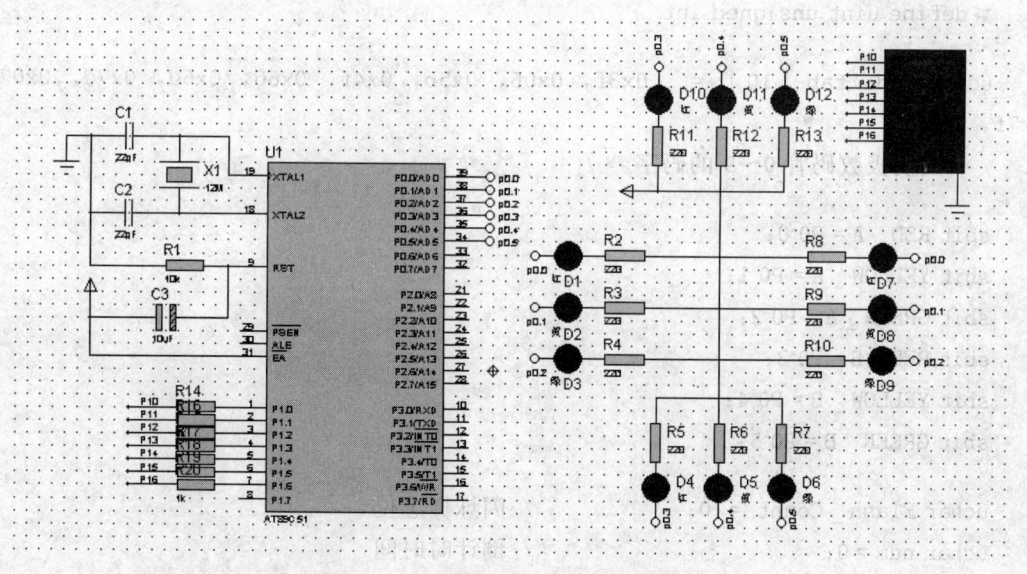

图 2-10 模拟交通灯仿真电路图

（二）控制软件设计

使用 sbit 对东西和南北向的红、黄、绿指示灯分别进行定义，这样便于对它们进行单独控制，为了在调试的时候较快观察到运行效果，交通信号灯切换时间设置得较短。采用 P0 口对 LED 进行控制，当输出低电平时，点亮 LED。交通灯状态如表 2-6 所示。

79

表 2-6 交通灯状态

| 东西方向（A组） ||| 南北方向（B组） ||| 状 态 |
红灯	黄灯	绿灯	红灯	黄灯	绿灯	
灭	灭	亮	亮	灭	灭	状态1：东西向通行，南北向禁止　9秒
灭	闪烁	灭	亮	灭	灭	状态2：东西向警告，南北向禁止　2秒
亮	灭	灭	灭	灭	亮	状态3：东西向禁止，南北向通行　7秒
亮	灭	灭	灭	闪烁	灭	状态4：东西向禁止，南北向警告　2秒

在 P2 口连接一位共阴数码管，用于显示南北向倒计时时间。读者可再加 1 位用于显示东西向的倒计时时间。

LED 模拟交通灯设计源程序如下：

/***

名称：模拟交通灯设计

功能：东西向绿灯亮 7 秒后，黄灯闪烁，闪烁 5 次（2s）后红灯亮，红灯亮后，南北向由红灯变为绿灯，7 秒后，南北向黄灯闪烁 5 次（2s）后，红灯亮，东西向绿灯变量，如此重复。

***/

```c
#include <reg52.h>
#define uchar unsigned char
#define uint unsigned int

uchar code tab [10] = {0x3f, 0x06, 0x5b, 0x4f, 0x66, 0x6d, 0x7d, 0x07, 0x7f, 0x6f};
/* 共阴极数码管 0~9 的码字 */

sbit RED_A = P0^0;
sbit YELLOW_A = P0^1;
sbit GREEN_A = P0^2;
sbit RED_B = P0^3;
sbit YELLOW_B = P0^4;
sbit GREEN_B = P0^5;

uchar Flash_Count = 0;        //闪烁标志位
uchar num = 0;                //倒计时时间
Operation_Type = 1;           //交通灯状态类型，取值范围1~4
void DelayMS (uint x);        //延时 xms，函数定义见任务一
```

/***

名称：Traffic_lignt

功能：交通灯切换子程序

***/

```c
void Traffic_lignt ()
{
    switch (Operation_Type)
    {
        case 1:
            RED_A = 1; YELLOW_A = 1; GREEN_A = 0;
            RED_B = 0; YELLOW_B = 1; GREEN_B = 1;
            Operation_Type = 2;
            for (num = 9; num>2; --num)
            {
                P1 = tab [num];
                DelayMS (1000);
            }
            break;
        case 2:
            for (Flash_Count = 1; Flash_Count<=10; Flash_Count++)
            {
                P1 = tab [num];
                DelayMS (200);
                YELLOW_A = ~YELLOW_A;
                if (Flash_Count%5 == 0) num--;
            }
            Operation_Type = 3;
            break;
        case 3:
            RED_A = 0; YELLOW_A = 1; GREEN_A = 1;
            RED_B = 1; YELLOW_B = 1; GREEN_B = 0;
            for (num = 7; num>0; num--)
            {
                P1 = tab [num];
                DelayMS (1000);
            }
            Operation_Type = 4;
            break;
        case 4:
            num = 2;
            for (Flash_Count = 1; Flash_Count<=10; Flash_Count++)
            {
                P1 = tab [num];
```

```
            DelayMS (200);
            YELLOW _ B = ～YELLOW _ B;
            if (Flash _ Count % 5 = = 0) num - -;
        }
        Operation _ Type = 1;
        break;
    }
}
/****************************************************************
主程序
****************************************************************/
void main ()
{
    while (1)
    {
        Traffic _ lignt ();
    }
}
```

(三) 仿真调试

首先,按照在 Proteus ISIS 中搭建电路图,将编译的程序代码文件 *.hex 加载到 AT89C51 中执行。仿真电路如图 2-11 所示,南北向通行,绿灯亮,东西禁止,红灯亮。

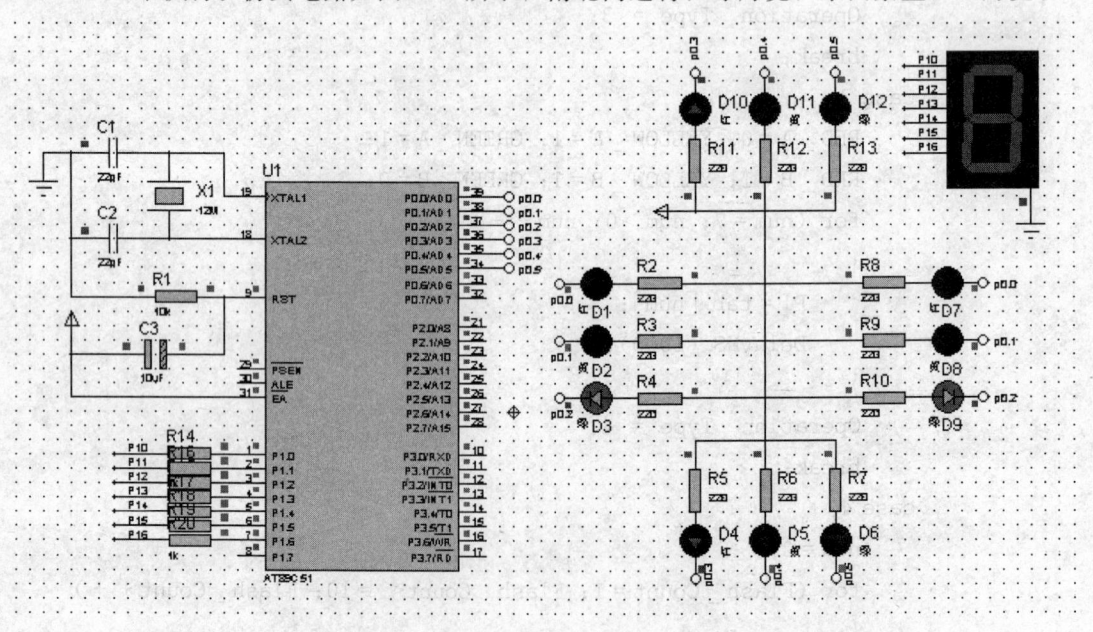

图 2-11 模拟交通灯仿真控制电路

项目二　制作流水灯和模拟交通灯

程序运行后，首先连续运行，使交通灯正常轮流切换。如果有误，可在 Keil 中启动调试模式采用断点运行的方式进行调试，将断点设置在每次切换处，观察 P0 口的电平状态。

任务小结

本任务对单片机 C 语言（简称 C51）编程的基本结构进行介绍。程序主要包括三部分：主函数、延时函数、分支选择结构。程序调试时，若要观察最终结果可选择全速运行，若要检查子程序的运行过程可选择跟踪运行调试。

项目总结

本项目单片机 C 语言语法结构及对标准 C 语言的扩充。使读者全面掌握单片机的 C 语言程序设计技术，熟练使用 C 语言控制单片机的内、外部资源，为单片机系统的综合设计打下良好的基础。

学完本项目后，要求：

(1) 熟悉 C51 程序设计的基本结构，掌握 C51 变量基本数据类型、构造数据类型和存储器类型，比较与标准 C 语言的不同。

(2) 熟悉 C51 的各种运算符、语句及函数的使用。

(3) 熟悉常见顺序、分支、循环结构的程序设计。

(4) 学会使用函数。

(5) 注意编程规范，养成良好的编程习惯。

练 习 题

一、填空题

(1) 在 C51 中，定义位单元的关键字是_____，定义 8 位特殊功能寄存器的关键字是_____。

(2) C51 变量存储种类有_____、_____、extern 和 static，C51 编译器支持的存储类型有 data、_____、_____、_____、code 和 pdata。

(3) small 编译器模式下编译时，函数参数和变量参数的默认存储器类型为_____，large 编译器模式下编译时，函数参数和变量参数的默认存储器类型为_____。

(4) 使用 C51 预定义绝对宏的形式将 ADC0809 定义为 I/O 端口_____（其中地址是 7FFFH）。

(5) C51 的一般 I/O 函数库中定义的 I/O 函数都是通过_____接口实现，在使用 I/O 函数之前，应先对 MCS-51 单片机的_____和_____进行初始化。

(6) C51 中，"while (1);" 语句与汇编语言里_____语句效果相同。

二、思考题

(1) MCS-51 单片机有哪几种寻址方式？各寻址方式所对应的寄存器或存储器空间如何？

(2) 请用数据传送指令来实现下列要求的数据传送。

- R0 的内容输出到 R1；
- 内部 RAM 20H 单元的内容传送到 A 中；
- 外部 RAM 30H 单元的内容送到 R0；

- 外部 RAM 30H 单元的内容送到内部 RAM 20H 单元；
- 外部 RAM 1000H 单元的内容送到内部 RAM 20H 单元；
- ROM 2000H 单元的内容送到内部 RAM 20H 单元；
- ROM 2000H 单元的内容送到外部 RAM 30H 单元；
- ROM 2000H 单元的内容送到外部 RAM 1000H 单元。

(3) C 语言编程与汇编语言编程有什么区别？C51 编程与标准 C 语言应用编程有什么区别？

(4) MCS-51 单片机直接支持的 C51 数据类型有哪些？C51 特有的数据类型有哪些？

(5) C51 中的存储器类型有哪些？它们分别表示的存储区域是什么？

(6) 在 C51 中，bit 位与 sbit 位有什么区别？

(7) 在 C51 中，绝对地址访问有哪几种方式？通过绝对地址访问的存储器有哪些？

(8) 在 C51 中，中断函数与一般函数有什么不同？

(9) 按给定的存储类型和数据类型，写出下列变量的说明形式。

- 在 data 区定义字符变量 v1；
- 在 idata 区定义整型变量 v2；
- 在 xdata 区定义无符号字符型数组 v3 [4]；
- 在 xdata 区定义一个指向 char 类型的指针 pt；
- 定义一个可寻址位变量 flag；
- 定义一个特殊功能寄存器变量 P0。

(10) 若单片机的晶振频率是 12MHz，使用循环转移指令编写延时 20ms 的延时子程序，并思考与在 C51 中实现有何不同。

项目三 制作简易秒表

任务一 了解定时器/计数器

任务目标

➤ 理解定时器/计数器的基本概念；
➤ 了解定时器/计数器的用途、基本结构以及工作原理；
➤ 会进行定时器/计数器工作方式寄存器 TMOD 以及控制寄存器 TCON 的设置；
➤ 学习定时器/计数器的 4 种工作方式，并学会定时/计数初值的计算；
➤ 学会用查询的方法进行定时处理。

一、定时器/计数器的基本概念

(1) 计数

所谓计数是指对外部脉冲进行计数。外部脉冲通过 T0（P3.4）、T1（P3.5）两个信号引脚输入。

输入的脉冲在负跳变（高电平至低电平）时有效，进行计数器加 1（加法计数）。

计数脉冲的频率不能高于晶振频率的 1/24。

(2) 定时

定时功能也是通过计数器的计数来实现的，不过此时的计数脉冲来自单片机的内部，即每个机器周期产生一个计数脉冲。也就是每个机器周期，计数器加 1。

二、定时器/计数器的用途

软件延时通过让计算机重复执行一些无具体任务的程序来实施，这样做是以降低 CPU 的工作效率为代价的，延时时间也不精确，因此，单片机内部集成了硬件定时器/计数器，用户直接应用定时器/计数器进行延时，能大大简化应用系统的设计。

三、定时器/计数器的基本结构

图 3-1 是 AT89S51 单片机内部定时器/计数器的基本结构。从图中可以看出，它是由两个 16 位的（加 1）定时器/计数器 T0、T1 和两个特殊功能寄存器 TMOD 与 TCON

组成。其中 T0、T1 又可分成四个独立的 8 位计数器即 TH0、TL0、TH1、TL1,用于存放定时器/计数器的初值。TMOD 为工作方式寄存器,主要用来设置定时器/计数器的工作方式;TCON 为控制寄存器,主要用来控制定时器/计数器的启动与停止。

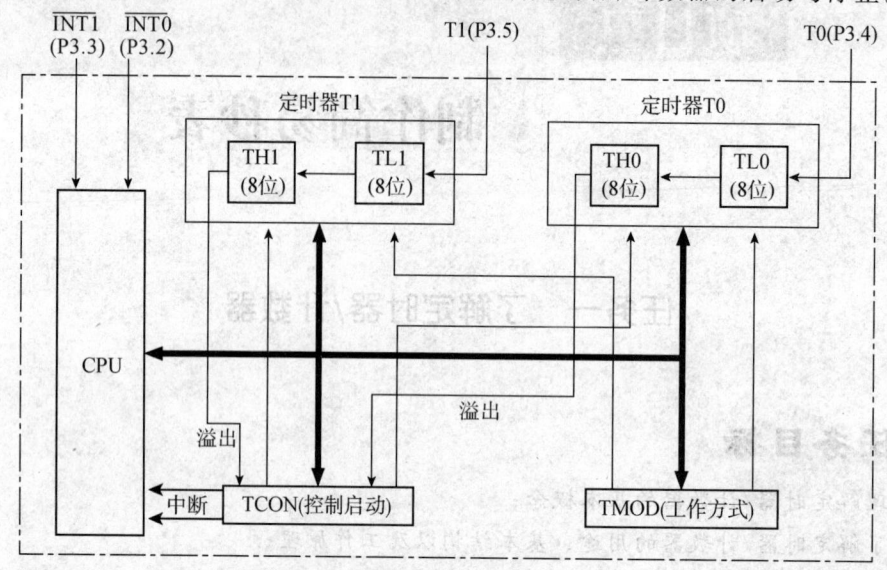

图 3-1 定时器/计数器的基本结构

四、定时器/计数器的工作原理

定时器/计数器都是进行计数操作,每次都加 1,加满溢出后,再从 0 开始计数。定时器与计数器的区别在于输入的计数信号来源不同,下面以 T0 为例,说明定时器/计数器的工作原理,如图 3-2 所示。

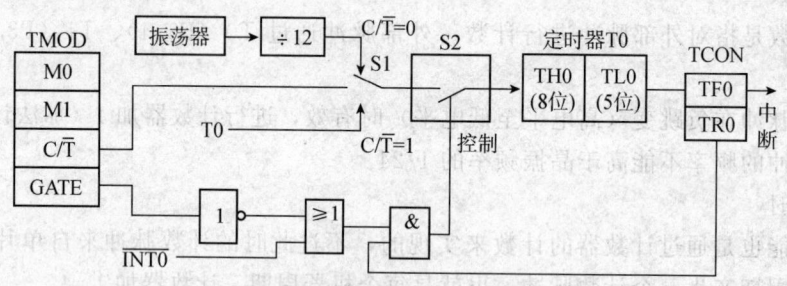

图 3-2 T0 在方式 0 下的结构

图 3-2 为定时器/计数器 T0 工作在方式 0 下的结构示意图。在这种方式下,16 位寄存器 TH0、TL0 共用了 13 位,由 TL0 的低 5 位和 TH0 的高 8 位组成的加法计数器。S1 为定时或计数的选择开关,由工作方式寄存器 TMOD 中的 C/$\overline{\text{T}}$ 位控制。S2 为定时或计数的启动开关,由控制寄存器 TCON 中的 TR0 控制。TCON 中的 TF0 位是溢出标志位,完成定时或计数后,由此位输出信号即 TF0=1。

(1) 定时功能

在图 3-2 中,当 C/$\overline{\text{T}}$=0 时,定时器 T0 经多路开关 S1 与振荡器的 12 分频器接通,这时计数的信号是内部的时钟脉冲,即对机器周期进行计数,在晶振为 12 MHz 的情况下,每过一个机器周期 1 μs，计数器的值加 1。

13 位计数器的计数最大值为 2 的 13 次方，即为 8 192，所以用时为 8 192 μs。当计数到 8 192 时，计数器计满溢出，即输出信号，此时 TF0＝1，这就是定时功能。

假如想定时 1 000 μs，首先必须使计数器初始值为 7 192，从 7 192 开始计数，到计满溢出发出信号时，即用了 1 000 μs。

（2）计数功能

当 C/$\overline{\text{T}}$＝1 时，多路开关 S1 与引脚 T0（P3.4）接通，这时计数器 T0 的输入信号来自外部引脚 T0 的脉冲信号，当输入信号产生由 1 到 0 的下降沿跳变时，计数器的值就会加 1，即对脉冲信号进行计数，这就是计数功能。

五、定时器/计数器工作方式寄存器 TMOD

TMOD 用于控制 T0 和 T1 的工作方式。

（1）格式

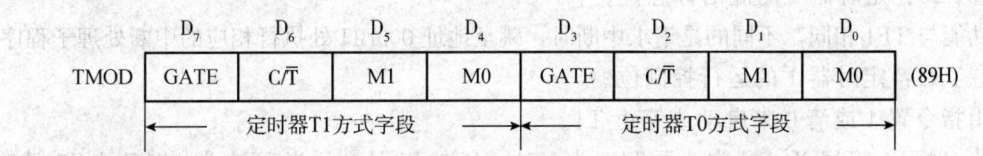

	D$_7$	D$_6$	D$_5$	D$_4$	D$_3$	D$_2$	D$_1$	D$_0$	
TMOD	GATE	C/$\overline{\text{T}}$	M1	M0	GATE	C/$\overline{\text{T}}$	M1	M0	(89H)
	←―――定时器T1方式字段―――→				←―――定时器T0方式字段―――→				

其中，高 4 位控制定时器 T1，低 4 位控制定时器 T0。各位的含义如下：

①M1、M0：工作方式控制位，可构成 4 种工作方式，如表 3-1 所示。

表 3-1 4 种工作方式

M1	M0	工作方式	说明	M1	M0	工作方式	说明
0	0	0	13 位计数器	1	1	3	T0：分成两个 8 位计数器
0	1	1	16 位计数器				T1：停止计数
1	0	2	可再装入 8 位计数器				

②C/$\overline{\text{T}}$：计数工作方式/定时工作方式选择位。

C/$\overline{\text{T}}$＝0，设置为定时工作方式。

C/$\overline{\text{T}}$＝1，设置为计数工作方式。

③GATE：选通控制位。

GATE＝0，只要用指令对 TR0（或 TR1）置 1 就可以启动定时器。

GATE＝1，只有 $\overline{\text{INT0}}$（或 $\overline{\text{INT1}}$）引脚为 1，且用指令对 TR0（或 TR1）置 1 才能启动定时器工作。

系统复位后 TMOD 的所有位清 0。但 TMOD 不能位寻址，只能用字节地址设置工作方式，字节地址为：89H。

（2）设置举例

程序需要使用定时器 T0，并设置 T0 工作在模式 1。TMOD＝0x01；

六、定时器/计数器控制寄存器 TCON

TCON 用于控制定时器的启动、停止以及反映定时器的溢出和中断情况。

（1）格式

Bit	8FH	8EH	8DH	8CH	8BH	8AH	89H	88H	
TCON	TF1	TR1	TF0	TR0	IE1	IT1	IE0	IT0	(88H)

其中 8BH～88H 位与外部中断有关。

其中，TCON 的低 4 位与外部中断有关。高 4 位的含义如下：

① TF1：定时器 1 的溢出标志位。

当定时或计数完成溢出时，CPU 会自动令 TF1＝1（硬件置 1），并请求中断，从而跳至地址 001BH 执行相应的中断处理子程序，并自动令 TF1＝0（硬件清 0）。TF1 也可由软件清 0。

② TF0：定时器 0 的溢出标志位。

功能与 TF1 相同，不同的是请求中断时，跳至地址 000BH 处执行相应的中断处理子程序。

③ TR1：定时器 1 的运行控制位。

由指令置 1 或清 0 来启动或停止 T1。

当 GATE（TMOD.7）为 0 而 TR1 为 1 时，允许 T1 计数；当 TR1 为 0 时禁止 T1 计数。

当 GATE（TMOD.7）为 1 时，仅当 TR1＝1 且 $\overline{INT1}$ 输入为高电平才允许 T1 计数，TR1＝0 或 $\overline{INT1}$ 输入低电平都禁止 T1 计数。

④ TR0：定时器 0 的运行控制位，功能与 TR1 相同。

⑤ IE1：外部中断 1 的请求标志位。

  IE0：外部中断 0 的请求标志位。

⑥ IT1：外部中断 1 的触发方式选择位。

  IT0：外部中断 0 的触发方式选择位。

系统复位后，TCON 中的各位均清 0。TCON 可位寻址，字节地址为 88H。

（2）设置举例

程序需要使用定时器 T0，首先要启动定时器 T0 开始工作，这就需要将 TCON 中的定时器运行控制位 TR0 设置为 1。

可用字节操作或位操作两种方法来实现：

TCON = 0x10;

或 TR0 = 1;

七、定时器/计数器的工作方式

定时器/计数器的工作方式有 4 种，本项目用到工作方式 1。

方式 1 为 16 位计数结构的工作方式，计数器由 TH0 全部 8 位和 TL0 全部 8 位构成。其逻辑电路和工作情况与方式 0 完全相同。

在方式 1 下，当为计数工作方式时，计数值的范围是：1～65536（2^{16}）。

当为定时工作方式时，定时时间的计算公式为：

(2^{16}－计数初值)×晶振周期×12 或 (2^{16}－计数初值)×机器周期

定时器/计数器初始化的步骤

①确定工作方式，写入 TMOD 工作方式寄存器中。

②设置定时器或计数器的初始值，将初始值送入 TH0、TL0 或 TH1、TL1 中。

③启动定时器工作（设置 TR0、TR1）。

八、定时器的应用实例

【例 3-1】 设单片机晶振频率为 6MHz，使用定时器 T0 以方式 0 工作。产生周期为 500Hz 的等宽正方波连续脉冲，并由 P1.0 输出，以查询方式完成。

①确定工作方式：使用 T0 工作于方式 0 的定时，设 GATE 为 0，则 TMOD 取 00H，由于复位后 TMOD 及 TCON 均为 0，则可不必对 TMOD 置 0。

②确定定时初始值 X。

欲产生 500Hz 的等宽正方波脉冲，只需在 P1.0 端以 2ms 为周期交替输出高、低电平即可实现，为此定时时间应为 1ms 即 1000μs。使用 6MHz 晶振，则一个机器周期为 2μs，所以计数为 1000/2＝500 次，方式 0 为 13 位计数结构。设待求的计数初值为 X，则：

$$X = 2^{13} - 500 = 7692D = 1E0CH = 1111000001100B$$

值得注意的是：TH0 取高 8 位，TL0 取低 5 位（高 3 位用 0 补齐），则 T0 的初值设置为 TH0＝0xf0；TL0＝0x0c。

③由定时器控制寄存器 TCON 中的 TR0 位控制定时器 T0 的启动和停止。

TR0＝1 启动，TR0＝0 停止。

④程序设计。

```
#include <reg51.h>
sbit P1_0 = P1^0;
void main ()
{
    TMOD = 0x0;           //设定工作方式 0
    TH0 = 0xF0;           //设定初始值
    TL0 = 0x0c;
    TR0 = 1;              //启动定时
    while (1)
    {
        if (TF0)
        {
            TH0 = 0xF0;   //重新设定初始值
            TL0 = 0x0c;
            P1_0 = ~P1_0; //对 P1.0 口取反
            TF0 = 0;      //软件将 TF0 清零
        }
    }
}
```

⑤软件仿真：利用 Keil 软件编辑并编译上述程序，并进入软件仿真调试状态，单击 Peripherals→Timer→Timer0 打开定时器 T0，观察 T0 窗口的变化，如图 3-3 和图 3-4 所示。单击 Peripherals→I/O－Ports→Port 1 观察单片机 P1 的变化，如图 3-5 和图 3-6 所示。

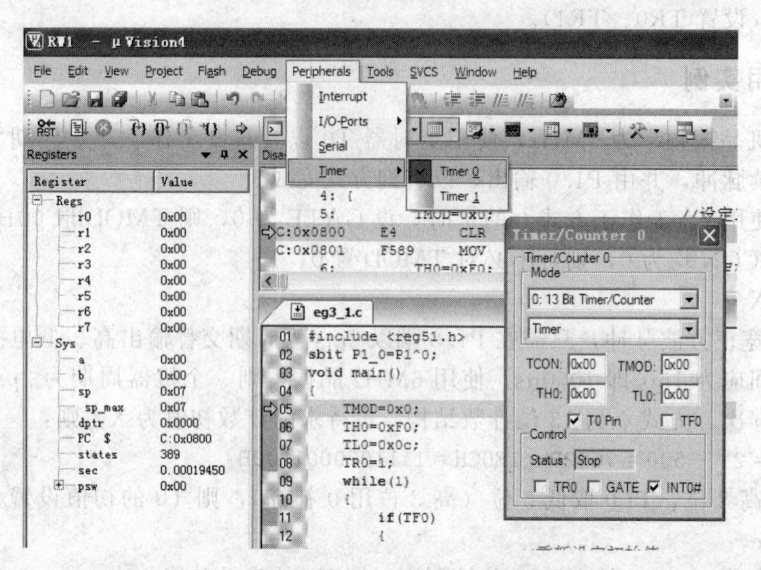

图 3-3　打开定时器 T0 窗口

图 3-4　T0 观察窗口

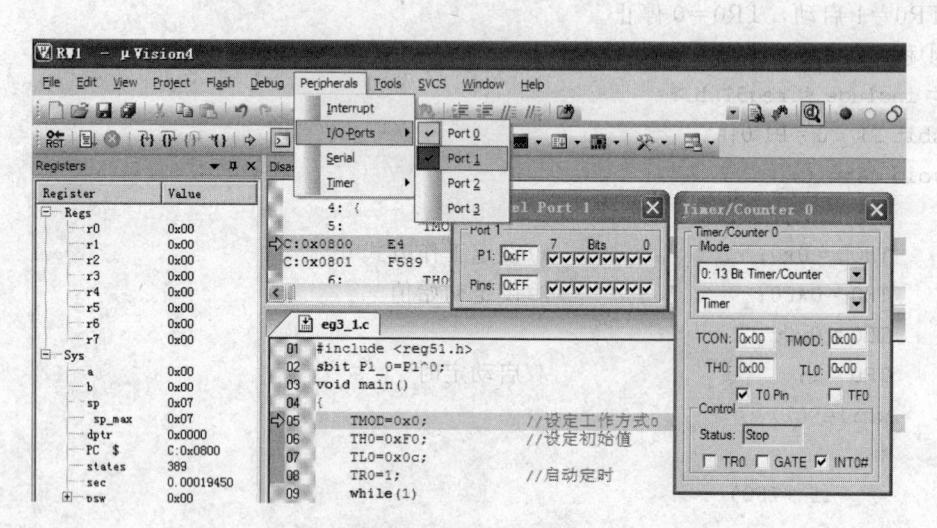

图 3-5　打开 P1 窗口

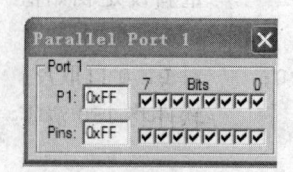

图 3-6　P1 观察窗口

项目三 制作电子时钟

从 Timer/Counter0 观察窗口中，可分别观察、控制定时器 T0 的各特殊功能寄存器 (SFR) TCON、TMOD、TH0、TL0 以及各标志位 TF0、TR0、GATE、INT0 值的变化。

单击 {P} 按钮，进行程序的单步执行，观察窗口值的变化。

⑥软硬件仿真

在 proteus 软件中，搭建单片机最小系统电路，并在工具栏中的虚拟仪器库中选出虚拟示波器，如图 3-7 所示，将单片机的 P1.0 口连接到虚拟示波器的 A 输入通道，如图 3-8 所示。

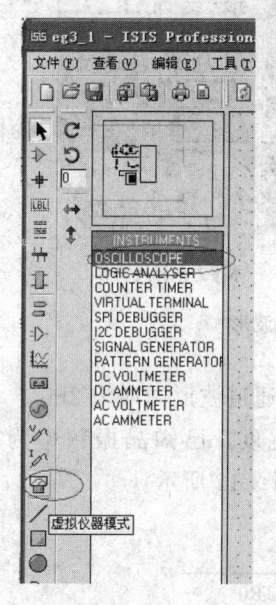

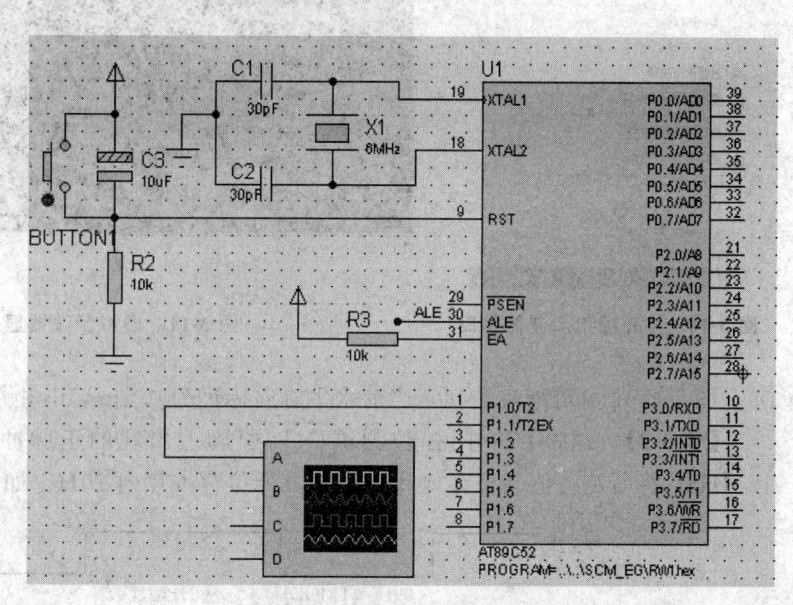

图 3-7 选择虚拟示波器　　　　　　　图 3-8 例 3-1 仿真电路图

双击单片机，将 keil 软件中生成的 .hex 文件载入到单片机中，并设置当前仿真时钟频率为 6MHz，如图 3-9 所示。

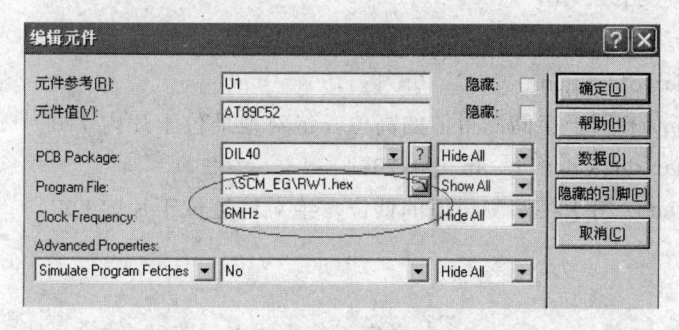

图 3-9 下载目标文件并设置仿真频率

启动仿真，在菜单栏中单击调试→4. Digital Oscilloscope 显示虚拟示波器窗口，如图 3-10 所示。观测 A 通道波形，如图 3-11 所示。

图 3-10 打开虚拟示波器窗口　　　　图 3-11 虚拟示波器显示波形

图 3-11 中可清晰观测到，当前水平方向标尺为 0.5ms/div，A 通道波形周期为 2ms。

【例 3-2】 利用 T0 门控位测试 $\overline{INT0}$ 引脚上出现的正脉冲宽度，已知晶振频率为 12MHz，将所测得值高位存入片内 71H，低位存入片内 70H。如图 3-12 所示。

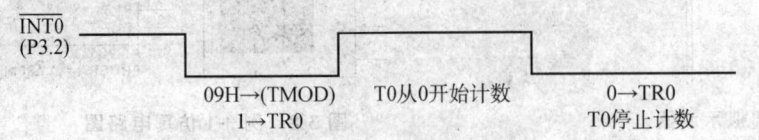

图 3-12 正脉冲宽度示意图

解 程序如下：

```
#include <reg51.h>
sbit P3_2 = P3^2;
unsigned char data numh _at_ 0x71;
//定义变量 numh 用于存储测得值的高位，绝对地址位于片内 71H
unsigned char data numl _at_ 0x70;
//定义变量 numl 用于存储测得值的低位，绝对地址位于片内 70H
void main()
{
    TMOD = 0x09;          //设定工作方式 1，带门控位
    TH0 = 0x0;            //设定初始值
    TL0 = 0x0;
    while (P3_2);         //等待信号变低
    TR0 = 1;              //启动定时，准备工作
```

```
    while (! P3_2);            //等待信号变高，进入定时工作
    while (P3_2);              //等待信号变低，结束定时工作
    TR0 = 0;
    numh = TH0;                //保存测量结果
    numl = TL0;
    while (1);}
```

注意：关键字"_at_"用于定义变量的进而对地址，格式如下：

数据类型 [存储区域] 变量名 _at_ 地址常数

读者也可采用存储器指针的方法指定变量的绝对存储地址，方法是：先定义一个存储器指针，然后对该指针变量赋值为指定存储区域的绝对地址值。上例中相应位置改为：

```
unsigned char data * p_numh;           //定义存储器指针
unsigned char data * p_numl;
……
p_numh = 0x71;                         //对指针变量赋值为具体的绝对地址
p_numl = 0x70;
……
* p_numh = TH0;                        //对该绝对地址进行数据存储
* p_numl = TL0;
……
```

【例 3-3】 设计一个节日彩灯循环闪烁的应用系统。如图 3-13 所示。

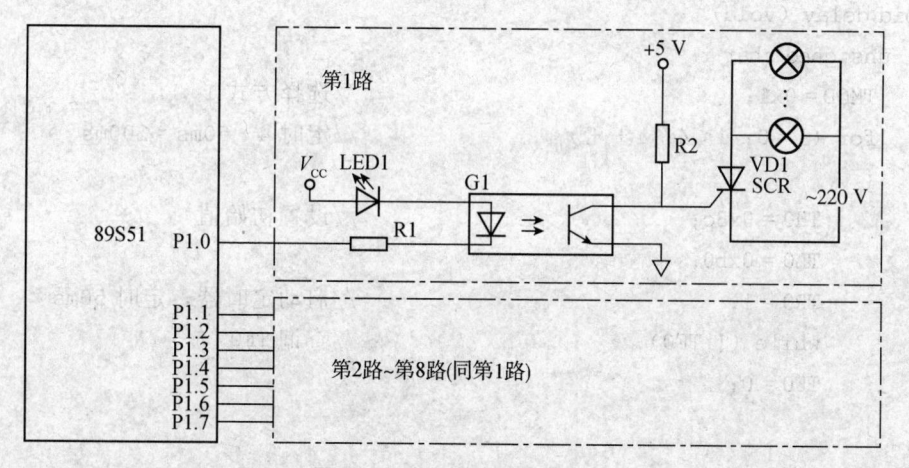

图 3-13 节日彩灯循环闪烁

分析：该题可以有多种循环方式，延时时间及左右移不同会有不同的循环效果。以下只是其中一种形式的编程。电路见图 3-13，由 P1 口的 8 位控制 8 路白炽灯电路，在每一路中都通过一个可控硅 SCR 控制 N 路并联白炽灯的开关。单片机工作频率为 12MHz，该程序延时选为 200ms，用定时器 T0 作为定时器，定时 50ms，选择方式 1，计数初值为

$$x = 2^{16} - \frac{50\text{ms}}{1\mu\text{s}} = 15536 - 50000$$

$$= 15536 = (3CB0)_{16}$$

解 参考代码如下:
```c
#include <reg51.h>
unsigned char signal_led;          //定义变量 signal_led 用于存储 8 路灯的驱动信号
void delay (void);
/************************主程序************************/
void main ()
{   unsigned char i;
    while (1)
    {
        signal_led = 0xfe;              //初始化为第 0 组的灯亮
        for (i = 0; i<8; i++)
        {
            P0 = signal_led;
            delay ();                    //调用延时子程序
            signal_led = signal_led<<1;  //左移
        }
    }
}
/******************延时子程序,产生 4*50ms 的延时****************/
void delay (void)
{   unsigned char i;
    TMOD = 0x1;                      //选择方式 1
    for (i = 0; i<4; i++)            //定时 4*50ms = 200ms
    {
        TH0 = 0x3c;                  //设置初始值
        TL0 = 0xb0;
        TR0 = 1;                     //启动定时器,定时 50ms
        while (!TF0);                //查询 TF0 位
        TF0 = 0;
    }
}
```

任务二 制作简易秒表

任务目标

➢ 用单片机制作一个简易秒表,用两位数码管显示;
➢ 可用按键控制秒表的启停;

- 了解单片机中断系统结构及相关控制；
- 学会用中断的方法进行定时处理。

一、中断的相关概念

中断系统是单片机的重要组成部分，在实际应用中，单片机的中断功能被广泛的采用。首先我们了解几个相关概念。

1. 中断

中断是指计算机在执行某一程序（一般称为主程序）的过程中，当计算机系统有外部设备或内部部件要求CPU为其服务时，必须暂停原程序的执行，转去执行相应的处理程序（即执行中断服务程序），待处理结束之后，再回来继续执行被暂停的原程序过程。

CPU通过中断功能可以分时操作启动多个外部设备同时工作、统一管理，并能迅速响应外部设备的中断请求，采集实时数据或故障信息，对系统进行相应处理，从而使CPU的工作效率得到很大的提高。

2. 中断源

中断源是指在单片机系统中向CPU发出中断请求的来源，中断源可以人为设定，也可以是为响应突发性随机事件而设置。

单片机系统的中断源一般有外部设备中断源、控制对象中断源、定时器/计数器中断源、故障中断源等。

3. 中断优先级

一个单片机系统可能有多个中断源，且中断申请是随机的，有时可能会有多个中断源同时提出中断申请，而单片机CPU在某一时刻只能响应一个中断源的中断请求，当多个中断源同时向CPU发出中断请求时，则必须按照"优先级别"进行排队，CPU首先选定其中断级别高的中断源为其服务，然后按排队顺序逐一服务，完毕后返回断点地址，继续执行主程序。这就是"中断优先级"的概念。这种中断源的优先级是单片机硬件规定好的或软件事先设置好的。我们可以根据中断源在系统中的地位安排其优先级别。

当单片机系统已经响应了某一中断请求，正在执行其中断服务时，系统中的其他中断源又发出了中断请求，这时单片机是否响应呢？一般地说，优先级别同等或较低的中断请求不能中断正在执行的优先级别高的中断服务程序，而优先级别高的中断请求可以中断CPU正在处理的优先级别低的中断服务程序，转而执行高级别的中断服务程序，这种情况称为中断嵌套；待执行完后，先返回被中断的低级别的中断服务程序继续执行完，然后再返回到主程序。具有二级中断服务程序嵌套的中断过程如图3-14所示。

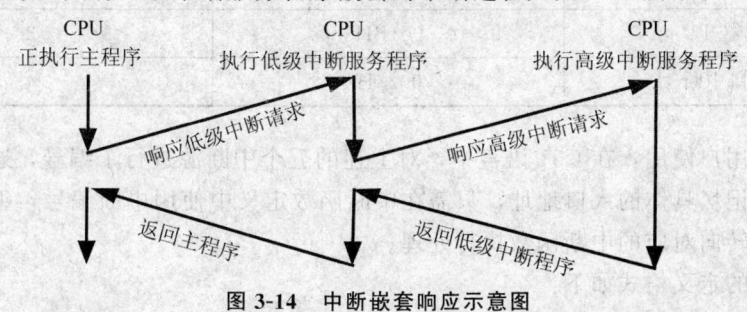

图3-14 中断嵌套响应示意图

单片机系统中有一个专门用于管理中断源的机构，就是中断控制寄存器，我们可以通过对它的编程来设置中断源的优先级别以及是否允许某中断源的中断请求等。

二、中断源与中断函数

51 单片机具有五个中断源，分为内部中断源和外部中断源：2个外部中断，2个定时器溢出中断及1个串行中断。下面将作详细介绍：

1. 外部中断

外部中断源有两个：外部中断 0/1（INT0/INT1），通常指由外部设备发出中断请求信号，从 P3.2、P3.3 脚输入单片机。

外部中断请求有两种信号方式：电平方式和边沿触发方式。电平方式的中断请求是低电平有效，只要在外部中断输入引脚上出现有效低电平时，就激活外部中断标志。边沿触发方式的中断请求则是脉冲的负跳变有效。在这种方式下，两个相邻的机器周期内，外部中断输入引脚电平发生变化，即在第一个机器周期内为高电平，第二个机器周期内变为低电平，就激活外部中断标志。由此可见，在边沿触发方式下，中断请求信号的高电平和低电平状态都应至少维持1个机器周期，以使CPU采样到电平状态的变化。

2. 定时器中断

51 单片机内部定时器/计数器 T0 和 T1，在计数发生溢出时，单片机内硬件自动设置一个溢出标志位，申请中断。

3. 串行口中断

串行口中断是为串行通信的需要设定的。当串行口每发送或接收完一个8位二进制数后自动向中断系统提出中断。

4. 中断向量地址

中断源发出中断请求，CPU 响应中断后便转向中断服务程序。中断源引起的中断服务程序的入口地址（中断向量地址）是固定的，不能更改。中断服务程序入口地址如表3-2所示。

表 3-2 51 单片机中断入口地址与编号

中断源	中断程序入口地址	中断编号
INT0	0003H	0
定时器 T0	000BH	1
INT1	0013H	2
定时器 T1	001BH	3
串行口中断	0023H	4

为了方便用户使用，在 C51 语言中，对上述的五个中断源进行了编号，这样编写中断函数时就无需记忆具体的入口地址，只需在中断函数定义中使用中断编号，编译器就能自动根据中断源转向对应的中断函数执行处理。

中断函数的定义格式如下：

Void 函数名（void）interrupt 中断编号 [using 工作寄存器组编号]
{
  可执行语句
}

下列程序片断为定时器/计数器 0 的中断服务程序，指定使用第 2 组工作寄存器。
......
unsigned int CNT1;
unsigned char CNT2;
......
void Timer（）nterrupt 1 using 2
{
  if（++CNT1==1000） //CNT1 计数到 1000
  {
    CNT2++;   //CNT2 开始计数
    CNT1=0;   //CNT1 清零
  }
}

以下几点在编写 51 系列单片机中断函数时，应特别注意：

① 中断函数为无参函数，即中断函数的形参列表为空，同时也不能在中断函数中定义任何变量，否则将导致编译错误。中断函数内部使用的参数均应为全局变量。

② 中断函数没有返回值，即应将中断函数定义为 void 类型。

③ 中断函数不能直接被调用，否则将导致编译错误。

④ 中断函数使用浮点运算时要保存浮点寄存器的状态。

⑤ 如果在中断函数中调用了其它函数，则被调用函数所使用的寄存器组必须与中断函数相同。

⑥ 由于中断的产生不可预测，中断函数对其它函数的调用可能形成递归调用，必要时可将被中断函数调用的其它函数定义成重入函数。

三、中断标志与控制

51 单片机在每一机器周期的 S5P2 时，对所有中断源都顺序地检查一遍，找到所有已激活的中断请求后，先试相应的中断标志位置位，然后在下一个机器周期的 S1 状态时检测这些中断标志位状态，只要不受阻断就开始响应其中最高优先级的中断请求。5 个中断源的中断标志位集中安排在定时器控制寄存器 TCON 和串行口控制寄存器 SCON 中，下面将作以详细介绍。

1. 定时器控制寄存器 TCON

定时器控制寄存器 TCON 中集中安排了两个定时器中断和两个外部中断的中断标志位，以及相关的几个控制位。

定时器控制寄存器 TCON 各位的定义如下：

TCON	TF1	TR1	TF0	TR0	IE1	IT1	IE0	IT0
位地址	8FH	8EH	8DH	8CH	8BH	8AH	89H	88H

高 4 位在任务一中已有介绍，低四位用于控制外部中断。

（1）IE1（TCON.3）：外部中断边沿触发中断请求标志位，位地址为 8BH。当 CPU 检测到 INT1（P3.3 脚）上有外部中断请求信号时，IE1 由硬件自动置位，请求中断；当 CPU 响应中断进入中断服务程序后，IE1 被硬件自动清除。

（2）IT1（TCON.2）：外部中断触发类型选择位，位地址为 8AH。IT1 状态可由软件置位或清除，当 IT1＝1 时，设定的是后边沿触发（即由高变低的下降沿）请求中断方式；当 IT1＝0 时，设定的是低电平触发请求中断方式。

（3）IE0（TCON.1）：外部中断边沿触发中断请求标志位，位地址为 89H。其功能与 IE1 类同。

（4）IT0（TCON.0）：外部中断触发类型选择位，位地址为 88H。其功能与 IT1 类同。

2. 串行口控制寄存器 SCON

串行口控制寄存器 SCON 各位的定义如下，其中只有 TI 和 RI 两位用来表示串行口中断标志位，其余各位用于串行口其他控制（将在项目五中详细介绍）。

SCON	SM0	SM1	SM2	REN	TB8	RB8	TI	RI
位地址	9FH	9EH	9DH	9CH	9BH	9AH	99H	98H

（1）TI：为串行口发送中断标志位，位地址为 99H。在串行口发送完一组数据时，TI 由硬件自动置位（TI＝1），请求中断；当 CPU 响应中断进入中断服务程序后，TI 状态不能被硬件自动清除，而必须在中断程序中由软件来清除。

（2）RI：为串行口接收中断标志位，位地址为 98H。在串行口接收完一组串行数据时，RI 由硬件自动置位（RI＝1），请求中断，当 CPU 响应中断进入中断服务程序后，也必须由软件来清除 RI 标志。

通过后面的介绍我们可看出，中断源申请中断时首先要置位相应的中断标志位，CPU 检测到中断标志位之后才决定是否响应。而 CPU 一旦响应了中断请求，相应的标志位就要清除。如果不清除，CPU 退出本次中断服务程序后还要再次响应该中断请求，造成混乱，因此像串行口中断标志这种需要软件来清除中断标志位的中断源，在软件编程中应加以注意。

各中断源的中断标志被置位后，CPU 能否响应还要受到控制寄存器的控制，这种控制寄存器有两个，即中断允许控制寄存器 IE 和中断优先级控制寄存器 IP。下面分别详细介绍。

3. 中断允许控制寄存器 IE

51 单片机设有专门的开中断和关中断指令，中断的开放和关闭是通过中断允许寄存器 IE 各位的状态进行两级控制的。所谓两级控制是指所有中断允许的总控制位和各中断源允许的单独控制位，每位状态位靠软件来设定。中断允许控制寄存器 IE 各位的定义如下：

IE	EA	—	—	ES	ET1	EX1	ET0	EX0
位地址	AFH	—	—	ACH	ABH	AAH	A9H	A8H

（1）EA（IE.7）：总允许控制位，位地址为AFH。EA状态可由软件设定，若EA=0，禁止所有中断源的中断请求；若EA=1，则总控制被开放，但每个中断源是允许还是被禁止CPU响应，还受控于中断源的各自中断允许控制位的状态。

（2）ES（IE.4）：串行口中断允许控制位，位地址是ACH。若ES=0，则串行口中断被禁止；若ES=1，则串行口中断被允许。

（3）ET1（IE3）：定时器T1的溢出中断允许控制位，位地址为ABH。若ET1=0，则禁止定时器T1的溢出中断请求；若ET1=1，则允许定时器T1的溢出中断请求。

（4）EX1（IE.2）：外部中断的中断请求允许控制位，位地址是AAH。若EX1=0，则禁止外部中断请求；若EX1=1，则允许外部中断请求。

（5）ET0（IE.1）：定时器T0的溢出中断允许控制位，位地址是A9H。其功能类同于ET1。

（6）EX0（IE.0）：外部中断的中断请求允许控制位，位地址是A8H。其功能类同于EX1。

单片机在上电时或复位时，IE寄存器的各位都被复位成"0"状态，因此CPU处于关闭所有中断的状态，要想开放所需要的中断请求，则必须在主程序中用软件指令来实现。IE寄存器既可字节寻址又可位寻址，因而改变IE寄存器各位的状态，既可以改变整个字节，又可以通过位寻址方式直接改变某一位。

例如，现在要开放外中断的中断请求，可用如下两种方法：
IE=0x81；
或者
EA=1；
EX0=1；

从中可看出，若要开放中断请求，仅使EX0=1不行，还必须使EA=1。如果EA=0则所有中断源都将被关闭。

4．中断优先级寄存器IP

51单片机五个中断源总共可分为两个优先级，由中断优先级寄存器IP进行控制，这样，CPU对所有中断请求可以实现两级中断嵌套。IP寄存器各位的定义如下：

IP	—	—	—	PS	PT1	PX1	PT0	PX0
位地址	—	—	—	BCH	BBH	BAH	B9H	B8H

（1）PS（IP.4）：串行口中断优先级设定位，位地址是BCH。PS=1为高优先级，PS=0为低优先级。

（2）PT1（IP.3）：定时器T1中断优先级控制位，位地址是BBH。PT1=1为高优先级，PT1=0 为低优先级。

（3）PX1（IP.2）：外部中断优先级控制位，位地址为 BAH。PX1=1 为高优先级，PX1=0 为低优先级。

（4）PT0（IP.1）：定时器 T0 中断优先级控制位，位地址为 B9H，其功能与 PT1 类同。

（5）PX0（IP.0）：外部中断优先级控制位，位地址为 B8H，其功能与 PX1 类同。

所有中断源通过中断优先级寄存器 IP 的设置，可分为高级中断和低级中断，一个正在响应的低优先级的中断会由于高优先级的中断请求而自动被中断，但不会由于另一个低优先级的中断请求而中断；一个高优先级的中断不会被任何其他的中断请求所中断。

如果同时收到两个不同优先级的请求，则较高优先级的请求被首先接受响应。如果同样优先级的请求同时接收到，则内部对中断源的查询次序决定先接受哪一个请求，表 3-3 列出了同一优先级中断源的内部查询次序。

表 3-3　中断源的内部查询次序

中断源	中断标志	优先查询次序
外中断 0	IE0	高 ↑ ↓ 低
定时器 T0 中断	TF0	
外中断 1	IE1	
定时器 T1 中断	TF1	
串行口中断	RI+TI	

这个查询次序决定了同一优先级内的第二优先结构，是一个辅助优先结构，但不能实现中断嵌套。

四、中断系统结构

从前面的分析可以看出，51 单片机的中断系统主要由中断标志、中断允许寄存器 IE、中断优先级寄存器 IP 和相应的逻辑电路组成。如图 3-15 所示。

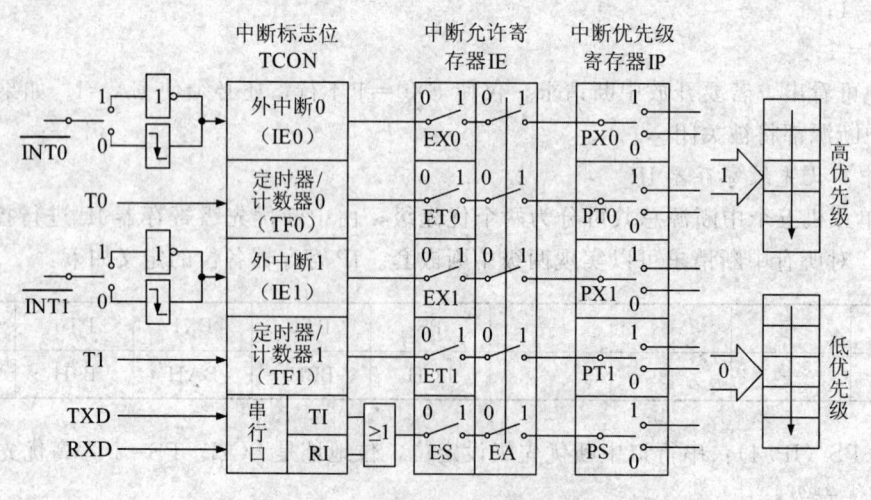

图 3-15　51 单片机中断系统结构图

五、中断请求的响应、撤销及返回

1. 中断的响应

从前面介绍的中断允许控制寄存器 IE 中可以看出一个中断源发出请求后是否被 CPU 响应，首先必须得到 IE 寄存器的允许，即开中断。如果不置位 IE 寄存器中的相应允许控制位，则所有中断请求都不能得到 CPU 的响应。

在中断请求被允许的情况下，某中断请求被 CPU 响应还受下列条件的影响。

(1) 当前 CPU 没有响应其他任何中断请求，则单片机在执行完现行指令后就会自动响应该中断。

(2) CPU 正在响应某中断请求时，如果新来的中断请求优先级更高，则单片机会立即响应新中断请求，从而实现中断；如果新来的中断请求与正在响应的中断优先级相同或更低，则 CPU 必须等到现有中断服务完成以后，才会自动响应新来的中断请求。

(3) 在 CPU 执行中断函数返回指令或访问 IE/IP 寄存器指令时，CPU 必须等到这些指令执行完之后才能响应中断请求。

单片机响应某一中断请求后要进行如下操作：

(1) 完成当前指令的操作。

(2) 保护断点地址，将 PC 内容压入堆栈。这个过程又称为现场保护。

(3) 屏蔽同级的中断请求。

(4) 将对应的中断响应程序入口地址送入 PC 寄存器，根据中断向量地址自动转入中断服务程序。

(5) 执行中断服务程序。

(6) 结束中断，从堆栈中自动弹出断点地址到 PC 寄存器，返回到先前断点处继续执行原程序（现场恢复）。

2. 中断请求的撤销

中断源发出中断请求后，CPU 首先使相应的中断标志位置位，然后通过对中断标志位的检测决定是否响应。而 CPU 一旦响应某中断请求后，在该中断程序结束前，必须把它的相应的中断标志复位，否则 CPU 在返回主程序后将再次响应同一中断请求。

51 单片机的中断标志位的清除（复位）有两种方法，即硬件自动复位和软件复位。

(1) 定时器溢出中断的自动撤除。定时器 T0 和定时器 T1 的中断请求，CPU 响应后，自动由芯片内部硬件直接清除相应的中断标志位 TF0、TF1，无需使用者采取其他任何措施。

(2) 串行中断的软件撤除。对于串行口中断请求，CPU 响应后，没有用硬件直接清除其中断标志 TI（SCON.1，发送中断标志）、RI（SCON.0，接收中断标志）的功能，必须靠软件复位清除。因此在响应串行口中断请求后，必须在中断服务程序中的相应位置通过指令将其清除（复位）、例如可使用如下代码：

　　　　TI=0；
　　　　RI=0；
　　或　SCON|=0xfc；

(3) 负边沿请求方式外部中断的自动撤除。外部中断请求的中断标志位 IEi 的激活方式有两种：负边沿激活和电平激活。CPU 响应中断后，也是由 CPU 内部硬件自动清除相应的中断标志。但由于 CPU 对引脚位的外来信号没有控制，因而被清除的中断标志有可能再次被激活，从而重复引起中断请求，必须采用其他措施来克服这种情况。

对于负边沿激活方式，如果 CPU 在一个周期中对（i 代表 0、1、2、3）端的采样值为高电平，而下一个周期的采样值为低电平，则将 IEi 置位。CPU 响应中断后自动将 IEi 复位，因外部中断源在 CPU 执行中断服务程序时不可能再在上产生一个负边沿而使 IEi 重新置位，所以不会再次引起中断请求。

（4）电平请求方式外部中断的强制撤除。对于电平激活方式，如果 CPU 检测到上为低电平，而将 IEi 置位，申请中断，CPU 响应后自动复位中断标志 IEi。但如果外部中断源的低电平不能及时撤除的话，在 CPU 执行中断服务程序时，检测到上的低电平时又会使 IEi 置位，本次中断结束后又会引起中断请求。

为了使本次中断请求彻底撤除，一般可借助外部电路在中断响应后把中断请求输入端从低电平强制改为高电平。如图 3-16 可实现这一功能。

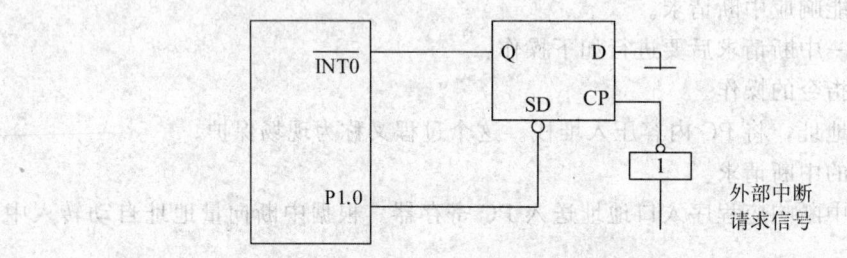

图 3-16 清除外部中断请求电路

外部中断请求信号不直接加在 INT0 端，而是加在 D 触发器的 CP 端。当外部中断源产生正脉冲中断请求时，由于 D 端接地，Q 端被复位成"0"状态，使端出现低电平，激活中断标志 IE0（置 1）。单片机响应中断后，在中断服务程序中可采用下列指令在 P1.0 端输出一个负脉冲来撤除上的低电平中断请求。

P1^0＝0；
P1^0＝1；
IE0＝0；

上述代码中第一句、第三句是十分必要的，第二句不但使上的低电位变成高电位，撤除了中断，而且使 D 触发器可以再次接受中断请求正脉冲信号。第三句用于清除可能已被重复置位的中断标志位 IE0，使本次中断请求被彻底撤除。

3. 中断返回

单片机响应中断后，自动执行中断函数，执行完毕，单片机就结束本次中断服务，返回原程序。

六、任务实施

（一）硬件电路设计

本任务中设计的简易秒表，要求两位显示，并利用按键控制启停。利用单片机的 P0

口和 P2 口外接两位数码管静态显示计时结果，利用单片机的 P1.6、P1.7 口外接两个按键作为秒表的启停按键，设计电路图如下：

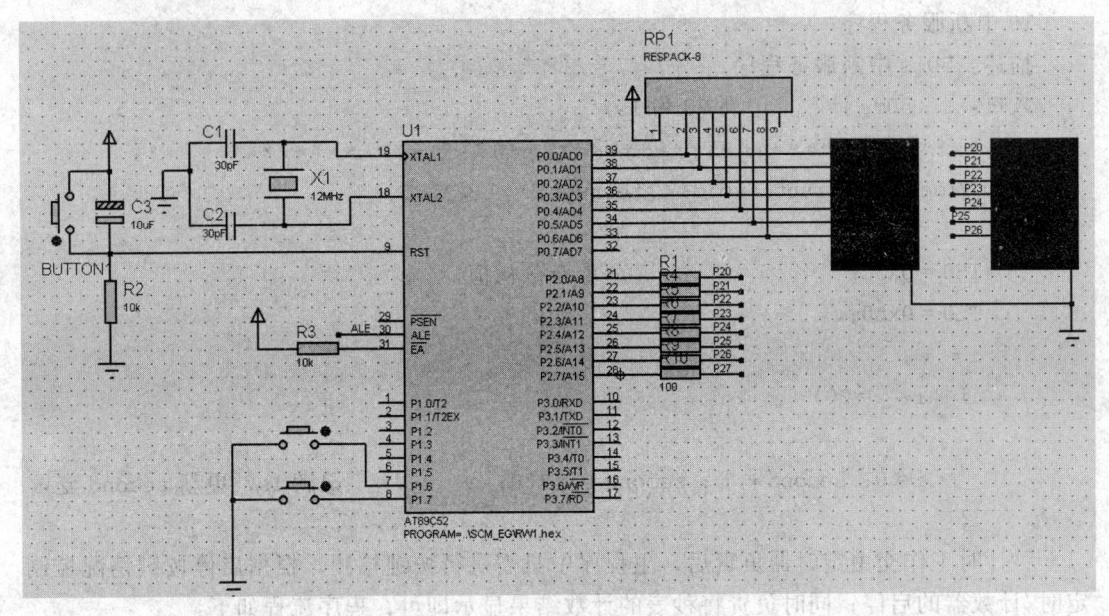

图 3-17 简易秒表电路原理图

(二) 控制软件设计

当启动键按下后，显示结果每秒钟递增 1，因此采用定时器 T0 中断方式实现秒定时。选择定时功能方式 1，定时 50ms，设置初始值为：

$$X = 65536 - \frac{50\text{ms}}{1\mu\text{s}} = 15536 = (3CB0)_{16}$$

设计 T0 初始化子程序如下：
/***

T0 中断初始化

描述：50ms 定时

***/

```c
void InitTimer0 (void)
{
    TMOD = 0x01;          //设定 T0 工作方式 1
    TH0 = 0x3c;           //计数初值
    TL0 = 0xb0;
    EA = 1;               //开中断
    ET0 = 1;
}
```

每 50ms，定时结束，在中断函数中还需使用软件计数器，记满 20 表明 1s 定时时间到，秒表显示结果加 1。为此，应在主程序中定义一个全局变量 i 用作软件计数器，中断函数代码如下：

```
/****************************************************************
T0 中断服务程序
描述：50ms 中断服务程序
入口：i（50ms 计数，记满 20 为 1s）
****************************************************************/
void Timer0Interrupt (void) interrupt 1
{
    TH0 = 0x3c;                    //重新赋初值
    TL0 = 0xb0;
    i++;
    if (i == 20)
    {
        i = 0; second++; second %= 100;    //记满 1s，更新 second 变量
    }}
```

秒计时工作交由定时器负责后，主程序中只需进行按键检测，根据启停按键情况控制定时/计数器的启停；同时负责将秒表的计数结果显示即可，程序流程如下：

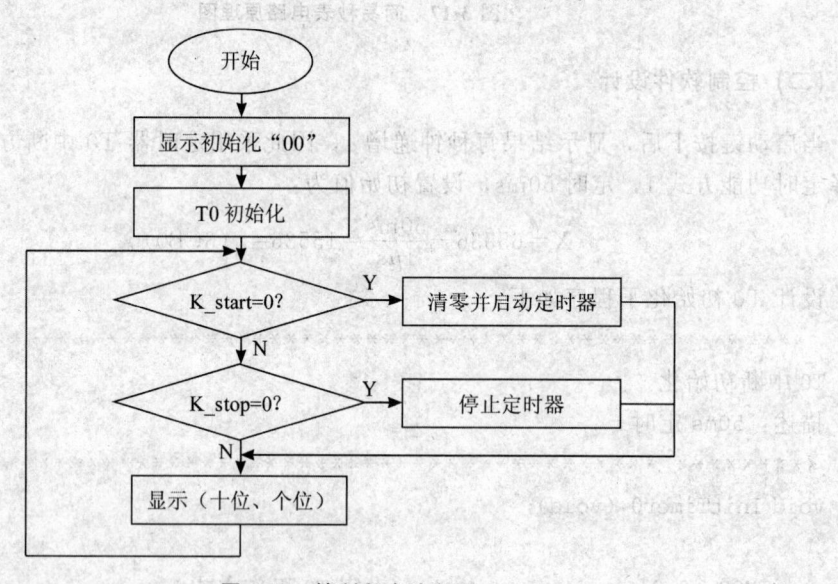

图 3-18 控制程序流程图

主程序代码如下：

```
/*---------------------------------------------------------------
简易秒表，实现 100s 之内的秒表功能
2 位数码管静态显示，P0 控制十位，P2 控制个位
2 个按键，分别控制启停
---------------------------------------------------------------*/
#include <reg51.h>         /* define 8051 registers */
```

```c
#define uchar unsigned char

sbit K_start = P1^6;              //定义按键
sbit K_stop = P1^7;

uchar code tab [10] = {0x3f, 0x06, 0x5b, 0x4f, 0x66, 0x6d, 0x7d, 0x07, 0x7f, 0x6f};
/* 共阴极数码管 0~9 的码字 */
uchar second;
uchar i;
void InitTimer0 (void);
/***************************************************************
主程序
***************************************************************/
void main (void)
{
    second = 0;                   //显示初始化
    P0 = tab [0];
    P2 = tab [0];
    InitTimer0 ();                //T0 初始化
    while (1)
     {
        if (! K_start)            //K_start 按下，从 0 开始记秒
        {
            while (! K_start);    //等待弹出
            second = 0;
            TR0 = 1;
        }
        if (! K_stop)             //K_stop 按下，停止计时
        {
            while (! K_stop);     //等待弹出
            TR0 = 0;
        }
        P0 = tab [second/10];     //显示
        P2 = tab [second % 10];
     }
}
```

(三) 程序调试

在 Keil 中进行软件调试，步骤如下：

1. 设置仿真时钟。快捷工具栏中点击 ![] 图标，进入 Options for Target 'Target 1' 窗口，将仿真用晶振频率调为 12MHz，如图 3-19 所示。

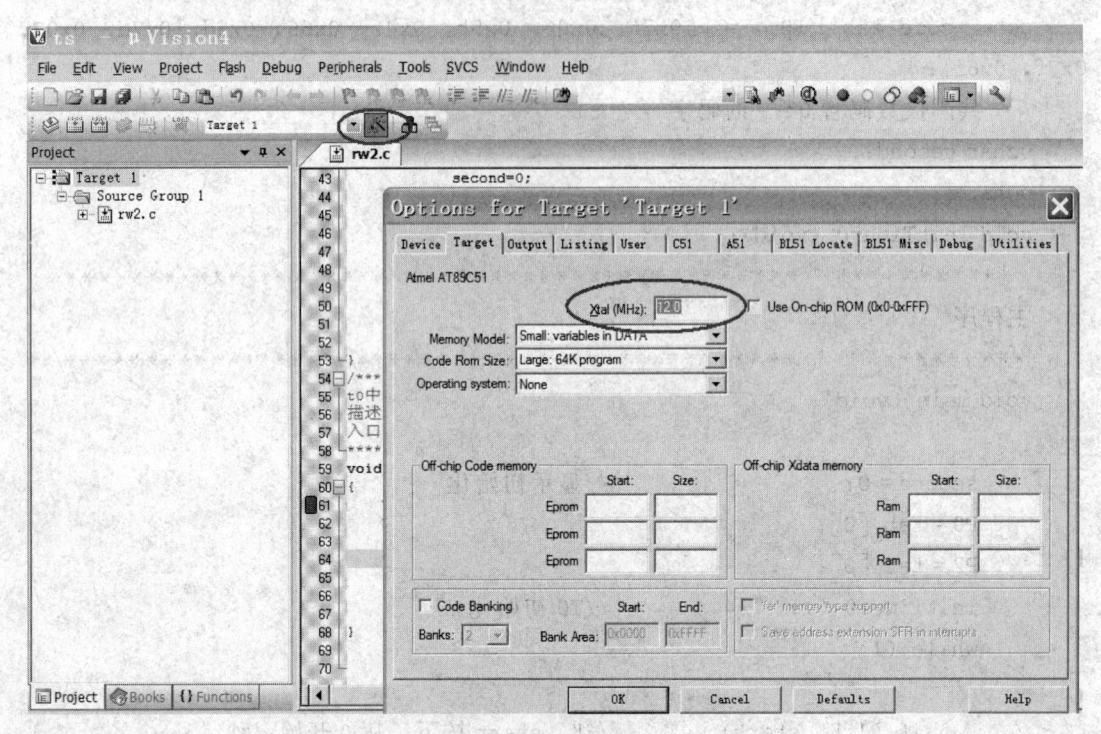

图 3-19 设置晶振频率

2. 利用单步及断点运行的方式，分段调试。

在 T0 中断服务程序开头，行号前端用鼠标双击，设置一个断点，如图 3-20 所示。当程序执行至断点处，表示 T0 产生一次溢出中断，即 50ms 延时。

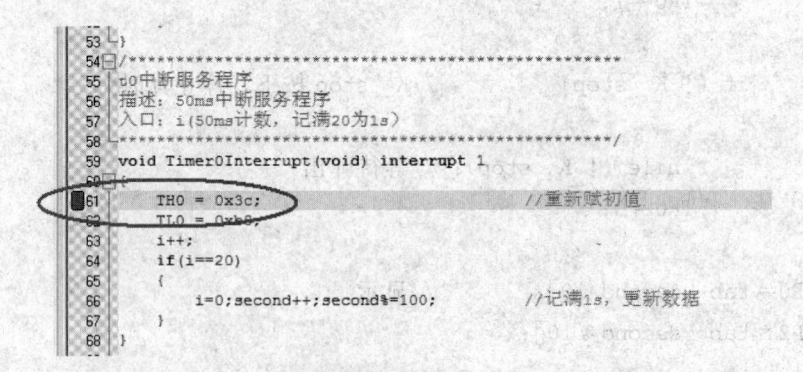

图 3-20 设置断点

进入调试界面，在 Watch 1 窗口中，双击或单击 F2 键，将程序中的变量 second 和变量 i 加入，便于调试过程观察。如图 3-21 所示。

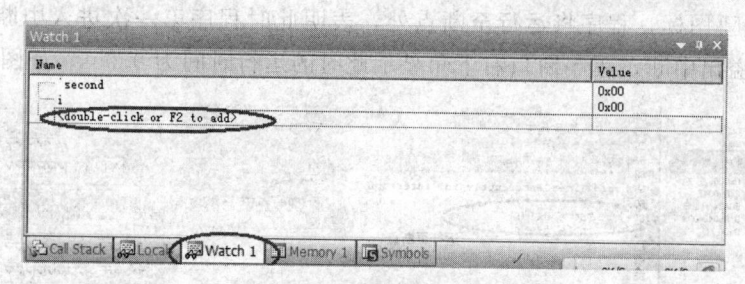

图 3-21 添加观察变量

菜单栏中点击 Peripherals→I/O-Ports 打开 P0、P1、P2 口，如图 3-22 所示，并将 K_start（P1.6 口）设为低电平，模拟启动按键按下的情况，如图 3-23 所示。

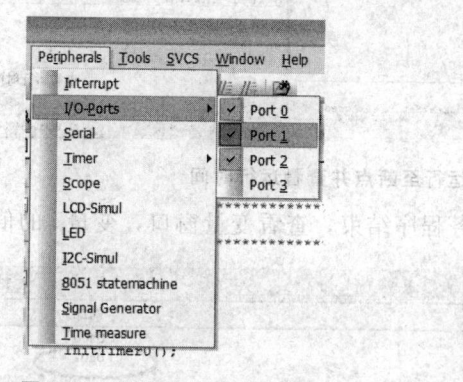

图 3-22 打开并行口观察窗口 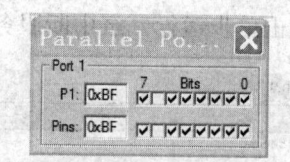　　　图 3-23 K_start 按键设置

一直点击单步执行 ⓘ，此时程序将停在等待按键 K_start 弹出的位置，如图 3-24 所示，此时在图 3-23 中将 P1.6 设置为高电平，模拟按键 K_start 弹出的状态，程序将继续运行。

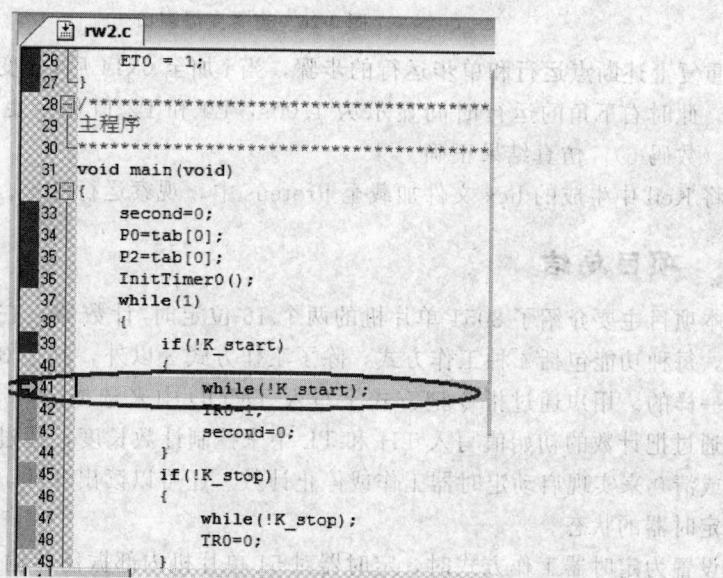

图 3-24 等待按键弹出

单片机原理与应用

点击运行图标，程序将运行至断点处，表明此时程序第一次进入中断，定时器 T0 定时满 50ms 溢出中断，程序窗口右下角显示此时的运行时间为 0.05s，如图 3-25 所示。

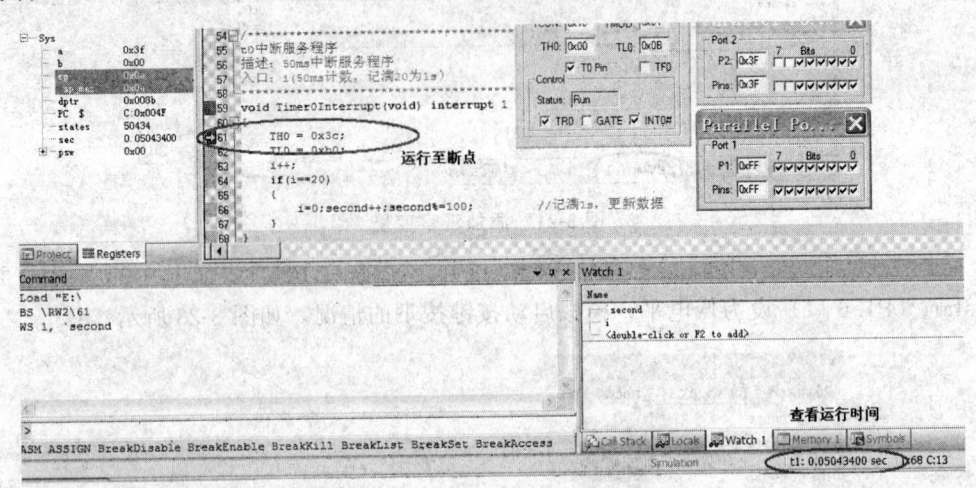

图 3-25　运行至断点并查看运行时间

此后，点击单步运行，至中断服务程序结束，查看变量窗口，变量 i 的值变为 0x01。

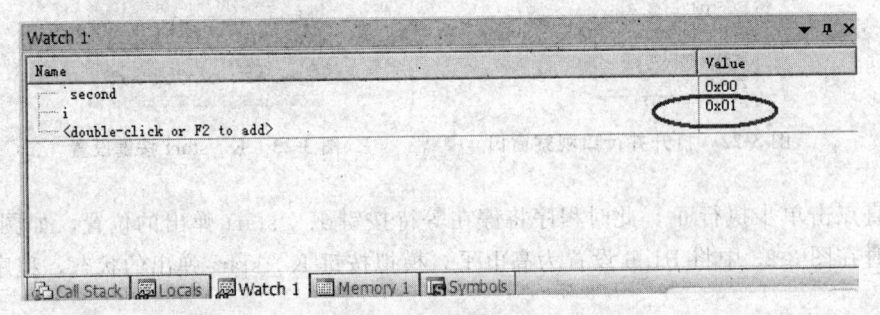

图 3-26　查看变量窗口

重复上述断点运行和单步运行的步骤，当 i 加至 0x14 后，i 变为 0，同时 second 变为 0x01，此时右下角的运行时间显示为 1.00s，P0 和 P2 口显示更新为 0x3f（数码 0）和 0x06（数码 6）。仿真结果正确。

将 Keil 中生成的 hex 文件加载至 Proteus 中，观察运行结果。

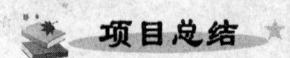

项目总结

本项目主要介绍了 8051 单片机的两个 16 位定时/计数器，它们具有定时和计数两种功能，每种功能包括 4 种工作方式，除了工作方式 3 以外，其他 3 种工作方式的基本原理都是一样的。用户通过指令把方式字写入 TMOD 中来选择定时/计数器的功能和工作方式，通过把计数的初始值写入 TH 和 TL 中来控制计数长度，通过对 TCON 中相应位进行置 1 或清 0 来实现启动定时器工作或停止计数。还可以读出 TH、TL、TCON 中的内容来查询定时器的状态。

设置为定时器工作方式时，定时器对 51 单片机内部振荡器输出经 12 分频后的脉冲计数，即每个机器周期使定时器（T0 或 T1）的数值加 1 直至计数溢出。当主频采用 12MHz

时，一个机器周期为 1μs，计数频率为 1MHz。

设置为计数器工作方式时，通过引脚 T0（P3.4）和 T1（P3.5）对外部脉冲信号计数。

应用定时/计数器时应注意两点：一是初始化（写入控制字），二是对初值的计算。

初始化步骤为：

（1）向 TMOD 写入工作方式控制字；

（2）向计数器 TLi、THi 装入初值；

（3）置 TRi=1，启动计数；

（4）若需要时，置 ETi=1，允许定时/计数器中断；

（5）置 EA=1，CPU 开中断。

定时/计数器是单片机内部重要的功能部件，灵活运用定时/计数器的功能，不仅能节约硬件资源，而且还能使程序简练、控制灵活。在使用定时/计数器时应注意以下几个方面：

（1）应根据所要求的定时时间长度和定时的重复性，合理选择定时器的工作方式；

（2）定时/计数器的初始化，包括设定 TMOD、写入定时初值、设置中断系统和启动定时器运行等；

（3）若将定时/计数器用于计数方式，则外部脉冲必须从 P3.4（T0）或 P3.5（T1）引脚输入，且外部脉冲的最高频率不能超过时钟频率的 1/24。

在方式 0、方式 1、方式 2 状态下定时器 T0、T1 的工作是一样的，灵活运用这两个内部定时器，可以大大提高单片机的工作效率，减少对系统硬件资源的占用，降低成本。

MCS-51 单片机的 T0/T1 定时/计数器是一个加法计数器。加法计数器在计满溢出时才申请中断，所以在给计数器赋初值时，不能直接输入所需的计数值，而应输入的是计数器计数的最大值与这一计数值的差值。设最大值为 M，计数值为 N，初值为 X 则 X 的计算方法如下：

$$计数\ X = M\text{-}N$$
$$定时\ X = M - 定时时间/T\ (T = 12 \div 晶振频率)$$

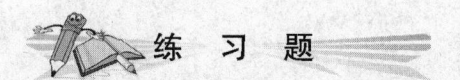

练 习 题

（1）MCS-51 单片机定时/计数器在什么情况下是定时器？在什么情况下是计数器？

（2）MCS-51 单片机中有几个定时/计数器？是加 1 计数还是减 1 计数？

（3）MCS-51 单片机定时/计数器有几种工作模式？每种工作模式又有几种工作方式？它们之间有何区别？

（4）MCS-51 单片机定时/计数器的定时频率和计数频率怎样确定？对外部计数频率有何限制？

（5）叙述 MCS-51 单片机 TCON 中有关定时/计数器操作的控制位的名称、含义和功能。

（6）写出 MCS-51 单片机 TMOD 的结构、各位名称和作用。

（7）在工作方式 3 中，定时/计数器 T0 和 T1 的应用有何不同？

(8) 已知单片机时钟频率 $f_{osc}=6MHz$，当要求定时时间为 2ms 或 5ms，定时器分别工作在方式 0、方式 1 和方式 2 时，定时器计数初值各是多少？

(9) 已知 AT89C51 时钟频率 $f_{osc}=6MHz$，试利用定时器编写程序，使 P1.0 输出占空比为 $40\mu s/120\mu s$ 的连续矩形脉冲信号。

(10) 怎样判断 T0、T1 定时/计数溢出？

(11) 已知 MCS-51 单片机时钟频率 $f_{osc}=6MHz$，试编写程序利用 T0 工作在方式 3，使 P1.0、P1.1 分别输出 $400\mu s$ 和 1ms 的方波。

(12) 如果系统的晶振频率为 12MHz，利用定时/计数器 T0，在 P1.0 引脚输出周期为 100ms 的方波。

(13) 定时/计数器 0 已预置为 156，且选定用于模式 2 的计数方式，现在 T0 引脚上输入周期为 1ms 的脉冲，问：

①此时定时/计数器 0 的实际用途是什么？

②在什么情况下，定时/计数器 0 溢出？

(14) 以定时器 1 进行外部事件计数，每计数 1000 个脉冲后，定时器 1 转为定时工作方式；定时 10ms 后，又转为计数方式。如此循环不止。设 $f_{osc}=6MHz$，试用模式 1 编程。

(15) 设 $f_{osc}=12MHz$，试编写一段程序，功能为：对定时器 T0 初始化，使之工作在模式 2，产生 $200\mu s$ 定时，并用查询 T0 溢出标志的方法，控制 P1.1 输出周期为 2ms 的方波。

(16) 如果系统晶振频率为 12MHz，分别指出定时/计数器方式 1 和方式 2 最长定时时间。

项目四

单片机显示技术与键盘接口

任务一　多位数码管显示器设计

任务目标

➤ 完成6位数码管显示器设计，显示"012345"（或者6位字号、"HELLO"等读者可自行设计）；

➤ 通过本任务，学习多位数码管与单片机的接口电路设计；

➤ 掌握LED数码管静态显示和动态显示的基本原理，熟悉动态显示技术的设计与应用；

➤ 掌握单片机基本I/O口的使用与编程。

一、LED显示技术概述

LED显示器是利用发光二极管点阵模块或像素单元组成的平面式显示屏幕。它集微电子技术、计算机技术、信息处理技术于一体，以其色彩鲜艳、动态范围广、亮度高、寿命长、工作稳定可靠等优点，成为最具优势的新一代显示媒体。目前，LED显示器已广泛应用于大型广场、商业广告、体育场馆、信息传播、新闻发布、证券交易等，可以满足不同环境的需要。单片机系统常用的LED显示器主要有三类：LED状态显示器（指单独的发光二极管，可以显示两种状态）、LED数码显示屏（显示器件为7段数码管，适于制作时钟、各种数字仪表等，是显示数字的电子显示屏）、LED点阵图文显示屏（显示器件是由许多均匀排列的发光二极管组成的点阵显示模块，适于显示文字、图像信息）。其中，LED状态显示器的设计与应用在项目一、项目二中已有介绍，本项目主要介绍多位LED数码显示器以及LED点阵显示器的设计技术。

二、LED数码显示器的显示方式

LED数码显示器通常有静态显示与动态显示两种方式，在不同的显示方式下，LED数码管与单片机的接口不同，单片机的控制也不同，下面分别介绍。

1. 静态显示方式

静态显示是指数码管显示某一字符时，相应的LED恒定导通或恒定截止。静态显示时，各位数码管相互独立，公共端接固定电平（共阴极公共端接地，共阳极公共端接Vcc），各位的 8 根段码线则分别与一个 8 位 I/O 口相连，只要保持各位对应的段码线上电平不变，则该位显示的字符就保持不变。项目三中的简易秒表采用的就是这种显示方式，如图 4-1 所示，两位共阴数码管静态显示，段码分别由单片机 P0 和 P2 口控制，公共端接地。

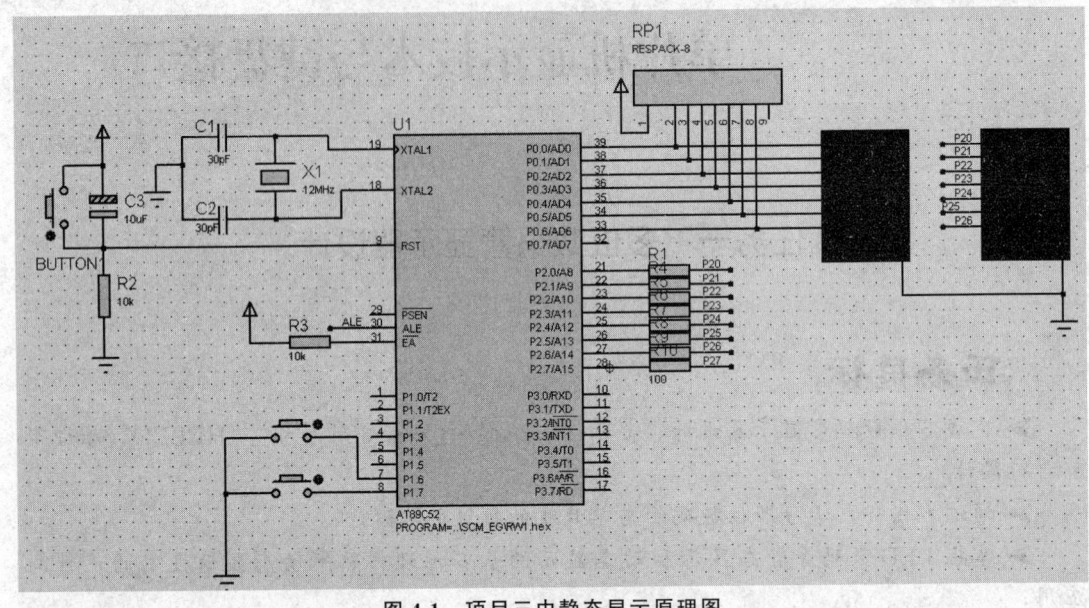

图 4-1 项目三中静态显示原理图

因此，当显示位数较少时，可直接使用单片机的 I/O 口连接，此时，51 单片机最多可外接 4 位数码管显示，如图 4-2 所示，这种电路连接下控制软件编写较为简单，不再赘述，读者参照项目三完成。如果并行 I/O 接口资源受限，可采用并行接口元件（如8255A）进行扩展，也可采用具有三态功能的锁存器（如 74LS373）等。

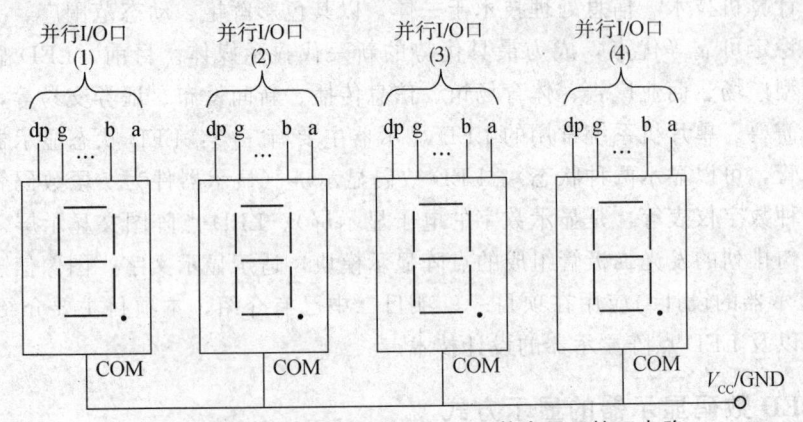

图 4-2 直接使用并行 I/O 口的 LED 静态显示接口电路

考虑到直接采用并行 I/O 接口占用资源较多，静态显示也可采用串行口来实现。利用单片机的串口，与外接移位寄存器 74LS164 构成显示接口电路，如图 4-3 所示，图中的共阳极数码管公共端接＋5V，段码由单片机通过串行口送到相应的移位寄存器 74LS164 中。单片机控制程序读者在学完串口通信后自行编写。

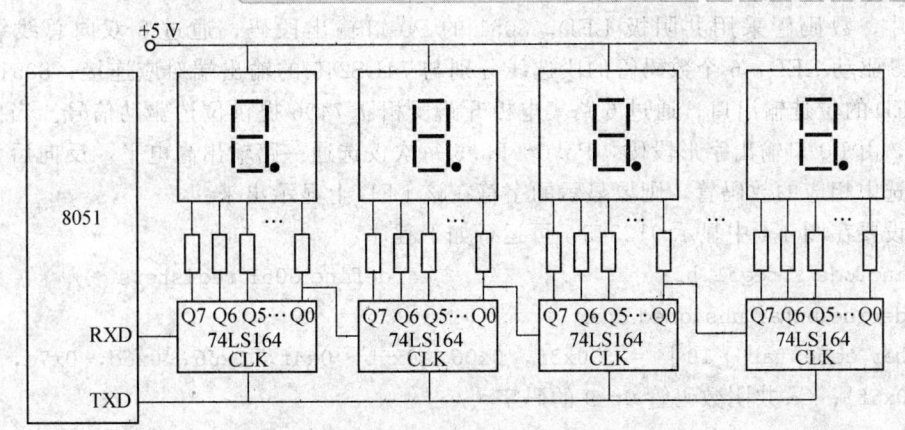

项目四 单片机显示技术与键盘接口

图 4-3 使用串行口的 LED 静态显示接口电路

采用静态显示方式，较小的电流即可获得较高的亮度，且占用 CPU 时间少，编程简单，显示便于监测和控制，但其占用的口线多，而且要求该口具有锁存功能，硬件电路复杂，成本高，只适用于显示器位数较少的场合。

2. 动态显示方式

动态显示是一位一位地轮流点亮各位数码管，这种逐位点亮显示器的方式称为位扫描。通常，各位数码管的段码线相应并联在一起，由一个 8 位的 I/O 口控制，各位的位选线（公共阴极或阳极）由另外的 I/O 口线控制。动态方式显示时，各数码管分时轮流选通，即在某一时刻只选通一位数码管，并送出相应的段码，在另一时刻选通另一位数码管，并送出相应的段码。依此规律循环，即可使各位数码管显示将要显示的字符。虽然这些字符是在不同的时刻分别显示的，但由于人眼存在视觉暂留效应，只要每位显示间隔足够短（＜10ms，通常选择 2ms），就可以给人以同时显示的感觉。采用动态显示方式比较节省 I/O 口资源，硬件电路也较静态显示方式简单，但其亮度不如静态显示方式，而且在显示位数较多时，CPU 要依次扫描，占用 CPU 较多的时间。

采用 51 单片机并行口连接 6 位数码管动态显示电路如图 4-4 所示。

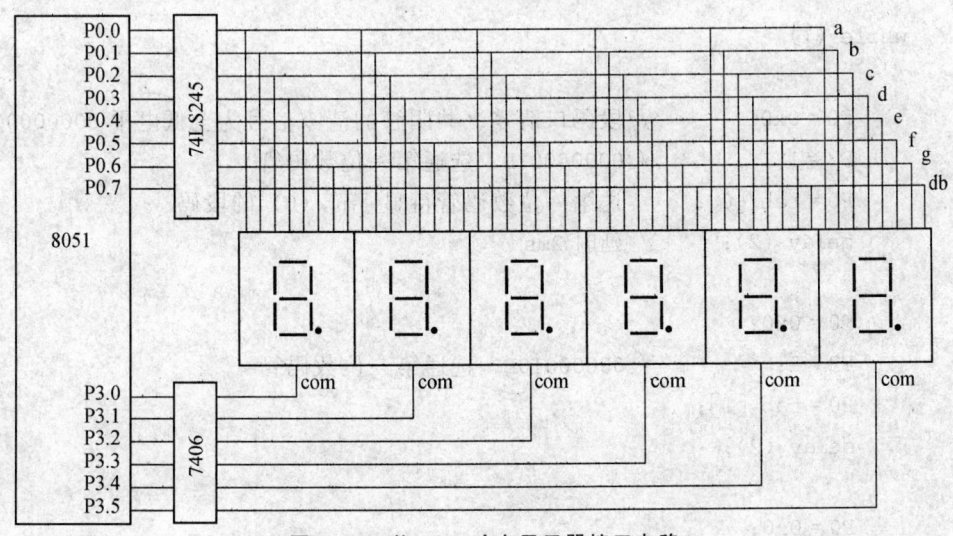

图 4-4 6 位 LED 动态显示器接口电路

113

图中，数码管采用共阴极 LED，8051 的 P0 口输出段码，通过 8 双向总线缓冲器 74LS245 驱动 LED，6 个数码管的段选线分别与 74LS245 的输出端对应连接；8051 的 P3 口作 LED 的位选输出口，通过 6 路集电极开路反相器 7406 提供位选驱动信号。当要显示信息时，由 P0 口输出字形段码，P3.0～P3.5 每次仅选通一路输出高电平，反向后为低电平有效选中相应的数码管，则要显示的字符在该 LED 上显示出来。

假设要在图 4-4 中显示 012345，可运行如下程序：

```
#include <reg51.h>              /* define 8051 registers */
#define uchar unsigned char
uchar code tab[10] = {0x3f, 0x06, 0x5b, 0x4f, 0x66, 0x6d, 0x7d, 0x07, 0x7f, 0x6f}; /*共阴数码管 0～9 的码字*/
/****************************************************************
函数名称：延时子程序
功能描述：延时 count*1ms
入口参数：count
****************************************************************/
void delay(int count)
{
    int i, j;
    for (i=0; i<count; i++)
        for (j=0; j<120; j++);
}
/****************************************************************
主程序
****************************************************************/
void main(void)
{
    while (1)
    {
        P0 = 0x0;        //段码口清零（共阴管的清零信号为全低电平 00000000B）
        P3 = 1;          //00000001B，选通第一位数码管
        P0 = tab[0];     //送第一位数码管待显字符（0）的段码
        delay(2);        //延时 2ms

        P0 = 0x0;
        P3 = 2;          //00000010B，选通第二位数码管
        P0 = tab[1];
        delay(2);

        P0 = 0x0;
```

```
        P3 = 4;              //00000100B，选通第三位数码管
        P0 = tab [2];
        delay (2);

        P0 = 0x0;
        P3 = 8;              //00001000B，选通第四位数码管
        P0 = tab [3];
        delay (2);
        ……
    }
}
```

在主程序中，单片机通过位选口轮流选通各个数码管（P3＝0x01→0x02→0x04→0x08→0x10→0x20），在对每一位数码管的处理中，均采用如下处理步骤：

数据口P0清零（段码口）

送位选P3

送段码P0

延时2ms

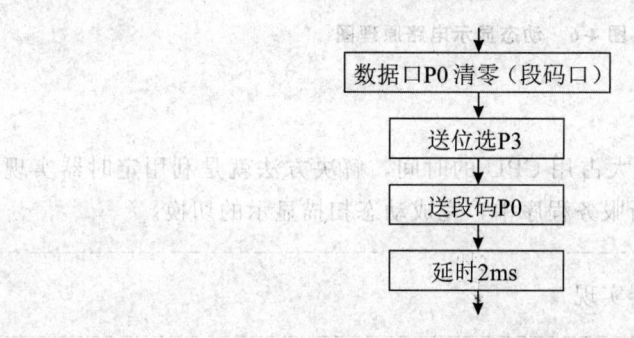

图 4-5 每位数码管显示处理流程

这种动态 LED 显示方法，由于所有数码管共用同一个段码输出口，分时轮流导通，大大简化了硬件电路，降低了成本。不过在这种方式的数码管接口电路中，数码管不宜太多，否则每个数码管所分配的实际导通时间太短，导致的视觉效果将是亮度不够。另外，显示的位数太多，也将大大占用 CPU 的时间。因此实质上，动态显示是以牺牲 CPU 时间来换取器件减少的。在实际使用中，可使用定时器定时 2ms 来实现动态扫描的延时，任务实施中提供了这种解决方案。

三、任务实施

（一）硬件电路设计

任务目标中提出 6 位显示的要求，因此，采用动态显示方法，利用 6 位共阳极数码管，同时利用三极管，给出另外一种数码显示接口电路，在 Proteus 中绘制电路原理图如图 4-6 所示。其中，P0 作为段码输出口，P2 口通过限流电阻连接三极管的基极，控制三极管的导通，从而选通各位数码管。当 P2 口输出高电平时，三极管导通，由电源通过三极管的发射极为对应数码管提供导通电流。

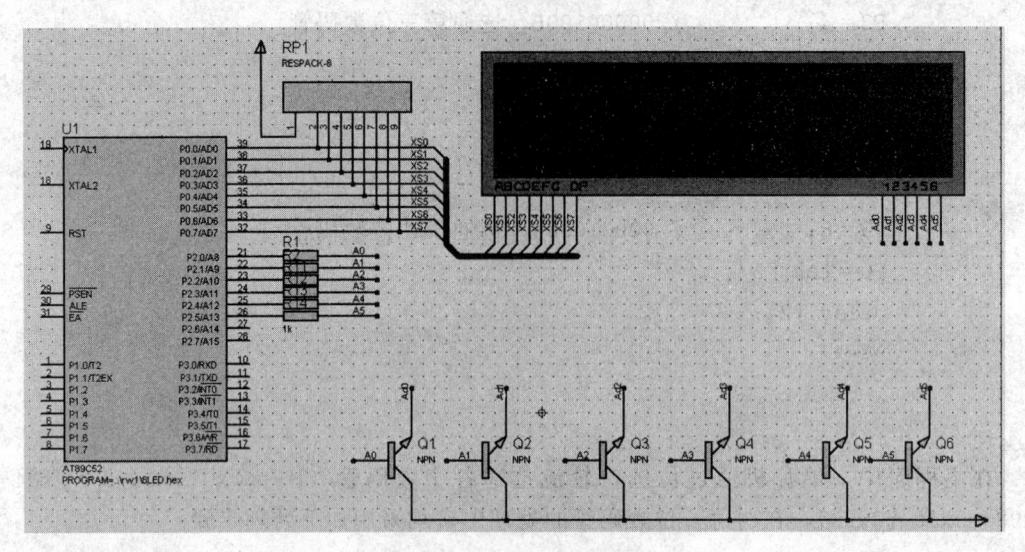

图 4-6 动态显示电路原理图

(二) 控制软件设计

动态显示的主要缺陷就是大大占用 CPU 的时间，解决方法就是利用定时器实现动态扫描的 2ms 延时。在定时器中断服务程序中，完成动态扫描显示的切换。

```
/*--------------------------------------------------------------
6 位显示"012345"，定时器实现
--------------------------------------------------------------*/
#include <reg51.h>                    /* define 8051 registers */
#define uchar unsigned char
uchar code tab [10] = {0xc0, 0xf9, 0xa4, 0xb0, 0x99, 0x92, 0x82, 0xf8,
0x80, 0x90};      /*共阳极数码管码字*/
uchar weix [6] = {0x1, 0x2, 0x4, 0x8, 0x10, 0x20};    //位选信号
uchar num [6] = {0, 1, 2, 3, 4, 5};//定义用于存放待显示数据的数组
uchar i;                              //动态扫描计数器
/***************************************************************
函数名称：t0 中断初始化子程序
功能描述：2ms 定时，用于动态扫描显示
****************************************************************/
void InitTimer0 (void)
{
    TMOD = 0x01;              //设定 T0 工作方式 1
    TH0 = 0xf8;               //计数初值（65536 - 2000）/256
    TL0 = 0x30;               // (65536 - 2000) % 256
    TR0 = 1;                  //启动 T0
```

```c
    EA = 1;                         //开中断
    ET0 = 1;
}
/***************************************************************
主程序
***************************************************************/
void main (void)
{
    InitTimer0 ();                  //定时器初始化
    P2 = 0;                         //位选口清零
    while (1);                      //等待
}
/***************************************************************
函数名称：t0 中断服务程序
功能描述：2ms 中断服务程序
***************************************************************/
void Timer0Interrupt (void) interrupt 1
{
    TH0 = 0xf8;                     //重新赋初值
    TL0 = 0x30;
    P0 = 0xff;                      //段选口清零（共阳管清零信号为全高电平）
    P2 = weix [i];                  //送位选信号
    P0 = tab [num [i]];             //送段码信号
    i ++;                           //扫描计数器指向下一位
    i % = 6;
}
```

在中断服务程序中，实现第 i 位数码管的显示，控制过程参照图 4-5 所示的流程。

利用定时器处理动态扫描显示，能将 CPU 从动态扫描延时切换的工作中解放出来，在上述程序中，读者可尝试在主程序中写入其他的控制代码，例如按键检测、1s 延时并更新数据等等，实现按键控制显示，或者 6 位秒加 1 计数（简易时钟）功能。

（三）程序调试

在 keil 中编译连接，进入调试模式，采用断点调试的方式：在中断服务程序末尾处设置断点，并点击连续执行（Run）方式，程序运行停止在断点处，结果如图 4-7 表示。

图中可见，位选口选通第一位，同时段码口输出 0xc0（0 的码字），这是数码 0 将显示在第一位上。再次点击连续执行（Run）方式，结果如图 4-8 所示，此时位选口选通第二位，段码口输出 0xf9（1 的码字），即数码 1 将显示在第二位上。继续点击连续执行方式，请读者观察输出结果，直至六位无误显示完毕。

图 4-7　第一次运行后结果图　　　　　　　图 4-8　第二次运行后结果图

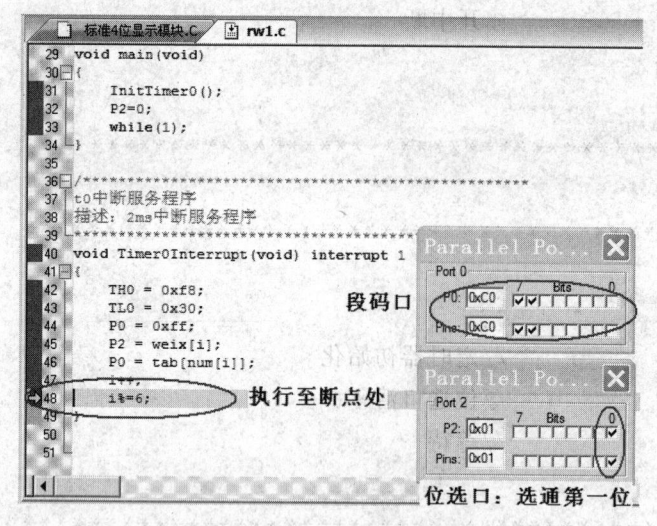

生成 hex 文件，并装载至 Proteus 中，运行，观察仿真结果。调试过程完毕。

任务小结

动态显示是利用人眼的视觉惰性，通过公用的码字端传送待显示码字，并通过位选端轮流选通各位数码管的显示方法。通常，每位显示停留的时间设定为 2ms。

本任务中详细介绍了 6 位数码管动态显示器的设计方法。动态扫描过程可以用延时方式实现，也可通过定时器中断方式实现。

任务二　点阵显示器设计

任务目标

➢ 完成 8×8 点阵显示器设计，显示内容读者可自行设计；
➢ 通过本任务，学习点阵与单片机的接口电路设计；
➢ 掌握动态显示的基本原理，熟悉动态显示技术在点阵显示器中的应用；
➢ 熟练掌握单片机基本 I/O 口的使用与编程。

一、LED 点阵显示器的结构与工作原理

LED 数码管不能显示汉字和图形信息。为了显示更为复杂的信息，人们把很多高亮度发光二极管按矩阵方式排列在一起，形成点阵式 LED 显示结构。最常见的 LED 点阵有 4×4、4×8、5×7、5×8、8×8、16×16、24×24、40×40 等。LED 点阵显示器单块使用时，既可代替数码管显示数字，也可显示各种中西文字及符号。如 5×7 点阵显示器用于显示西文字母；5×8 点阵显示器用于显示中西文，8×8 点阵既可用于汉字显示，也可用于图形显示。用多块点阵显示器组合则可构成大屏幕显示器。

图 4-9 所示的是 8×8 LED 点阵显示器外观及引脚图，其内部结构如图 4-10 所示。其中，行线 X0~X7 对应图 4-9 (b) 中引脚 0~7；列线 Y0~Y7；列线 Y0~Y7 对应图 4-9 (b) 中引脚 A~H。从图中可以看出：8×8 点阵共需要 64 个发光二极管组成，且每个发光二极管是放置在行线和列线的交叉点上，当对应的某一列置低电平，某一行置高电平，则相应的二极管就亮。

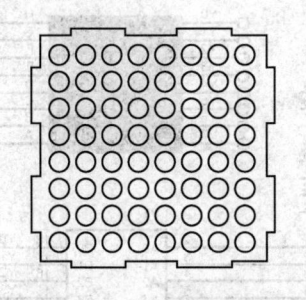

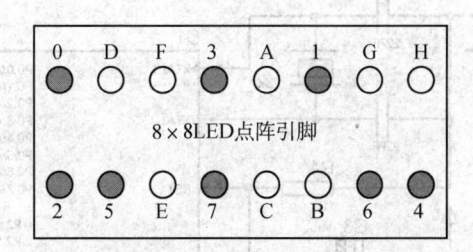

(a) 8×8LED点阵显示器外观图　　　　(b) 8×8LED点阵显示器引脚图

图 4-9　8×8 LED 点阵显示器的外观及引脚图

图 4-10　8×8 LED 点阵显示器的电路连接方式

LED 点阵显示器也可以分为静态显示和动态扫描显示两种显示方式。静态显示时，每一个 LED 点需要一套单独的驱动电路，如果显示屏为 n×m 个发光二极管结构，则需要 n×m 套驱动电路，在实际应用中显然并不实用。动态显示与任务一中多位数码管动态显示非常相似，点阵的每一行相当于一只共阳数码管，点阵屏的行线相当于数码管的位选线，点阵屏的列线相当于数码管的段码线，两者的逻辑结构是完全一样的。因此，只需要对点阵的行线和列线进行驱动，对于 n×m 的显示屏，仅需要 n+m 套驱动电路。

由于 LED 管芯大多为高亮度型，因此，某行或某列的单个 LED 驱动电流可选用窄脉冲，但其平均电流应限制在 20mA 之内。多数点阵显示器的单个 LED 正向导通压降约为 2V 左右，但大亮点的点阵显示器单个 LED 正向导通压降约为 6V。

在 Proteus 中设计单片机控制 8×8 点阵电路原理图，如图 4-11 所示。图中，P2 口控制 8 条行线，P1 口控制 8 条列线。列线上串接的电阻为限流电阻，起保护 LED 作用。为提高 P2 口输出电流，保证 LED 亮度，在点阵行引脚和单片机 P2 口之间增加了缓冲驱动器芯片 74LS245，该芯片同时还起到保护单片机端口引脚作用。

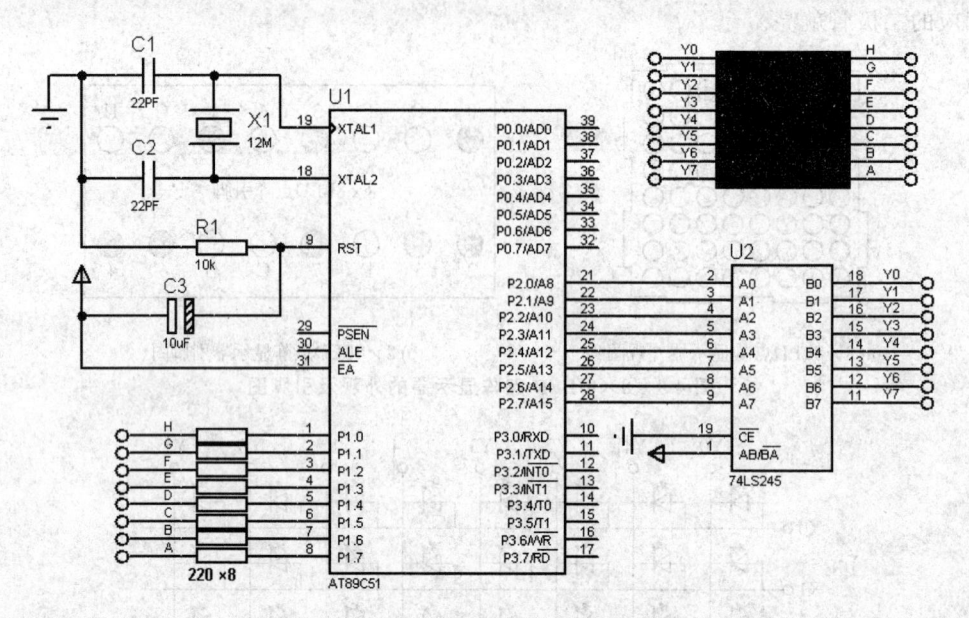

图 4-11　单片机控制 8×8 点阵电路原理图

动态显示的过程是：送行码到行线，选通第一行（高电平选通），同时将第一行要显示的信号编码（低电平点亮），送到列线，延时 2ms 左右；再选通第二行，同时将第二行要显示的信号编码送到列线，并延时 2ms。如此类推，直至最后一行被选通并显示，再从头开始这个过程。

二、LED 大屏幕显示技术

大屏幕显示系统一般是由多个 LED 点阵小模块以搭积木的方式组合而成的，每一个小模块都有自己独立的控制系统，组合在一起后只要引入一个总控制器控制各模块的命令和数据即可，这种方法既简单又具有易扩展、易维修的特点。LED 大屏幕显示器宜用动态显示方式，它可以直接与 8051 并行口相连接，信号采用并行传送方式，I/O 接口可以复用。但在实际应用中，由于显示要求的内容丰富，所需显示器件复杂，同时显示屏与计算机及控制器有一定距离，因此应尽量减少两者之间控制信号线的数量。信号一般采用串行传送方式，也可以采用并行传送与串行传送分别驱动行和列的方式。

图 4-12 所示的是 8051 与 LED 大屏幕显示器接口的一种应用实例。图中，LED 显示器为 8×64 点阵，由 8 个 8×8 的点阵的 LED 显示块拼装而成。8 个块的行线相应地并接在一起，形成 8 路复用，行控制信号由 P1 口经行驱动后形成行扫描信号 Y0～Y7。8 个块的列控制信号分别经由相应的 74LS164 输出，8 个 74LS164 串接在一起，形成 8×8＝64 位串入并出的移位寄存器，其输出对应 64 列。显示数据 DATA 由 8051 的 RXD 端输出，时钟 CLK 由 8051 的 TXD 端输出。RXD 发送串行数据，而 TXD 输出移位时钟，此

时串行口工作于方式0，即同步串行移位寄存器状态。显示屏的工作以行扫描方式进行，扫描显示过程是每一次显示一行64个LED点，显示时间称为行周期。8行扫描显示完成后开始新一轮扫描，这段时间称为场周期。读者可在项目五完成后自行设计控制程序。

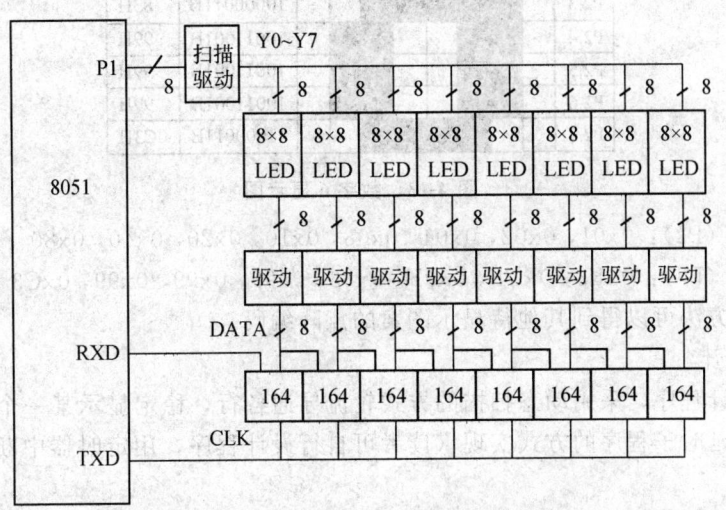

图 4-12　8051 与 LED 大屏幕显示器的接口

LED大屏幕显示器不仅能显示文字，还可以显示图形、图像，而且能产生各种动画效果，是广告宣传、新闻传播的有力工具。LED大屏幕不仅有单色显示，还有彩色显示，其应用越来越广，已渗透到人们的日常生活之中。

三、任务实施

（一）硬件设计

直接使用8051单片机的P2口和P1口分别连接8×8 LED点阵屏的行线和列线，其硬件原理图如图4-11所示。实际应用时，各口线上应加驱动元件（如74LS245）。不可缺少，用proteus仿真时缺少驱动元件并不影响仿真结果。若使用P0口连接，上拉电阻不能忘记，通常选择1kΩ。

（二）软件设计

在进行程序设计时，对8行轮流扫描多遍以稳定显示第一个字符"0"。然后再进行下一个字符的显示，此时只需要更改显示的字型码即可，具体实现可通过修改数组下标来完成。

1. 数字点阵编码

数字的点阵编码就是根据某数字在点阵屏上的显示形状，将每一列对应的8个LED状态用两位十六进制代码表示。例如数字"6"的显示形状如图4-13所示，对照图4-10的内部结构，行选通信号和每行的列线信号分别对应如下：

P3	7	6	5	4	3	2	1	0		
P2.0									11100011B	0E3H
P2.1									11001111B	0CFH
P2.2									10011111B	9FH
P2.3									10000011B	83H
P2.4									10011001B	99H
P2.5									10011001B	99H
P2.6									10011001B	99H
P2.7									11000011B	0C3H

图 4-13 数字 6 显示图

行线信号（P2）：0x01, 0x02, 0x04, 0x08, 0x10, 0x20, 0x40, 0x80
列线信号（P3）：0xE3, 0xCF, 0x9F, 0x83, 0x99, 0x99, 0x99, 0xC3
用同样的方法可以得到其他待显示图案的点阵编码。

2. 程序设计

首先，设计程序，采用动态扫描的方式轮流导通各行，稳定显示某一个字符"6"，动态扫描延时用延时子程序的方式实现（读者可自行设计程序，用定时器中断方式实现 2ms 定时）。

动态扫描控制流程如图 4-14 所示。

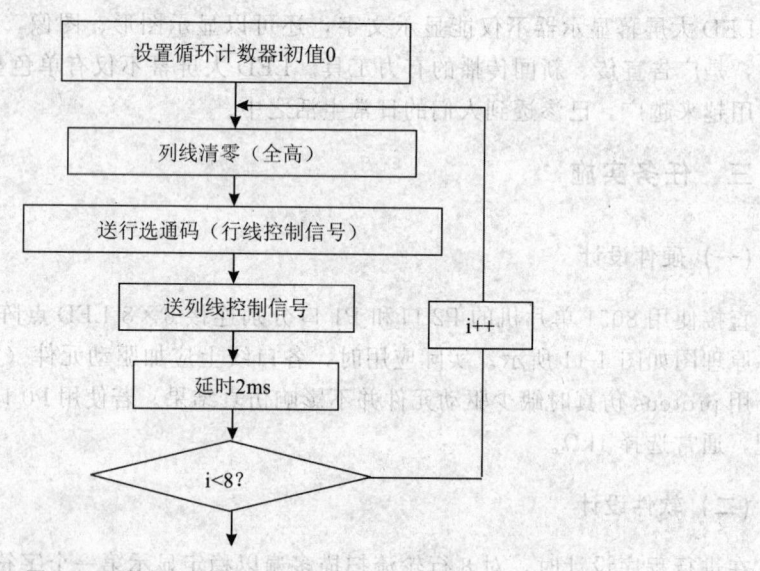

图 4-14 稳定显示某一字符控制流程（显示一屏）

根据上述流程图，设计代码如下：

```
/****************************************************************
功能描述：单个字符"6"显示
控制信号：P2 行控制线，P3 列控制线
****************************************************************/
#include<reg51.h>
```

```c
unsigned char hang [8]={0x01, 0x02, 0x04, 0x08, 0x10, 0x20, 0x40, 0x80};
                                //8个行选码
unsigned char tab_lie [8]={0xE3, 0xCF, 0x9F, 0x83, 0x99, 0x99, 0x99, 0xC3};
                                //字符"6"的列线控制信号
unsigned char i;
/******************************************************************
功能描述：延时1ms*z
入口参数：z
******************************************************************/
void delayxms (unsigned char z)
{
    unsigned char k, j;
    for (; z>=1; z--)
        for (k=20; k>0; k--)
            for (j=25; j>0; j--);
}
/******************************************************************
主程序
******************************************************************/
void main (void)
{
    while (1)
    {
        for (i=0; i<8; i++)
        {
            P3 = 0xff;              //列线清零（全高电平）
            P2 = hang [i];          //送行选通码至P2口
            P3 = tab_lie [i];       //送列线控制信号
            delayxms (2);           //延时
        }
    }
}
```

将keil中生成的hex文件加载到Proteus中，运行，结果如图4-15所示。

在上述代码中，某一显示字符的码字使用一维数组来表示，下面，为了完成显示字符的切换，例如循环显示数字0~9，则考虑使用一个10*8的二维数组来存放码字信号：

```c
unsigned char tab_lie[10][8]={{0xc3,0x99,0x99,0x99,0x99,0x99,0x99,0xc3},//0
                              {0xe7,0xc7,0xe7,0xe7,0xe7,0xe7,0xe7,0xc3}, //1
                              {0xc3,0x99,0xf9,0xf3,0xe7,0xcf,0x9d,0x81}, //2
                              {0xc3,0x99,0xf9,0xe3,0xe3,0xf9,0x99,0xc3}, //3
```

{0xf3,0xe3,0xc3,0x93,0x93,0x93,0x81,0xf3}, //4
{0x81,0x9f,0x9f,0x83,0xf9,0xf9,0x99,0xc3}, //5
{0xe3,0xcf,0x9f,0x83,0x99,0x99,0x99,0xc3}, //6
{0x81,0x99,0xf9,0xf3,0xe7,0xe7,0xe7,0xe7}, //7
{0xc3,0x99,0x99,0xc3,0x99,0x99,0x99,0xc3}, //8
{0xc3,0x99,0x99,0x99,0xc1,0xf9,0xf3,0xc7}};//9

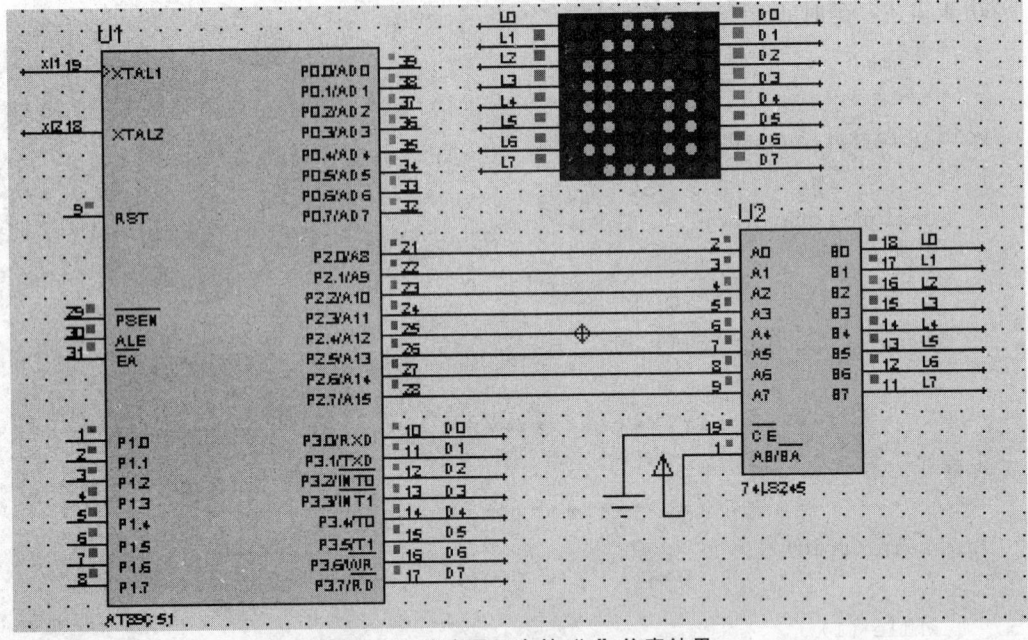

图 4-15 稳定显示字符"6"仿真结果

其中，每一个一维数组表示一个字符的全部 8 个列控制码，tab_lie[k][i] 表示第 k 个字符的第 i 行的列控制码。

多个字符（多幅图像）循环显示的控制流程可在稳定显示一个字符的控制流程的基础上完成，如图 4-16 所示。请读者完成完整流程图的绘制。

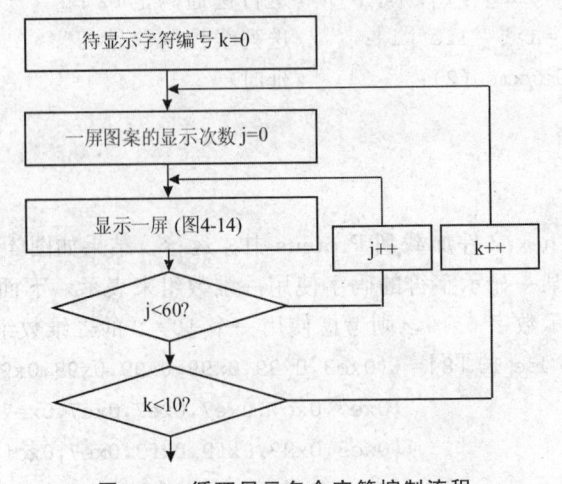

图 4-16 循环显示多个字符控制流程

根据上述控制流程，编写主程序代码如下，请读者自行完成完整代码的设计。
/***
主程序
***/

```c
void main (void)
{
    while (1)
    {
        for(k = 0; k<10; k++)
        {
            for (j = 0; j<60; j++)
            {
                for (i = 0; i<8; i++)
                {
                    P3 = 0xff;
                    P2 = hang [i];
                    P3 = tab_lie [k] [i];
                    delayxms (2);}
            }
        }
    }
}
```

将 keil 中生成的 hex 文件加载到 Proteus 中，运行，观察仿真结果。

任务小结

(1) 本任务的设计与 LED 数码管动态显示很相似，可以对照图 4-4 的连接方式进行分析，同样数码管动态显示的程序也可以参照本任务的方法进行编写。二者最大的区别是 LED 点阵屏显示的内容更丰富些，读者可以通过修改点阵编码来显示所需的内容。

(2) 本设计点阵屏是采用共阳极接法（行选通），二维数组 tab_lie [10] [8] 中的每一个一维数组（8个字节）对应一个字符的点阵代码，而每字节的8位对应于一行中的8个点。值得注意的是：各字节的高位对应于行中左面的点还是右面的点，与单片机 I/O 口和点阵屏 8 条列线的连接顺序有关。

(3) 设计程序时，要根据要求划分模块，优化结构；再根据各模块的特点确定主程序、子程序、中断服务程序以及相互间的调用关系；再根据各模块的性质和功能将各模块细化，设计出程序流程图；最后根据流程图编制具体程序。调试时最好采用 Proteus 和 Keil C 联合调试的方法，这样可以节省很多时间。

(4) 本程序的延时采用循环函数实现，也可以采用定时中断的方式实现，读者可以自己修改后进行实验。另外，延时时间受 50Hz 闪烁频率的限制不能太长，应保证扫描一帧数据所有时间之和在 20ms 以内。因此常用的延时时间控制为 2ms。

任务三　LCD 字符显示器设计

任务目标

- 通过本任务，学习 8051 单片机与字符型液晶显示器的连接方法；
- 理解字符型液晶显示器的工作原理；
- 掌握 LCD 液晶显示器 1602 的基本编程方法；
- 进一步掌握单片机 I/O 口的使用方法与系统调试的过程及方法；
- 掌握字符串数组的使用方法与技巧。

一、LCD 显示及接口

液晶显示器简称 LCD（Liquid Crystal Diodes），是一种利用液晶在电场作用下，其光学性质发生变化以显示图形的显示器。它具有质量高、体积小、重量轻、功耗小等优点。

（一）LCD 的结构和工作原理

LCD 显示器由于类型、用途不同，其性能、结构不可能完全相同，但其基本形态和结构却是一致的。所有液晶显示器件都可以认为是由两片透明导电的电极基板，夹持一个液晶层，封接成一个偏平盒构成的，如图 4-17 所示。

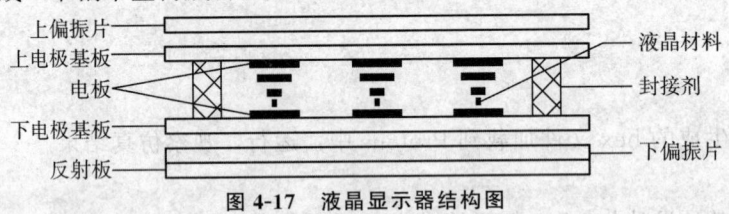

图 4-17　液晶显示器结构图

电极基板是一种表面极其平整的薄玻璃片。液晶材料是液晶显示器件的主体，它是介于晶体和液体之间的物质，具有晶体特有的折射性和液体的流动性特点。偏振片又称偏光片，由塑料膜制成，涂有一层光学压敏胶，可以贴在液晶盒的表面。

LCD 是通过在上、下玻璃电极之间封入液晶材料，利用晶体分子排列和光学上的偏振原理产生显示效果的。液晶本身不发光，它的显示原理是：在没有外加电场时，液晶分子按一定方向整齐排列，这时射入的光线大部分由反射电极反射回来，显示器呈白色。在电极上加电压后，液晶因电离而产生正离子，这些正离子在电场的作用下运动并碰撞液晶分子，打乱了液晶分子的排列规则，射入的光线大部分被散射，使液晶呈现混浊状态，显示器呈暗灰色。对于更加复杂的彩色显示器而言，还要具备专门处理彩色显示的色彩过滤层。

LCD 显示器种类繁多，按排列形状可分为笔段型、点阵字符型（简称字符型）和点阵图形。MCS-51 系统中常用的是笔段型和字符型，点阵图形主要用于图形显示，如笔记本电脑、电视机和游戏机等设备中。

(二) 笔段型 LCD

笔段型（也叫字段型）LCD，是以长条状显示像素组成的字符显示。这种段型显示结构通常有六段、七段、八段、九段、十四段和十六段等，在形状上总是围绕数字"8"的结构而变化。其中以七段显示最常用，该类型 LCD 主要用于数字显示，也可用于显示西文字母或某些字符，这与 LED 数码显示器相似。不同的是 LCD 是采用方波驱动的。当加在笔段（a~g）中某个电极上的方波和公共电极（COM）上的方波信号相同时，相对电压为零，则该笔段不显示；当加在某个笔段电极上的方波与公共电极上的方波信号极性相反时，则有二倍于方波幅值的电压加在液晶上，该笔段被选中而显示。

笔段型 LCD 一般是通过驱动电路与单片机进行接口的，图 4-18 所示的是利用 CC14543 芯片驱动的应用实例。CC14543 芯片是一种常用的 LCD 锁存/译码/驱动集成电路，它的使用十分简单，只要在 LD 端（锁存）加高电平，BI 端（熄灭）加低电平，Ph 端输入方波，A、B、C、D 输入 BCD 码，则在译码笔形输出端就会输出与 Ph 同向或反向的方波（由 BCD 码的笔段译码决定）驱动对应的液晶笔段亮或暗，从而显示出字符。图 4-18 中给出的电路扩展了两个液晶显示片，8051 的 P3.4 提供驱动方波，P1 口提供两位 BCD 码，P2.0、P2.1 提供控制信号。

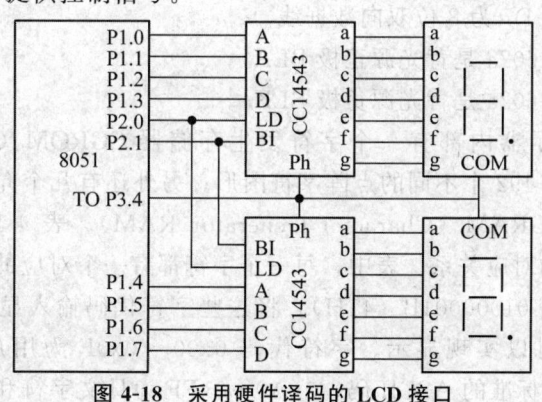

图 4-18 采用硬件译码的 LCD 接口

(三) 字符型 LCD

字符型 LCD 是专门用来显示数字、字母和符号的液晶显示器，它是由若干个 5×7 或 5×10 点阵块组成的字符块集，每个点阵块显示一个字符。这类显示器一般都是将液晶器件、控制驱动器、线路板、背光源等装配在一起的显示模块，简称 LCM（LCD Module），与单片机连接十分方便。不同的液晶显示器，其控制器的结构和指令系统不同，但其控制过程基本相同。下面以常用的字符型液晶显示器 LCD1602 为例介绍其使用方法。

1. LCD1602 液晶显示器结构

LCD1602 是 16 字×2 行的字符型液晶显示器，内部采用一片型号为 HD44780 的集成电路作为控制器，它具有驱动和控制两个主要功能。LCD1602 采用标准的 16 脚接口，其外形图及引脚如图 4-19 所示。

LCD1602 各引脚功能介绍如下。

第 1 脚：V_{SS} 为电源地。

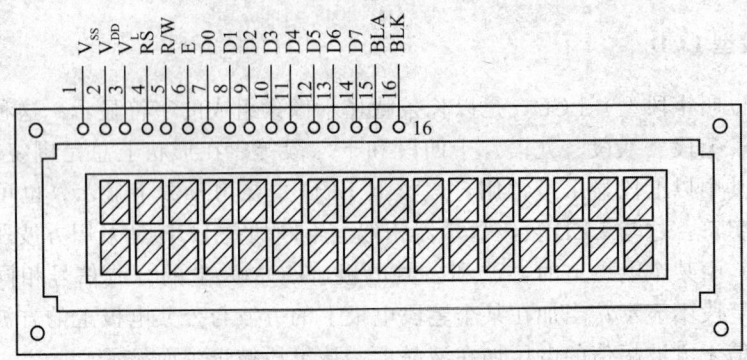

图 4-19　LCD1602 外形及引脚图

第 2 脚：V_{DD} 接 5V 正电源。

第 3 脚：V_L 液晶显示偏压信号，用于驱动 LCD 上的像素点改变颜色所用的电压，此电压可能接近 GND 也可能接近 V_{CC}，视芯片不同而有所不同。

第 4 脚：RS 为寄存器选择，高电平时选择数据寄存器，低电平时选择指令寄存器。

第 5 脚：R/W 为读写信号线，高电平时进行读操作，低电平时进行写操作。

第 6 脚：E 端为使能端，当 E 端由高电平跳变成低电平时，液晶模块执行命令。

第 7~14 脚：D0~D7 为 8 位双向数据线。

第 15 脚：空脚（1602a 是背光源正极 BLA）。

第 16 脚：空脚（1602a 是背光源负极 BLK）。

LCD1602 液晶显示器内部有一个字符发生存储器 CGROM（Character Generator-ROM），它已经存储了 192 个不同的点阵字符图形。另外还有几个允许用户自定义的字符产生存储器，称为 CGRAM（Character Generator RAM）。表 4-1 说明了 CGROM 和 CGRAM 与常用字符的对应关系。表中，每一个字符都有一个对应的代码，比如大写的英文字母 "A" 的代码是 01000001B（41H）。将这些字符代码输入显示缓冲区（数据存储器）DDRAM 中，就可以实现显示。字符代码 0x00~0x0F 为用户自定义的字符图形 RAM。0x20~0x7F 为标准的 ASCII 码，0xA0~0xFF 为日文字符和希腊文字符，其余字符码（0x10~0x1F 及 0x80~0x9F）没有定义。

表 4-1　CGROM 和 CGRAM 与常用字符的对应关系

低 4 位	高 4 位									
	0000	0001	0010	0011	0100	0101	0110	0111	1010	1110	1111
××××0000	CGRAM（1）			0	@	P	、	P		α	P
××××0001	（2）		!	1	A	Q	a	q	。	ä	q
××××0010	（3）		"	2	B	R	b	r	「	β	θ
××××0011	（4）		#	3	C	S	c	s	」	ε	∞
××××0100	（5）		$	4	D	T	d	t	、	μ	Ω
××××0101	（6）		%	5	E	U	e	u	□	σ	Ü
××××0110	（7）		&	6	F	V	f	v	ヲ	ρ	Σ

续表

低4位	高4位										
	0000	0001	0010	0011	0100	0101	0110	0111	1010	1110	1111
×××0111	(8)		，	7	G	W	g	w	┓	g	π
×××1000	(1)		（	8	H	X	h	x	イ	√	
×××1001	(2)		）	9	I	Y	i	y	ウ	−1	y
×××1010	(3)		＊	：	J	Z	j	z	エ	j	千
×××1011	(4)		＋	；	K	[	k	｛	オ	x	万
×××1100	(5)		，	＜	L	￥	l	１			
×××1101	(6)		−	＝	M	］	m	｝	ヱ	÷	
×××1110	(7)		．	＞	N		n	→		ń	
×××1111	(8)		／	？	O	_	o	←		Ö	

除了 CGROM 和 CGRAM 外，HD44780 内部还有一个显示数据存储器 DDRAM（Display Data RAM），用于存放待显示内容，LCD 控制器的指令系统规定，在送待显示字符代码的指令之前，先要送 DDRAM 的地址（待显示的字符的显示位置）。16 字×2 行的 LCD 显示器的 DDRAM 地址与显示位置的对应关系如图 4-20 所示。

00	01	02	03	04	05	06	07	08	09	0A	0B	0C	0D	0E	0F
40	41	42	43	44	45	46	47	48	49	4A	4B	4C	4D	4E	4F

图 4-20　LCD1602 的内部缓冲区地址与显示位置的对应关系

显示字符时要先输入显示字符地址，告诉模块在哪里显示字符，具体方法见下面对表 4-2 中各指令说明的（8）"DDRAM 地址设置"指令。

2. LCD1602 指令系统

LCD1602 的指令实质上就是其控制芯片 HD44780 的指令，其内部控制器有以下 4 种工作状态。

(1) 当 RS=0、R/W=1、E=1 时，从控制器中读出当前的工作状态。

(2) 当 RS=0、R/W=0、E 为下降沿时，向控制器写入控制命令。

(3) 当 RS=1、R/W=1、E=1 时，从控制器读取数据。

(4) 当 RS=1、R/W=0、E 为下降沿时，向控制器写入数据。

使能位 E 对执行 LCD 指令起着关键作用，E 有两个有效状态——高电平和下降沿。当 E 为高电平时，如果 R/W 为 0，则单片机向 LCD 写入指令或者数据；如果 R/W 为 1，则单片机可以从 LCD 中读出状态字（BF 忙状态）和地址。而 E 的下降沿指示 LCD 执行其读入的指令或者显示其读入的数据。

1602 液晶模块内部的控制器 HD44780 共有 11 条控制指令，如表 4-2 所示。它的读写操作、屏幕和光标的操作都是通过指令编程来实现的。

表 4-2　1602 指令表

序号	指令	RS	R/W	D7	D6	D5	D4	D3	D2	D1	D0
1	清显示	0	0	0	0	0	0	0	0	0	1
2	光标返回	0	0	0	0	0	0	0	0	1	×
3	置输入模式	0	0	0	0	0	0	0	1	I/D	S
4	显示开/关控制	0	0	0	0	0	0	1	D	C	B
5	光标或字符移位	0	0	0	0	0	1	S/C	R/L	×	×
6	置功能	0	0	0	0	1	DL	N	F	×	×
7	置字符发生存储器地址	0	0	0	1	字符发生存储器 CGRAM 地址				
8	置显示数据存储器地址	0	0	1	显示数据存储器（缓冲区）DDRAM 地址					
9	读忙标志或地址	0	1	计数器地址（AC）							
10	写数到 CGRAM 或 DDRAM	1	0	要写的数							
11	从 CGRAM 或 DDRAM 读数	1	1	读出的数据							

下面对表 4-2 中各指令进行详细说明。

（1）清显示。指令码 0x01。即将 DDRAM 的内容全部填入"空白"的 ASCII 20H；光标撤回到液晶显示屏的左上方，把地址计数器（AC）的值设置为 00H。

（2）光标复位。指令码 0x02 或 0x03。保持 DDRAM 的内容不变，将光标撤回到显示器的左上方，把地址计数器（AC）的值设置为 00H。

（3）模式设置。设定每次写入 1 位数据后光标的移位方向，并且设定每次写入的一个字符是否移动。参数设定的情况如表 4-3 所示。

表 4-3　模式参数设置情况

I/D	S	设定的情况
0	0	光标左移一格且地址计数器（AC）值减 1
0	1	显示器字符全部右移一格，但光标不动
1	0	光标右移一格且地址计数器（AC）值加 1
1	1	显示器字符全部左移一格，但光标不动

（4）显示开关控制。

D：控制整体显示的开与关，D=1 开显示，D=0 关显示。

C：控制光标的开与关，C=1 有光标，C=0 无光标。

B：控制光标是否闪烁，B=1 闪烁，B=0 不闪烁。

（5）光标或显示移位。使光标移位或使整个显示屏幕移位。参数设定的情况如表 4-4 所示。

表 4-4　光标或显示移位参数设置情况

S/C	R/L	设定的情况
0	0	光标左移 1 格，且 AC 值减 1
0	1	光标右移 1 格，且 AC 值加 1
1	0	显示器上字符全部左移一格，但光标不动
1	1	显示器上字符全部右移一格，但光标不动

(6) 功能设置命令。设定数据总线位数、显示的行数及字型。

DL：DL＝1 为 4 位总线，DL＝0 为 8 位总线。

N：N＝0 为单行显示，N＝1 为双行显示。

F：F＝0 显示 5×7 的点阵字符，F＝1 显示 5×10 的点阵字符。

(7) 字符发生器 CGRAM 地址设置。设定下一个要存入数据的 CGRAM 的地址。指令码 0x40＋"地址"，0x40 是设定 CGRAM 地址命令，"地址"是指要设置 CGRAM 的地址。

(8) DDRAM 地址设置。设定下一个要存入数据的 DDRAM 的地址。指令码 0x80＋"地址"，0x80 是设定 DDRAM 地址的命令，"地址"是指要写入的 DDRAM 地址。比如要在第 2 行第 1 列显示字符"A"，第 2 行第 1 个字符的地址是 40H。因为写入显示地址时要求最高位 D7 恒定为高电平 1（见表 4-2），所以实际写入的地址应该是：

$$01000000B（40H）＋10000000B（80H）＝11000000B（C0H）$$

也就是说地址指针的设置必须在 DDRAM 地址基础上加 80H。然后再往 DDRAM 中写入"A"的字符代码 0x41，这样，LCD 的第 2 行第 1 列就会出现字符"A"了。

需要注意的是：DDRAM 的内容对应于要显示的字符代码（或叫字符地址），而 DDRAM 的地址就对应于显示字符的位置。总而言之，希望在 LCD 的某一特定位置显示某一特定字符，一般要遵循"先指定地址，后写入内容"的原则，但如果希望在 LCD 上显示一字符串，并不需要每次写字符码之前都指定一次地址，这是因为液晶控制模块中有一个计数器叫地址计数器 AC（Address Counter）。地址计数器的作用是负责记录写入 DDRAM 数据的地址，或从 DDRAM 读出数据的地址。

(9) 读忙信号和光标地址。

①读取忙碌信号 BF 的内容。BF：为忙标志位，BF＝1 表示忙，此时模块不能接收命令或者数据，如果为 BF＝0 表示不忙。

②读取地址计数器（AC）的内容。

(10) 写数据。

①将字符码写入 DDRAM，以使液晶显示屏显示相对应的字符。

②将使用者设计的图形存入 CGRAM。

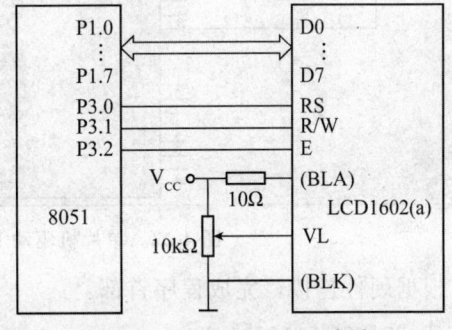

图 4-21 LCD1602 接口电路

(11) 读数据。读取 DDRAM 或 CGRAM 中的内容。

以上结合 LCD1602 液晶显示器介绍了 HD44780 的指令系统，目前市面上的字符型液晶显示器绝大多数是基于 HD44780 液晶芯片的，所以控制原理完全相同。对于其他型号的液晶显示器在使用时请查阅相关的技术手册。

3. LCD1602 与 MCS-51 的接口

图 4-21 所示的是 LCD1602 液晶显示器与 8051 的一种接口方法。其中，P1 为数据端口，P3.0～P3.2 用于三根控制端，VL 用于调整液晶显示器的对比度，接地时，对比度最高；接正电源时，对比度最低。BLA 和 BLK 用于 LCD1602a，LCD1602 无此引出端。

二、任务实施

（一）硬件原理设计

LCD1602 的双向数据引出端直接和 8051 的 P0 口相连接，进行数据的传递。其寄存器选择端 RS、读写信号线 R/W、使能端 E 分别接 8051 的 P2.0、P2.1 和 P2.2。LCD1602 的液晶显示偏压信号 VL 通过电位器 RW 对 +5V 电源进行分压而获得。具体硬件电路原理图如图 4-22 所示。

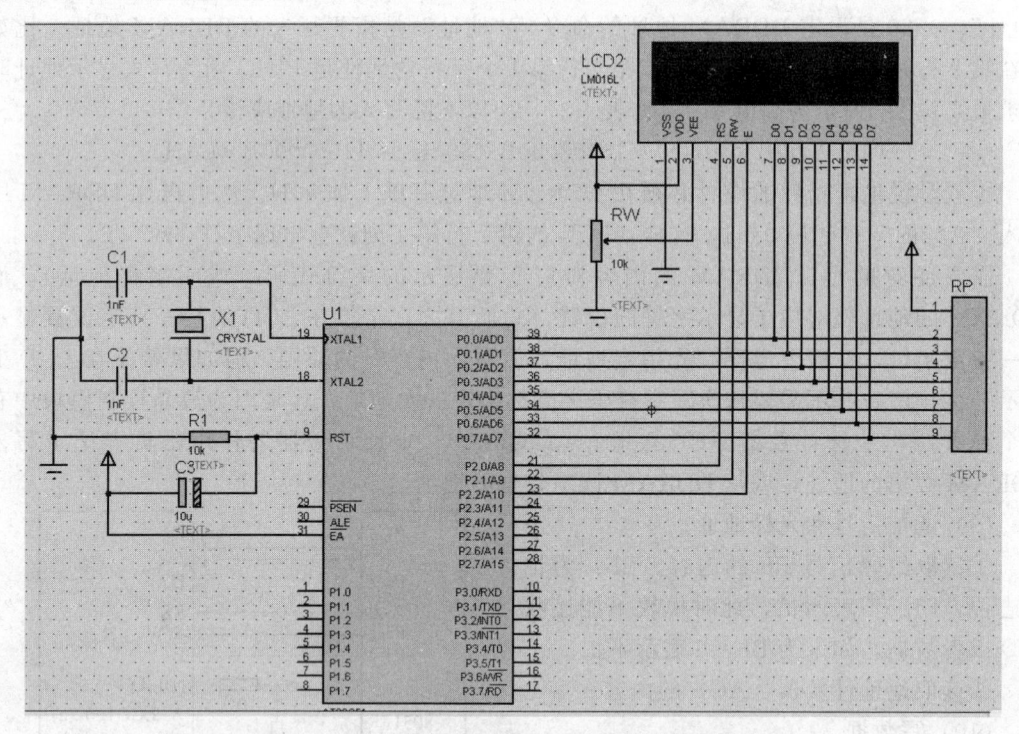

图 4-22　单片机驱动 LCD1602 显示器硬件电路图

根据硬件连接，完成程序首部：

```
#include <reg51.h>         /* define 8051 registers */
#include <stdio.h>         /* define I/O functions */
#include <intrins.h>
sbit RSPIN = P2^0;         //RS 对应单片机引脚
sbit RWPIN = P2^1;         //RW 对应单片机引脚
sbit EPIN  = P2^2;         //E 对应单片机引脚
```

对 LCD1602 的编程分两步完成：

1. 初始化，包括设置液晶控制模块的工作方式，如显示模式控制、光标位置控制等。
2. 显示控制，包括对 LCD1602 写入待显示的地址、对 LCD1602 写入待显示字符数据。

因此，应将"写指令"和"写数据"这两个相对独立的操作以子程序的形式写出，便于主程序中频繁的调用。参照 LCD1602 的 datasheet，编写上述两个子程序如下：

```c
//****************************************************************
//子程序名称：void lcdwc (unsigned char c)
//功能：送控制字到液晶显示控制器
//入口参数：控制指令/显示地址
//****************************************************************
void lcdwc (unsigned char c)              //送控制字到液晶显示控制器子程序
{
    lcdwaitidle ();                       //液晶显示控制器忙检测
    RSPIN = 0;                            //RS = 0 RW = 0 E = 高电平
    RWPIN = 0;
    P0 = c;
    EPIN = 1;
    _nop_ ();
    EPIN = 0;
}
//****************************************************************
//子程序名称：void lcdwd (unsigned char d)
//功能：送数据到液晶显示控制器
//入口参数：待显示字符（ASCII 码）
//****************************************************************
void lcdwd (unsigned char d)              //送控制字到液晶显示控制器子程序
{
    lcdwaitidle ();                       //HD44780 液晶显示控制器忙检测
    RSPIN = 1;                            //RS = 1 RW = 0 E = 高电平
    RWPIN = 0;
    P0 = d;
    EPIN = 1;
    _nop_ ();
    EPIN = 0;
}
//****************************************************************
//子程序名称：void lcdwaitidle (void)
//功能：忙检测
//****************************************************************
void lcdwaitidle (void)                   //忙检测子程序
{   unsigned char i;
    P0 = 0xff;
    RSPIN = 0;                            //RS = 0 RW = 1 E = 高电平
    RWPIN = 1;
```

```
    EPIN = 1;
    for (i = 0; i<20; i++)
        if ((P0&0x80) == 0) break;   //D7=0 表示 LCD 控制器空闲，则退出检测
    EPIN = 0;
}
```

参照 datasheet，对 LCD1602 的初始化操作，就是将表 4-2 中对应控制指令写入 LCD1602 的过程。本任务中初始化程序如下：

/**
子程序名称：void lcdreset（void）
功能：液晶显示控制器初始化
**/

```
void lcdreset (void)              //SMC1602 系列液晶显示控制器初始化子
                                    程序
{                                 //1602 的显示模式字为 0x38
    lcdwc (0x38);                 //显示模式设置（写指令 0x38）第一次
    delay3ms ();                  //延时 3MS
    lcdwc (0x38);                 //显示模式设置第二次
    delay3ms ();                  //延时 3MS
    lcdwc (0x38);                 //显示模式设置第三次
    delay3ms ();                  //延时 3MS
    lcdwc (0x38);                 //显示模式设置第四次
    delay3ms ();                  //延时 3MS
    lcdwc (0x08);                 //显示关闭
    lcdwc (0x01);                 //清屏
    delay3ms ();                  //延时 3MS
    lcdwc (0x06);                 //显示光标移动设置
    lcdwc (0x0c);                 //显示开无光标设置
}
```

下面，先测试在 LCD1602 上显示一个字符"H"的功能：

/**
主程序：显示一个字符 H
**/

```
void main (void)
{   unsigned char i;
    lcdreset ();                  //初始化
    while (1)
    {
        lcdwc (0x00 | 0x80);      //显示位置为：第一行第一位
        lcdwd ('H');
```

}
}

在 keil 中编译连接，生成 hex 文件，并加载到 Proteus 软件中，运行，得到如图 4-23 所示结果。请读者尝试修改显示位置，分别在第一行居中和第二行居中显示该字符。

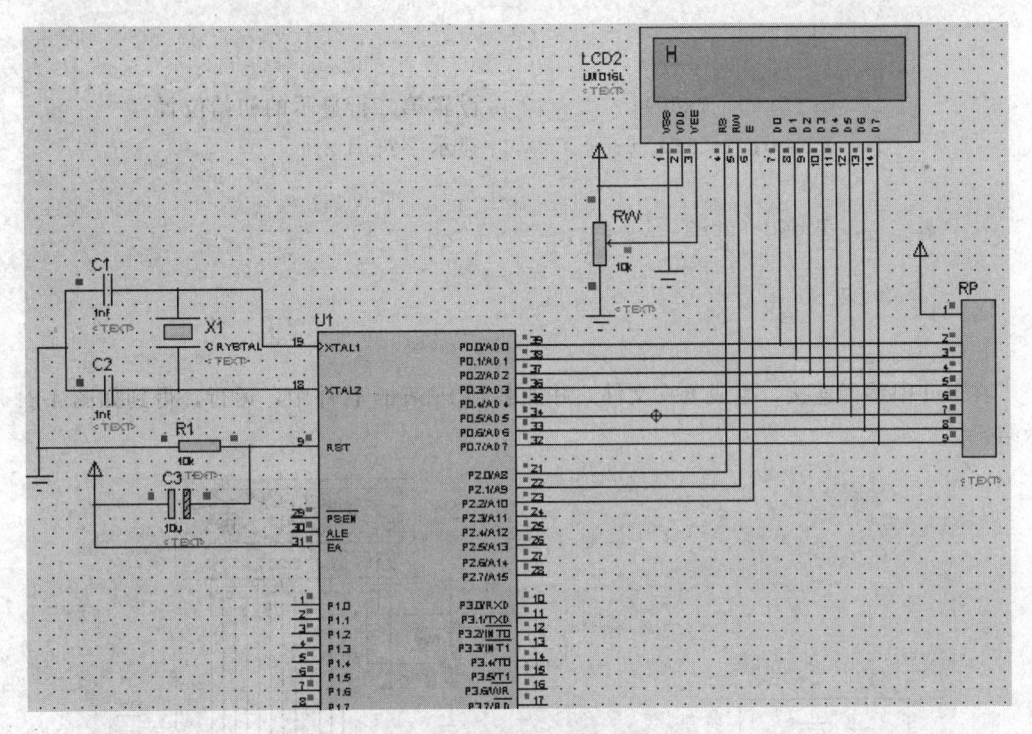

图 4-23　Proteus 仿真结果

下面，尝试在液晶上显示字符串，假设要求的显示效果为：第一行显示"HELLO!"第二行显示"Welcome To ZHCPT"，均居中显示。

利用 C 语言中的字符串数组功能完成，因此，首先定义两个字符串数组：

unsigned char str1 [] = " HELLO!";
unsigned char str2 [] = " Welcome To ZHCPT";

由于在初始化程序中写入了控制字 0x06（光标自动右移，地址计数器自动+1 方式），因此，在每行显示字符串时，只需对 LCD1602 写入显示的初始位置，后续循环写入待显示字符即可。主程序设计如下：

/**
主程序：显示字符串
**/
void main (void)
{   unsigned char i;
    lcdreset ();   //初始化
    while (1)
    {

```
        lcdwc (0x05 | 0x80);      //设置第一行显示的初始位置
        for (i = 0; i<6; i++)     //显示字符串 1
        {
            lcdwd (str1 [i]);
        }


        lcdwc (0x40 | 0x80);      //设置第二行显示的初始位置
        for (i = 0; i<16; i++)    //显示字符串 2
        {
            lcdwd (str2 [i]);
        }
    }
}
```

在 keil 中编译连接,生成 hex 文件,并加载到 Proteus 软件中,运行,得到如图 4-24 所示结果。

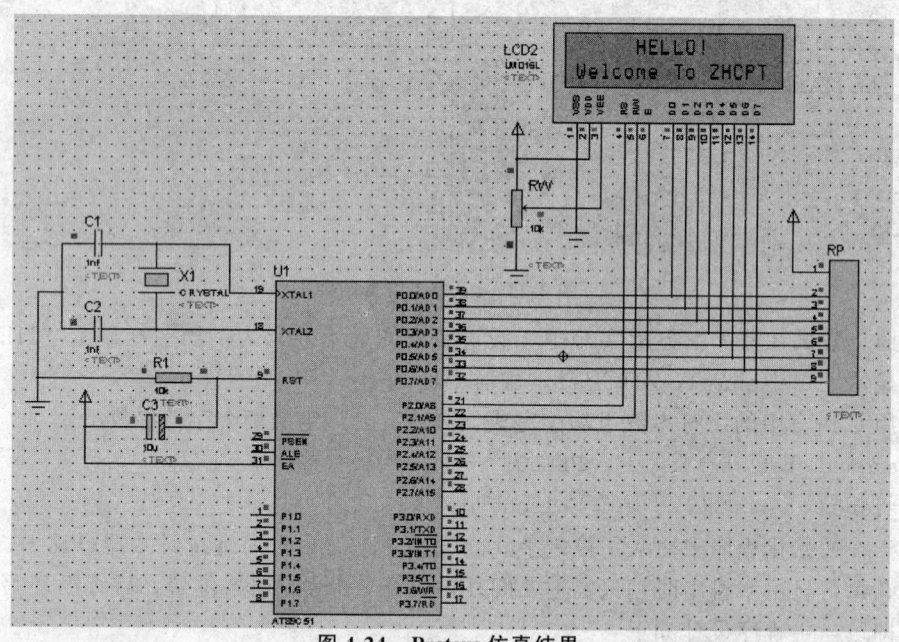

图 4-24 Proteus 仿真结果

任务小结

(1) 本任务的设计是利用字符型液晶显示器 LCD1602 与单片机连接,实现字符串的显示,在字符型液晶显示器的应用当中算是最简单的了。LCD1602 与 8051 单片机连接很方便,可以说 8051 的 4 个并行 I/O 接口都可以与 LCD1602 的数据线和控制线相连,本例数据线连接用的是 P0 口,而控制线连接用的是 P2 口。

(2) LCD1602 进行软件设计,首先必须详细了解 HD44780 的指令系统,掌握其初始化及地址和数据的传送方式,再结合以前所学内容,本任务的程序设计就没太大困难。本例的设计思路是,通电后设定为 8 位接口,两行显示模式,5×7 点阵显示;设定光标自动右移，地址计数自动+1模式，显示不移动；设定显示开，无光标模式；清除显示。设定完成，可以向 DDRAM 写入要显示的数据进行显示。

任务四　制作 4×4 阵列式键盘按键

任务目标

- 了解各类键盘的工作原理；
- 了解数码管显示 4×4 阵列式键盘按键硬件的设计原理；
- 掌握数码管显示 4×4 阵列式键盘按键的软件设计方法。

一、键盘及其接口

键盘由一组按键组成，一个按键实际上是一个开关元件。在单片机系统中实现向单片机输入数据、传送命令等功能，是人工干预单片机的主要手段。键盘分为非编码键盘和编码键盘，由软件完成对按键闭合状态识别的称为非编码键盘，由专用硬件实现对按键闭合状态识别的称为编码键盘。本教材主要讨论非编码键盘及其接口电路。非编码键盘的按键排列有独立式和矩阵式两种结构。

（一）独立式键盘

1. 独立式键盘结构

独立式按键是指直接用 I/O 口线构成的按键电路。每个按键单独占用一根 I/O 口线，各 I/O 口线之间的工作状态互不影响。独立式按键的典型应用如图 4-25 所示。若没有按键按下，则所有的数据输入线都处于高电平状态；当任何一个键按下时，与之相连的数据输入线将被拉成低电平。要判断是否有键按下，只需查询端口是否出现低电平的情况，以此判断哪个按键被按下。

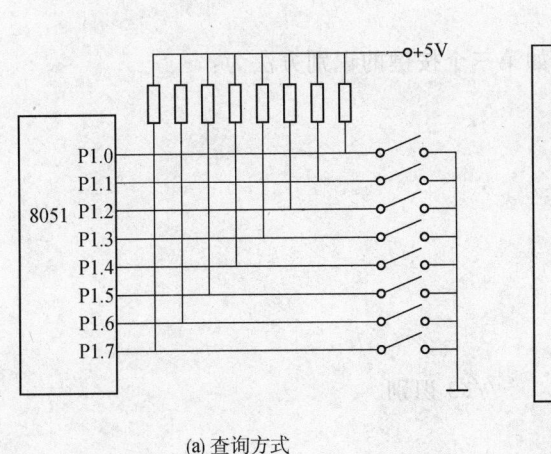

(a) 查询方式　　　　　　　　　　(b) 中断方式

图 4-25　独立式键盘电路

在图 4-25 所示的电路中，按键输入都采用低电平有效，上拉电阻保证了按键断开时，各 I/O 口线有确定的高电平。当 I/O 内部有上拉电阻时，外电路的上拉电阻可以省去。独立式键盘接口电路配置灵活，软件结构简单，但每个按键必须占用一根 I/O 口线，在键数较多时，I/O 口线浪费较大，故只在按键数量不多时才采用这种键盘结构。

2. 独立式键盘的软件设计

独立式键盘的软件设计可采用中断方式和查询方式。中断方式下，按键往往通过与门连接到外部中断$\overline{INT0}$、$\overline{INT1}$或 T0、T1 的接口上，见图 4-25（b）。编写程序时，需要在主程序中将相应的中断允许打开，各个按键的功能应在相应的中断子程序中编写完成。查询方式是：逐位查询连接按键的每根 I/O 口线的输入状态，如某一根 I/O 口线的输入为低电平，则可确认该 I/O 口线所对应的按键已按下，然后再转向该键的功能处理程序。比如图 4-25（a）中的 8 个开关接在 P1 口，在识别按键时将 P1 口的值分别与 0x01、0x02、0x04、0x08、0x10、0x20、0x40、0x80 进行"与"操作，如果相"与"之后为 0，表明对应的键已按下。

查询方式的程序如下：

```c
#include<reg51.h>
void main (void)
{
    P1 = 0xFF;                              //作为输入，首先输出高
    while (1)
    {
        if     ((P1&0x01) == 0)…;    //为真则 P1.0 对应键按下，执行 1#键功能
        else if ((P1&0x02) == 0)…;    //为真则 P1.1 对应键按下，执行 2#键功能
        else if ((PI&0x04) == 0)…;    //为真则 P1.2 对应键按下，执行 3#键功能
        else if ((P1&0x08) == 0)…;    //为真则 P1.3 对应键按下，执行 4#键功能
        else if ((PI&0x10) == 0)…;    //为真则 P1.4 对应键按下，执行 5#键功能
        …                              //其他键识别
    }
}
```

另外也可对各键单独进行 sbit 定义，如第三个按键的识别方法为：

```c
…
sbit  K3  =  P1^2;
void main (void)
{
    P1 = 0xFF;
    while (1)
    {
        if (K3 == 0)              //K3 识别
        {
            …                      //K3 功能
```

```
        }
    ...                    //其他键识别
        }
}
```

在上述程序中,没有考虑按键的抖动问题,实际应用时要经过延时后再次确认键是否被按下(见矩阵式键盘按键的识别)。

(二)矩阵式键盘

独立式按键只能用于键盘数量要求较少的场合,在单片机系统中,当按键数较多时,为了节省 I/O 口线,通常采用矩阵式又称行列式键盘。

1. 矩阵式键盘的结构及原理

矩阵式键盘也叫阵列式键盘,它由行线和列线组成,按键位于行、列线的交叉点上,设键盘中有 $m\times n$ 个按键,采用矩阵式结构需要 $m+n$ 条口线,显然,在按键数量较多时,矩阵式键盘较独立式按键键盘要节省很多 I/O 口。矩阵式键盘中,行、列线分别连接到按键开关的两端,行线(或列线)通过上拉电阻接+5V(I/O 口内部若有上拉电阻,片外可不接)。图 4-26 所示的是一个 4×4 的矩阵式键盘,它需要 $4+4=8$ 条口线。

2. 矩阵式键盘按键的识别

当无键按下时,所有的行线与列线断开,行线都处于高电平状态;当有键按下时,则该键所对应的行、列线将短接导通,此时,行线电平将由与此行线相连的列线电平决定。这是识别按键是否按下的关键。然而,矩阵键盘中的行线、列线和多个键相连,各按键按下与否均影响该键所在行线和列线的电平,即各按键间将相互影响,因此,必须将行线、列线信号配合起来作适当处理,才能确定闭合键的位置。识别按键的方法很多,其中最好的方法是扫描法。

下面以图 4-26 中 K9 键的识别为例来说明利用扫描法识别按键的过程。

(1) 判断键盘上有无按键闭合。由单片机向所有列线输出低电平"0",然后读行线的状态,若全为高电平"1",则说明键盘上没有按键闭合;若行线不为全"1",则表明有键按下。例如 K9 键按下时,行线 X2 一定为低电平"0"。

(2) 消抖处理。当判断有键闭合后,需要进行消抖处理。按键是一种机械开关,其机械点在闭合或断开瞬间,会出现电压抖动现象。为了保证按键识别的准确性,可采用硬件和软件两种方法进行消抖处理。硬件方法可采用 RS 触发器等消抖电路。硬件方法需要增加元件,电路较复杂。软件上采取的措施是:在 CPU 检测到有按键按下时,先调用执行一段延时程序后,再检测此按键,若仍为按下状态电平,则 CPU 确认该键确实被按下,否则认为是按键的抖动。延时子程序的具体时间应根据所使用的按键情况进行调整,一般为 5ms 左右。

(3) 判别键号。将列线中的一条置"0"其余为"1",若该列无键闭合,则所有的行线状态均为"1";若有键闭合,则相应的行线会为"0",依次将列线置"0",读取行线状态,根据行列线号可获得键号。在图 4-26 中,若列线 Y1 输出为"0"时,读出行线 X2 为低电平"0",则列线 Y1 与行线 X2 相交的键(K9 键)处于闭合状态。

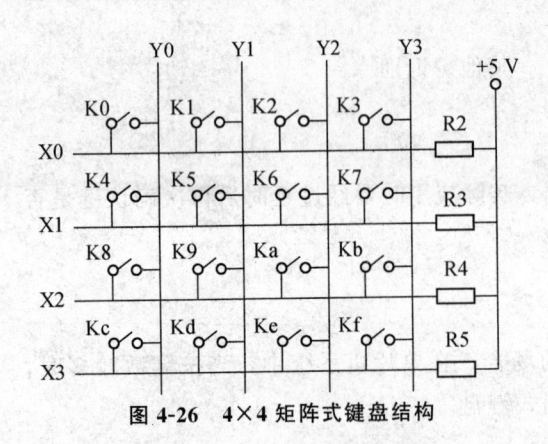

图 4-26 4×4 矩阵式键盘结构 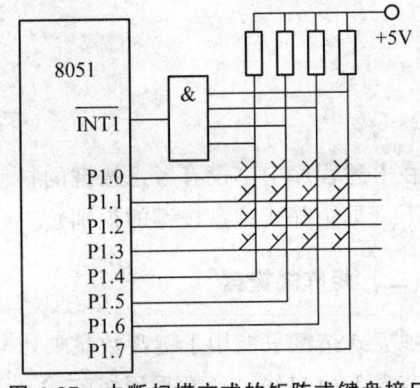　　　　图 4-27 中断扫描方式的矩阵式键盘接口

(4) 键的释放。再次延时判定闭合键释放，键释放后将键号保存，然后执行处理按键对应的功能操作。

3. 矩阵式键盘的工作方式

在单片机应用系统中，键盘扫描只是 CPU 的工作内容之一。CPU 对键盘的响应取决于键盘的工作方式，键盘的工作方式应根据实际应用系统中 CPU 的工作状况而定，其选取的原则是既要保证 CPU 能及时响应按键操作，又不要过多占用 CPU 的工作时间。通常键盘的工作方式有三种，即编程扫描、定时扫描和中断扫描。

(1) 编程扫描方式。编程扫描方式利用 CPU 完成其他工作的空余时间来调用键盘扫描子程序，响应键盘输入的要求。在执行键盘功能程序时，CPU 不再响应键盘输入要求，直到 CPU 重新开始扫描键盘为止。

(2) 定时扫描方式。定时扫描方式就是每隔一段时间对键盘扫描一次。它利用单片机内部的定时器产生一定时间（如 10ms）的定时，当定时时间到就产生定时器溢出中断，CPU 响应中断后对键盘进行扫描，并在有键按下时识别出该键，再执行该键的功能程序。由于中断返回后要经过 10ms 后才会再次中断，相当于延时 10ms，因此程序无须再延时。定时扫描方式的硬件电路与编程扫描方式相同。

(3) 中断扫描方式。采用上述两种键盘扫描方式时，无论是否按键，CPU 都要定时扫描键盘，而单片机应用系统工作时并不是经常需要键盘输入，因此，CPU 经常处于空扫描状态。为提高 CPU 的工作效率，可采用中断扫描方式。图 4-27 所示的是一种简易的按中断扫描方式工作的 4×4 矩阵键盘接口电路，其工作过程如下：当无键按下时，CPU 处理其他工作；当有键按下时，将有一条列线降为低电平，通过与门向单片机发出中断请求，CPU 转去执行键盘扫描子程序，并识别键号。

二、任务实施

(一) 硬件设件

数码管显示 4×4 阵列式键盘按键硬件电路如图 4-28 所示。4×4 阵列式键盘的 8 个引出线直接连接到 8051 的 P3 口上，其中行线接 P3.0～P3.3，列线接 P3.4～P3.7。显示用数码管接至 8051 的 P0 口，P0 口直接输出数码管的显示代码（对于本设计来说实际上只用到 P0 口的 7 条线）。图中 RP 是电阻排，用做 P0 口的上拉电阻。

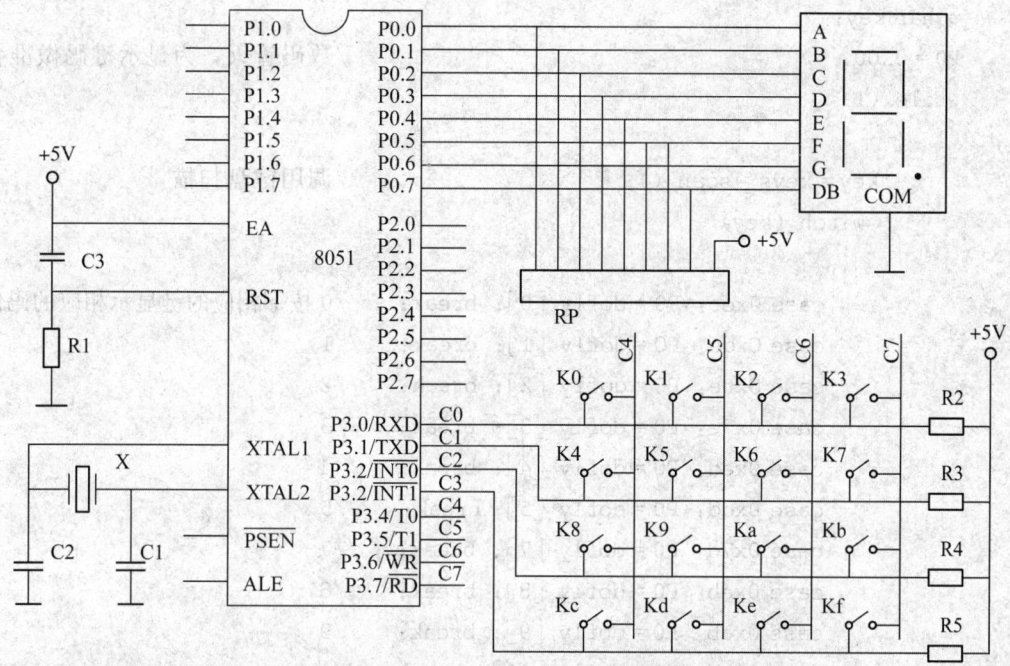

图 4-28 数码管显示 4×4 阵列式键盘按键硬件原理图

（二）软件设计

因为本设计任务功能比较简单，所以可以采用编程扫描的工作方式进行设计。

数码管显示 4×4 阵列式键盘按键源程序如下：

/**

程序名：数码管显示 4×4 阵列式键盘按键

模块名：AT89C51

功能描述：当有按键按下时，LED 数码管显示键盘的按键编号以指示当前所按的是哪个键

**/

```
#include <reg52.h>
#define uchar unsigned char
#define uint unsigned int
uchar const dofly [] =
{ 0x3f, 0x06, 0x5b, 0x4f, 0x66, 0x6d, 0x7d, 0x07,
0x7f, 0x6f, 0x77, 0x7c, 0x39, 0x5e, 0x79, 0x71}; //0~F 的显示代码
uchar keys_scan ();
void delay (uint i);
//主程序
```

```c
void main ()
{
    uchar key;
    P0 = 0x00;                              //数码管灭，为显示键码做准备
    while (1)
    {
        key = keys_scan ();                 //调用键盘扫描
        switch (key)
        {
            case 0xee: P0 = dofly [0]; break;   //0 按下相应的键显示相应的码值
            case 0xde: P0 = dofly [1]; break;   //1
            case 0xbe: P0 = dofly [2]; break;   //2
            case 0x7e: P0 = dofly [3]; break;   //3
            case 0xed: P0 = dofly [4]; break;   //4
            case 0xdd: P0 = dofly [5]; break;   //5
            case 0x7d: P0 = dofly [7]; break;   //7
            case 0xeb: P0 = dofly [8]; break;   //8
            case 0xdb: P0 = dofly [9]; break;   //9
            case 0xbb: P0 = dofly [10]; break;  //a
            case 0x7b: P0 = dofly [11]; break;  //b
            case 0xe7: P0 = dofly [12]; break;  //c
            case 0xd7: P0 = dolly [13]; break;  //d
            case 0xb7: P0 = dofly [14]; break;  //e
            case 0x77: P0 = dofly [15]; break;  //f
        }
    }
}
/****************************************************************
函数名称：keys_scan
函数功能：键盘扫描函数
返回值：返回键盘码，高 4 位为行码，低 4 位为列码
****************************************************************/
uchar keys_scan ()
{
    uchar cord_h, cord_l;                   //行列值
    P3 = 0x0f;                              //列线输出全为 0
    cord_h = p3 & 0x0f;                     //读入行线值
    if (cord_h! = 0x0f)                     //先检测有无按键按下
    {
```

```
            delay (100);                                    //消抖动
            cord_h = P3&0x0F;
            if (cord_h! = 0x0f)
            {
                P3 = cord_h | 0xf0;
                cord_l = P3&0xf0;
                return (cord_h + cord_l);
            }
        }
    return (0xff);
}
/****************************************************************
函数名称：delay
函数功能：延时函数
入口参数：参数 i 控制循环次数，从而控制延时时间长短
****************************************************************/
void delay (uint i)
{
    while (i--);
}
```

（三）Proteus 仿真

数码管显示 4×4 阵列式键盘按键的 Proteus 仿真图如图 4-29 所示。

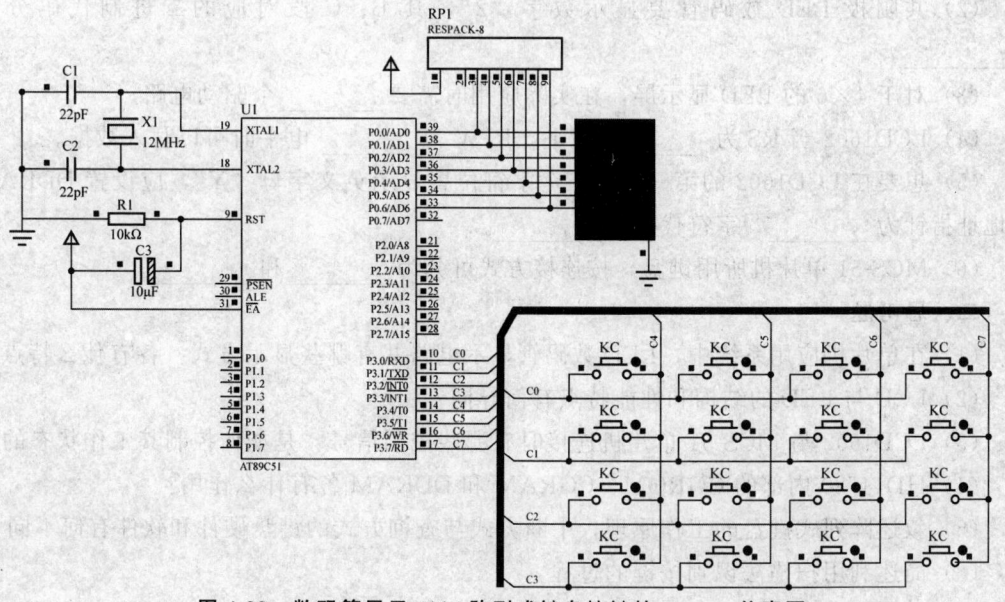

图 4-29 数码管显示 4×4 阵列式键盘按键的 Proteus 仿真图

任务小结

本设计是用数码管显示 4×4 阵列式键盘的按键代号。在硬件设计时不必在按键代号上考虑过多，只要选择合适的 I/O 口线将阵列式键盘的引出线分别连接就行了，至于按键代号，可在电路画好之后再编。按下一个键让数码管显示什么内容是由设计者决定的。需要注意的是每个按键的两端要分别接到行线和列线上，不能都接到行线或列线上。只要接好后，行线和列线的意义是不同的。软件设计的重点内容就是按键的识别方法，要严格按文中介绍按键识别过程的 4 个步骤进行。

项目总结

本项目通过四个任务，重点介绍了单片机与 LED 数码管、点阵式 LED 显示器、LCD 字符液晶显示器等常见的电子显示器件，以及键盘输入器件之间的接口及编程应用。学完本项目后，要求：

(1) 掌握 8051 与 LED 数码管、点阵式 LED 显示器、LCD 液晶显示器之间的接口设计，熟悉其编程步骤及技巧。

(2) 理解 LED 数码管的静态和动态显示的区别。

(3) 理解点阵式 LED 动态显示和 LCD 液晶显示的工作原理及应用。

(4) 掌握独立式按键和矩阵式按键的接口设计方法及编程。

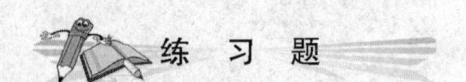

练 习 题

一、填空题

(1) LED 数码管按其内部电路连接方式可分为_____和_____两种结构。

(2) 共阴极 LED 数码管要显示数字 "2"，其 B、C 段对应的二进制代码分别为_____。

(3) 对于 4×6 的 LED 显示屏，在实际应用时需要_____个驱动电路。

(4) LCD1602 当 RS 为_____电平，R/W 为_____电平时可以写入数据。

(5) 想要在 LCD1602 的第一行第三个字符位置显示英文字母 "Y"，应设置 DDRAM 的地址指针为_____，字符代码是_____。

(6) MCS-51 单片机所用键盘，按连接方式可分为_____和_____。

二、思考题

(1) 在单片机应用系统中，LED 数码管显示电路共有哪些显示方式？各有什么特点？

(2) LCD 与 LED 的结构和性能特点有何异同？

(3) LCD1602 与 MCS-51 单片机连接时有哪些控制信号？是如何控制其工作状态的？

(4) HD44780 内部的 CGROM、CGRAM 和 DDRAM 各有什么作用？

(5) 叙述阵列式键盘的工作原理，中断方式与查询方式的键盘硬件和软件有何不同？

(6) 简述利用扫描法识别按键的过程。

(7) 对于由机械式按键组成的键盘，应如何消除按键抖动？独立式按键和矩阵式按键分别具有什么特点？适用于什么场合？

(8) 按照图 4-6 所示电路，利用"数组"重新编程使数码管显示 012345。

(9) 按照图 4-11 所示电路，编程使 LED 点阵显示"心"的形状。

(10) 以 8051 的 P2.0~P2.3 为列线端口，P2.4~P2.7 为行线端口，设计一个以中断扫描方式工作的 4×4 阵列式键盘电路，并说明其中断程序的编写方法。

项目五　制作单片机之间的通信系统

任务一　测试串行口的通信状态

任务目标

➤ 熟练掌握 MCS-51 单片机串行通信的原理、方式；
➤ 熟练掌握 MCS-51 单片机串行通信口的结构与工作原理；
➤ 熟练掌握 MCS-51 单片机串行口通信测试的实现方法和步骤。

一、了解串行通信

1. 串行通信与并行通信

计算机与外界的信息交换（数据传输）称为通信。通信方式有两种：并行通信与串行通信，分别如图 5-1（a）和图 5-1（b）所示。

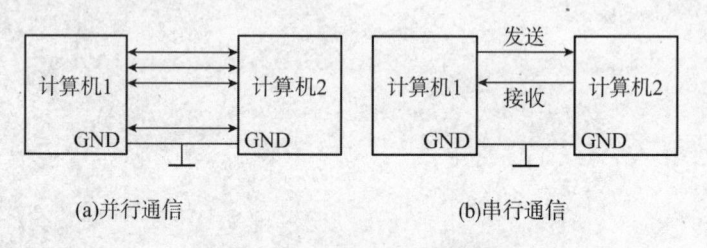

(a)并行通信　　　　　　　(b)串行通信

图 5-1　并行通信与串行通信

串行通信的数据传输是在单根数据线上、逐位顺序传送的，其通信速度慢，但仅使用一根或两根传输线，大大降低了成本，适合于远距离通信。

在并行通信中，信息传输线的根数与传送的数据位数相等，数据所有位的传输同时进行。其通信速度快，但通信线路复杂、成本高，当通信距离较远、位数多时更是如此。因此并行通信适合于近距离通信。

MCS-51 单片机的并行通信是由其并行接口实现的，同一时刻可以输入或输出 8 位数据；MCS-51 串行通信是由其串行接口实现的。

串行通信中，数据在通信线上的传送方式有 3 种：单工方式、半双工方式和全双工方式，如图 5-2 所示。

➢ 单工方式：这种方式只允许数据按一个固定的方向传送，如图 5-2（a）所示。
➢ 半双工方式：数据可以从 A 站发送到 B 站，也可以由 B 站发送到 A 站。但 A、B 站之间只有一根传输线，因此同一时刻只能作一个方向的传送。其传送方向由收发控制开关 K 切换，如图 5-2（b）所示。平时一般让 A、B 站都处于接收状态，以便能够随时响应对方的呼叫。
➢ 全双工方式：数据可同时在两个方向上传送，如图 5-2（c）所示。

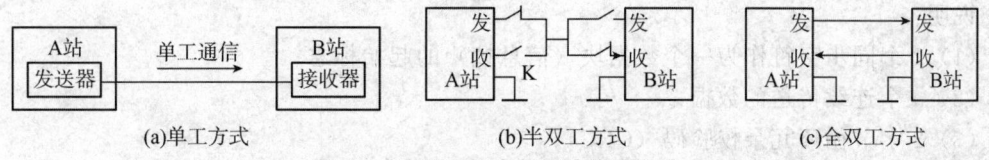

图 5-2 串行通信中数据的传送方式

MCS-51 单片机的串行通信是全双工方式，可随时发送或接收数据。

串行通信有两种基本方式：同步通信和异步通信。

1）同步通信（Synchronous Communication）

所谓同步通信就是一种连续串行传送数据的通信方式，一次通信只传输一帧信息。这里的信息帧和异步通信的字符帧不同，数据传送是以数据块（一组字符）为单位，字符与字符之间、字符内部的位与位之间都同步，通常有若干个数据字符，如图 5-3 所示。图 5-3（a）为单同步字符帧结构，图 5-3（b）为双同步字符帧结构，它们均由同步字符、数据字符和校验字符 CRC 三部分组成。在同步通信中，同步字符可以采用统一的标准格式，也可以由用户约定。

图 5-3 同步通信的字符帧结构

同步串行通信的特点可以概括为：
（1）以数据块为单位传送信息；
（2）在一个数据块（信息帧）内，字符与字符间无间隔；
（3）接收时钟与发送时钟严格同步。

同步通信要求有准确的时钟信号来保证发送端和接收端的严格同步。当距离较近时，可以把发送端的时钟信号接到接收端，作为接收时钟，即发送和接收是同步进行的。每个数据块（信息帧）由 3 个部分组成：同步字符、传送的数据、循环冗余校验码（CRC）。

同步通信时，因可以保证时钟的精确同步，一次可传送大量数据而不产生误差，故是按数据块传送的：把传送的字符顺序连接起来，组成数据块，如图 5-4 所示。在数据块前面添加特殊的同步字符，作为数据块的起始符号，在数据块的后面加校验字符，用于校验通信中是否发生传输错误。同步通信效率，但线路复杂，且仅适合于近距离通信。

| SNY | SNY | 数据1 | 数据2 | ... | 数据n | CRC1 | CRC2 |

2个同步字符　　　　连续几个数据　　　　2字节校验码

图 5-4　2个同步字符的同步通信格式

说明：

（1）2个同步字符作为一个数据块（信息帧）的起始标志；

（2）n个连续传送的数据；

（3）2字节循环冗余校验码（CRC）。

2）异步通信（Asynchronous Communication）

在异步通信中，数据通常是以字符为单位组成字符帧传送的。字符帧由发送端一帧一帧地发送，每一帧数据均是低位在前，高位在后，通过传输线被接收端一帧一帧地接收。发送端和接收端可以由各自独立的时钟来控制数据的发送和接收，这两个时钟彼此独立，互不同步。在异步通信中，接收端是依靠字符帧格式来判断发送端是何时开始发送，何时结束发送的。字符帧格式是异步通信的一个重要指标。字符帧也叫数据帧，由起始位、数据位、奇偶校验位和停止位4部分组成，异步通信的字符帧格式如图5-5所示。

说明：

（1）起始位——位于字符帧开头，只占一位，为逻辑0低电平，用于向接收设备表示发送端开始发送一帧信息；

（2）数据位——紧跟起始位之后，用户根据情况可取5位、6位、7位或8位，低位在前，高位在后；

（3）奇偶校验位——位于数据位之后，仅占一位，用来表征串行通信中采用奇校验还是偶校验，由用户决定；

（4）停止位——位于字符帧最后，为逻辑1高电平，通常可取1位、1.5位或2位，用于向接收端表示一帧字符信息已经发送完，也为发送下一帧作准备。

位数的本质含义是信号出现的时间，故可有分数位，如1.5。

举例说明，若异步通信的速率为9 600b/s，每字符8位，1起始，1.5停止，无奇偶，则实际每帧信息传送10.5位，则耗时10.5/9600比特/每秒。1.5位是时间上的宽度，是一个bit的1.5倍。例如：波特率是1 000b/s，则一个bit的宽度就是1ms，一个停止位就是1ms，而1.5个停止位就是1.5ms。

在串行通信中，两相邻字符帧之间可以没有空闲位，也可以有若干空闲位，这由用户来决定。图5-5（b）表示有3个空闲位的字符帧格式。

异步串行通信的特点可以概括为：

（1）以字符帧为单位传送信息；

（2）相邻两字符帧间的间隔可以是任意长；

（3）接收时钟和发送时钟只要相近就可以。

(a)无空闲位字符帧

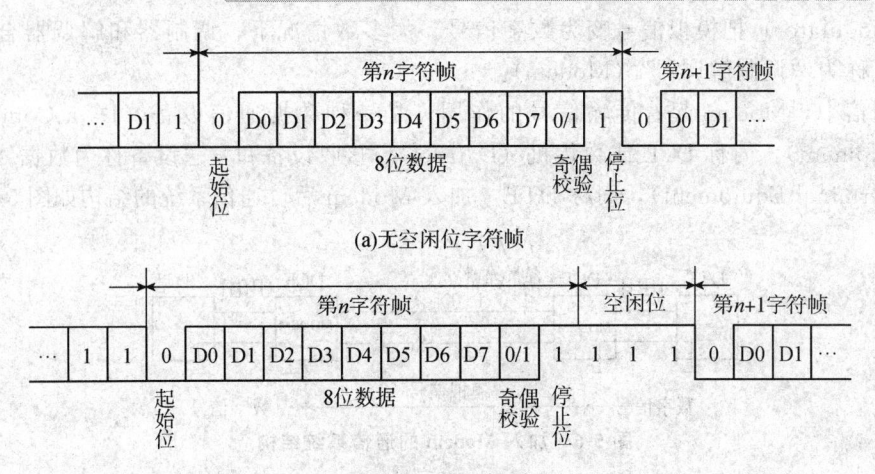

(b)有空闲位字符帧

图 5-5 异步通信的字符帧格式

异步方式的特点简单说就是：字符间异步，字符内部各位同步；字符前面有一个起始位 0，后面有一个停止位 1，各字符之间没有固定的间隙长度，各字符传送的间隙为空闲位 1：当发送端发送时，首先发送一个起始位 0，接收端侦测到数据线上的信号不是表示空闲位的 1 而是 0 时便开始接收数据。

异步通信通常采用通用异步接收/发送器 UART（Universal Asynchronous Receiver/Transmitter）控制实现。MCS-51 单片机片内集成有 UART，可实现异步串行通信。

2. 串行通信的传送速率

在串行通信中，数据是按位进行传送的，因此传送速率用每秒传送格式位的数目表示，称为波特率（Baud Rate）。

$$1 波特 = 1b/s（位/秒）$$

如微型打印机的传送速率为 30 字符/s，每个字符为 10 位，则波特率为：

$$10 位/字符 \times 30 字符/s = 300 位/s = 300b/s$$

可算出每位传送所花费的时间为：

$$T_d = 1/波特率 = 1/300b/s = 3.3ms$$

3. 信号的调制与解调

由于计算机处理的数据为数字信号，当传送这些数字信号时，要求通信线有很宽的频带，对于近距离通信（不超过 30m），可直接采用电缆连接，但对于远距离通信，通常采用电话线来传送信息，而电话线的频带很窄，数字信号经过电话线传送后，会发生严重的畸变。解决这一问题的方法是采用调制与解调，调制常采用调幅、调频、调相等方法。

计算机的通信是要求传送数字信号，而在进行远程数据通信时，通信线路往往是借用现存的公用电话网，但是，电话网是为 300～3400Hz 之间的音频信号设计的，这对二进制数据的传输不适合。为此，在发送时，需要将二进制信号调制成相应的音频信号，以适合在电话网上传输。在接收后时，需要对音频信号进行调解，将其还原成数字信号。

因此，在发送端使用调制器（Modulator）把数字信号转换为模拟信号（该模拟信号携带了数据信号，称为载波信号），模拟信号经通信线传送到接收方，接收方再通过解调器（Demodulator）把模拟信号变为数字信号。大多数情况下，调制器和解调器合在一个装置中，称为"调制解调器"（Modem）。

在通信中，Modem 起着传输信号的作用，是一种数据通信设备（Data Communication Equipment），简称 DCE 或数传机（Dataset），接收设备和发送设备称为数据终端设备（Data Terminal Equipment），简称 DTE。加入 Modem 后，通信系统的结构如图 5-6 所示。

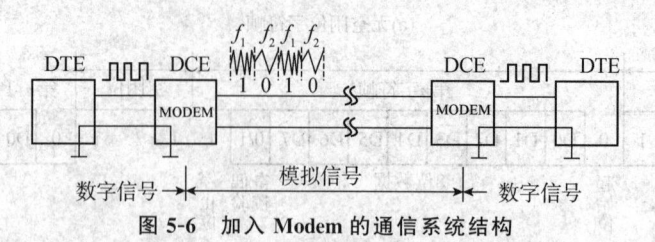

图 5-6 加入 Modem 的通信系统结构

调制信号的方法有：
把采用调频方式的称为 FSK——对应频移键控 FSK 类型的 MODEM；
把采用调相方式的称为 PSK——对应相移键控 PSK 类型的 MODEM；
把采用调幅方式的称为 ASK——对应振幅键控 ASK 类型的 MODEM。

当波特率小于 300 时，一般采用频移控键（FSK）调制方式，或者称为两态调频。它的基本原理是把"0"和"1"两种数字信号分别调制成不同频率的两个音频信号，其原理图如图 5-7 所示。

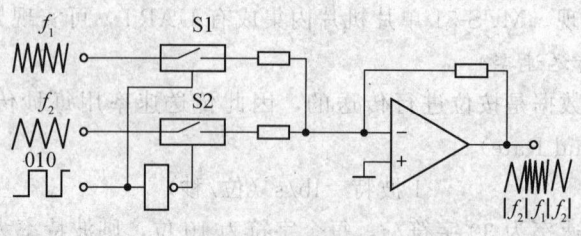

图 5-7 两态调频图

两个不同频率的模拟信号 f_1 和 f_2，分别经过电子开关 S1、S2 送到运算放大器 A 的输入端相加点。电子开关的通/断由外部控制，并且当加高电平时，接通；加低电平时，断开。利用被传输的数字信号（即数据）控制开关。当数字信号为"1"时，使电子开关 S1 接通，送出一串频率较高的模拟信号 f_1；当数字信号为"0"时，使电子开关 S2 接通，送出一串频率较低的模拟信号 f_2。于是这两个不同频率的信号经运算放大器相加后，在运算放大器的输出端，就得到了调制后的两种频率的音频信号。

二、串行通信接口

1. 串行口的结构与工作原理

串行接口电路的种类和型号很多。能够完成异步通信的硬件电路称为 UART，即通用异步接收/发送器 Universal Asynchronous Receiver/Transmitter）；能够完成同步通信的硬件电路称为 USRT Universal Sychronous Receiver/Transmitter）；既能完成异步通信又能完成同步通信的硬件电路称为 USART（Universal Sychronous Asynchronous Receiver/Transmitter）。

项目五 制作单片机之间的通信系统

从本质上说，所有的串行接口电路都是以并行数据形式与 CPU 接口，以串行数据形式与外部逻辑接口的。它们的基本功能都是从外部逻辑接收串行数据，转换成并行数据后传送给 CPU；或 UCPU 接收并行数据，转换成串行数据后输出到外部逻辑。

MCS-51 单片机中的串行接口是一个全双工异步通信接口，能同时进行发送和接收。它既可按 ART 通用异步接收/发送器使用，也可以作为同步移位寄存器使用。其帧格式和波特率可通过软件编程设置，在使用上非常方便灵活。

1）串行口的结构

MCS-51 单片机的串行口主要由两个数据缓冲器 SBUF、一个输入移位寄存器、一个串行控制寄存器 SCON 和一个波特率发生器 T1 组成，其结构如图 5-8 所示。

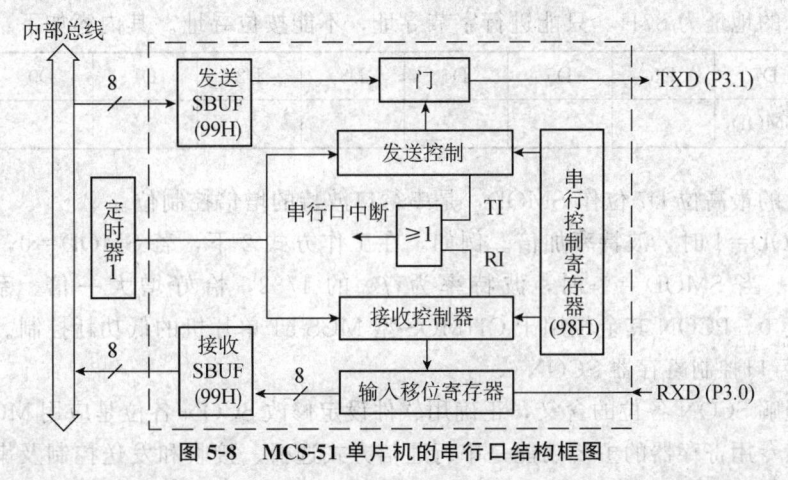

图 5-8 MCS-51 单片机的串行口结构框图

SBUF 是两个在物理上独立的接收、发送寄存器，一个用于存放接收到的数据，另一个用于存放欲发送的数据，可同时发送和接收数据。两个缓冲器共用一个地址 99H，通过对 SBUF 的读、写指令来区别是对接收缓冲器还是发送缓冲器进行操作。CPU 在写 SBUF 时，就是修改发送缓冲器；读 SBUF，就是读接收缓冲器的内容。接收或发送数据，是通过串行口对外的两条独立收发信号线 RXD（P3.0）、TXD（P3.1）来实现的，因此可以同时发送、接收数据，其工作方式为全双工制式。

接收缓冲器是双缓冲的，它是为了避免在接收下一帧数据之前，CPU 未能及时响应接收器的中断，把上一帧数据读走，而产生两帧数据重叠的问题而设置的双缓冲结构。对于发送缓冲器，为了保持最大传输速率，一般不需要双缓冲，这是因为发送时 CPU 是主动的，不会产生写重叠的问题。

特殊功能寄存器 SCON 用来存放串行口的控制和状态信息。T1 用做串行口的波特率发生器，其波特率是否增倍可由特殊功能寄存器 PCON 的最高位控制。

2）串行通信过程

串行通信过程分为接收数据和发送数据，具体过程如下。

（1）接收数据的过程。在进行通信时，当 CPU 允许接收时（即 SCON 的 REN 位置 1 时），外界数据通过引脚 RXD（P3.0）串行输入，数据的最低位首先进入输入移位器，一帧接收完毕再并行送入缓冲器 SBUF 中，同时将接收中断标志位 RI 置位，向 CPU 发出中断请求。CPU 响应中断后，用软件将 RI 位清除，同时读走输入的数据，接着又开始下一帧的输入过程。重复上述过程直至所有数据接收完毕。

（2）发送数据的过程。CPU 要发送数据时，即将数据并行写入发送缓冲器 SBUF 中，同时启动数据由 TXD（P3.1）引脚串行发送，当一帧数据发送完即发送缓冲器空时，由硬件自动将发送中断标志位 TI 置位，向 CPU 发出中断请求。CPU 响应中断后，用软件将 TI 位清除，同时又将下一帧数据写入 SBUF 中。重复上述过程直到所有数据发送完毕。

2. 串行口的控制

MCS-51 串行口的工作方式选择、中断标志、可编程位的设置、波特率的增倍均是通过两个特殊功能寄存器 SCON 和 PCON 来控制的。

1）电源和波特率控制寄存器 PCON

PCON 的地址为 87H，只能进行字节寻址，不能按位寻址。其内容如下：

	D7	D6	D5	D4	D3	D2	D1	D0	
PCON	SMOD								（87H）

PCON 的最高位 D7 位作 SMOD，是串行口波特的增倍控制位。

当 SMOD=1 时，波特率加倍。例如，在工作方式 2 下，若 SMOD=0，则波特率为 f_{osc} 的 1/64；当 SMOD=1 时，波特率为 f_{osc} 的 1/32，恰好增大一倍。系统复位时，SMOD 位为 0。PCON 其余位用于 CHMOS 型 MCS-51 单片机的低功耗控制。

2）串行口控制寄存器 SCON

深入理解 SCON 各位的含义，正确用软件设定修改 SCON 各位是应用 MCS-51 串行口的关键。该专用寄存器的主要功能是串行通信方式选择、接收和发送控制及串行口的状态标志指示等作用。其各位的含义如下：

位	9FH	9EH	9DH	9CH	9BH	9AH	99H	98H
SCON	SM0	SM1	SM2	REN	TB8	RB8	TI	RI	98H

➢ SM0 和 SM1：串行口工作方式选择位，具体如下：

SM0	SM1	工作方式	功　能	波特率
0	0	方式 0	8 位同步移位寄存器	f_{osc}/12
0	1	方式 1	10 位 UART	可变：T1 溢出率/n（n=16、32）
1	0	方式 2	11 位 UART	f_{osc}/64，f_{osc}/32
1	1	方式 3	11 位 UART	可变：T1 溢出率/n（n=16、32）

➢ SM2：允许方式 2 和方式 3 进行多机通信的控制位。在方式 2 和方式 3 中，如果 SM2=1，则串行口接收到第 9 位数据（RB8）为 0 时，不置位 RI（不提出中断请求）；如果 SM2=0，则接收到停止位信息后必置位 RI。在方式 1 中，若 SM2=1，则只有收到有效停止位时才置位 RI。在方式 0 中，SM2 必须是 0。

➢ REN：允许接收控制位。REN=0，禁止串行口接收；REN=1，允许串行口接收。

➢ TB8：工作方式 2 和方式 3 中要发送的第 9 位数据，由软件置位或复位。该位可作为奇偶校验位。在多机通信中，该位用于表示是地址帧还是数据帧。
- RB8：工作方式 2 和方式 3 接收到的第 9 位数据。可能是奇偶校验位或地址/数据标识位。在方式 1 中，若 SM2=0，则 RB8 是接收到的停止位。在方式 0 中，不使用 RB8。
- TI：发送中断标志位。在方式 0 中，当发送完第 8 位数据时，TI 由硬件置位；在其他方式中，TI 在开始发送停止位时由硬件置位。TI=1 时，请求中断，CPU 响应中断后，再发送下一帧数据。在任何方式下，都必须用软件对 TI 清 0。
- RI：接收中断标志位。在方式 0 中，当接收到第 8 位数据时，RI 由硬件置位；在其他方式中，RI 在接收到停止位的中间时刻由硬件置位。RI=1 时，串行口向 CPU 请求中断，CPU 响应中断后，从 SBUF 中取出数据。在任何方式下，都必须用软件对 RI 清 0。

3. 串行口的 4 种工作方式

串行口有 4 种工作方式，串行通信主要使用方式 1、方式 2 和方式 3，方式 0 主要用于扩展并行输入/输出口。

1) 方式 0

串行口工作方式 0 时，串行口作同步移位寄存器使用。在方式 0 下，串行口的 SBUF 作为同步移位寄存器使用，发送 SBUF 相当于一个并入串出的移位寄存器，接收 SBUF 相当于一个串入并出的移位寄存器。在这种方式下，数据从 RXD 端串行输出或输入，不论发送还是接收数据，同步移位信号都从 TXD 端输出，波特率固定不变，为振荡频率的 1/12。该方式是以 8 位数据为一帧，没有起始位和停止位，依次由最低位到最高位发送或接收。这种方式常用于扩展 I/O 口。

(1) 发送过程

当一个数据写入串行口发送缓冲器 SBUF 时，数据从 RXD 端在同步移位脉冲（TXD）的控制下，将 8 位数据以 $f_{osc}/12$ 的波特率从 RXD 引脚一位一位地输出（低位在前），8 位数据全部移出后置中断标志 TI 为 1，请求中断。若 CPU 响应中断，则从 0023H 单元开始执行串行口中断服务程序，数据由 74LS164 并行输出。在再次发送数据之前，必须由软件清 TI 为 0。具体接线图如图 5-9 所示，其中，74LS164 为串入并出移位寄存器，即它能实现数据的串行输入，接收满 8 位后并行输出。

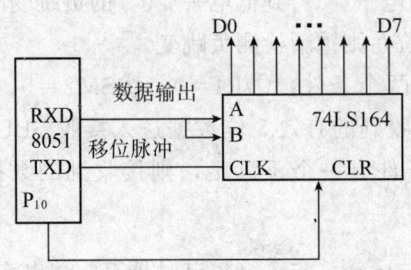

图 5-9 方式 0 用于扩展 I/O 口输出

(2) 接收过程

要实现接收数据，必须首先把 SCON 中的允许接收位 REN 设置为 1，RI 设置为 0。当 REN 设置为 1 时，数据在移位脉冲的控制下，从 RXD 端以 $f_{osc}/12$ 的波特率输入（低位在前）。当接收完 8 位数据后，硬件置位接收中断标志位 RI 为 1，发生中断请求。在再次接收数据之前,必须由软件清 RI 为 0。具体接线图如图 5-10 所示,其中,74LS165 为并入串出移位寄存器。

串行控制寄存器 SCON 中的 TB8 和 RB8 在方式 0 中未用。值得注意的是,每当发送或接收完 8 位数据后,硬件会自动置 TI 或 RI 为 1,CPU 响应 TI 或 RI 中断后,必须由用户用软件清 0。方式 0 时,SM2 必须为 0。

方式 0 中,其波特率是固定的,为 $f_{osc}/12$。

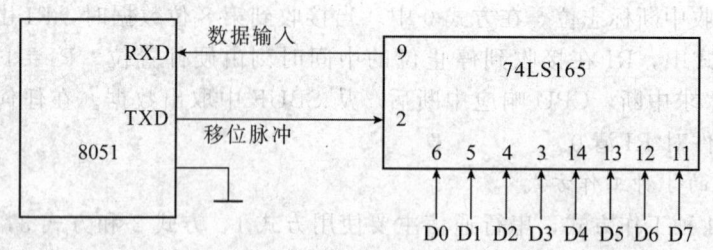

图 5-10 方式 0 用于扩展 I/O 口输入

2) 方式 1

串行口在方式 1 下工作于异步通信方式,规定发送或接收一帧数据有 10 位,包括 1 位起始位、8 位数据位和 1 位停止位。串行口采用该方式时,特别适合于点对点的异步通信。方式 1 的波特率可以改变,如图 5-11 所示。

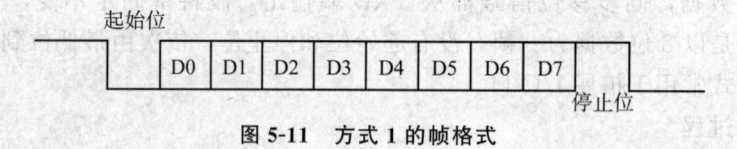

图 5-11 方式 1 的帧格式

(1) 发送过程

在工作方式 1 下发送数据时,CPU 执行一条写入 SBUF 的指令就启动发送,数据从 TXD 引脚输出,发送完一帧数据时,硬件置位中断标志 TI。

(2) 接收过程

当 REN=1 时,接收器对 RXD 引脚进行采样,采样脉冲频率是所选波特率的 16 倍。当采样到 RXD 引脚上出现从高电平"1"到低电平"0"的负跳变时,就启动接收器接收数据。如果接收到的不是有效起始位,则重新检测负跳变。

方式 1 只有在满足以下两个条件:①RI=0,②SM2=0,或接收到的停止位为 1 时,接收到的数据才有效。把接收到的有效 8 位数据送入接收 SBUF 中,停止位送入 RB8 中,并置位 RI。如果以上两个条件有一个不满足,则接收到的数据将被舍去,接收器重新检测 RXD 引脚。

方式 1 的波特率是可变的,为:$\dfrac{2^{SMOD}}{32}\times$ 定时器 T1 溢出率,即为:定时器 1 溢出率/16 或定时器 1 溢出率/32。

3) 方式 2

在方式 2 下帧数据由 11 位组成,包括 1 位起始位、8 位数据位、1 位可编程位(第 9 位数量)、1 位停止位,如图 5-12 所示。第 9 位数据 TB8,可用做奇偶校验或地址/数据标志位，接收数据时，可编程位送入 SCON 中的 RB8。第 9 位数据具有特别的用途，可以通过软件来控制它，再加上特殊功能寄存器 SCON 中 SM2 位的配合，可使 MCS-51 单片机串行口适用于多机通信。方式 2 的波特率固定，只有两种选择，为振荡频率的 1/32 或 1/64，可由 PCON 的最高位选择。

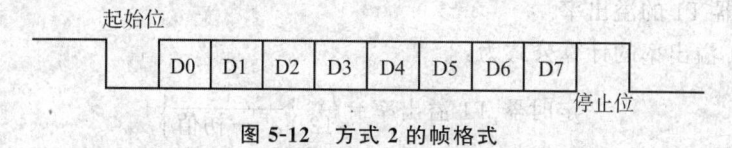

图 5-12 方式 2 的帧格式

(1) 方式 2（和方式 3）的发送过程

发送数据时，CPU 先把第 9 位数据装入 SCON 的 TB8 中，第 9 位数据可用 TB8＝1 或 TB8＝0 来完成，再把要发送的数据送入发送 SBUF。发送器便立即启动发送数据，发送完一帧数据后，硬件置位 TI，发送下一个数据之前，先用软件将 TI 清 0。

(2) 方式 2（和方式 3）的接收过程

当 REN＝1 时，串行口可以接收数据，接收过程类似于方式 1，但必须同时满足两个条件：①RI＝0，②SM2＝0，或接收到的第 9 位数据位为"1"，这样接收到的数据才有效。接收到的有效 8 位数据送入接收 SBUF 中，第 9 位数据装入 RB8，硬件置位 RI。否则，接收到的数据无效，RI 也不置位。

方式 2 的波特率为：$\frac{2^{SMOD}}{64} \times f_{osc}$，即为 $f_{osc}/32$ 或 $f_{osc}/64$。

4）方式 3

方式 3 与方式 2 完全类似，帧格式与方式 2 一样，一帧为 11 位。唯一的区别是方式 3 的波特率是可变的。所以方式 3 也适合于多机通信。

方式 3 的波特率为：$\frac{2^{SMOD}}{32} \times$ 定时器 T1 溢出率，与方式 1 波特率的产生方法相同。

5）串行口波特率的设置

MCS-51 单片机串行口通信的波特率取决于串行口的工作方式。当串行口被定义为方式 0 时，其波特率固定，等于 $f_{osc}/12$。当串行口被定义为方式 2 时，其波特率＝$2^{SMOD}/64 \times f_{osc}$，即当 SMOD＝0 时，波特率＝$f_{osc}/64$；当 SMOD＝1 时，波特率＝$f_{osc}/32$。SMOD 是 PCON 寄存器的最高位，通过软件可设置 SMOD＝0 或 1。因为 PCON 无位寻址功能，所以，要想改变 SMOD 的值，可通过执行以下指令来完成：

PCON& = 0x7f;   //SMOD = 0
PCON |= 0X80;   //SMOD = 1

串行口被定义为方式 1 或方式 3 时，其波特率＝$2^{SMOD} \times$ 定时器 T1 的溢出率/32。定时器 T1 的溢出率，取决于计数速率和定时器的预置值。下面说明 T1 溢出率的计算和波特率的设置方法。

(1) T1 溢出率的计算

串行口的通信波特率随串行口工作方式的不同而不同，除了与系统振荡频率 f_{osc}、电源控制寄存器 PCON 中的 SMOD 位有关外，还与定时器 T1 的设置有关。在串行通信方式 1 和方式 3 下，使用定时器 T1 作为波特率发生器。T1 可以工作于方式 0、方式 1 和方式 2，其中方式 2 为自动装入初值的 8 位定时器，使用时只需进行初始化，不需要安排中断服务程序重装初值，因而在用 T1 作波特率发生器时，常使其工作于方式 2。

实际应用中，选择波特率要考虑所选的通信设备、传输线状况和传输距离等外在因素。为了灵活地设置通信波特率，常采用工作方式 1 或方式 3，为了确定波特率，关键是要计算出定时器 T1 的溢出率。

定时器 T1 溢出率的计算公式为：

$$定时器 T1 溢出率 = \frac{f_{osc}}{12} \left\{ \frac{1}{2^K - 初值} \right\}$$

式中，K 为定时器 T1 计数器的位数，它和定时器 T1 的设定方式有关。即

若定时器 T1 为方式 0，则 $K=13$；

若定时器 T1 为方式 1，则 $K=16$；

若定时器 T1 为方式 2 或 3，则 $K=8$。

其实，定时器 T1 通常采用方式 2，因为定时器 T1 在方式 2 下工作，TH1 和 TL1 设定为 8 位自装入初值的计数器（当 TL1 从初值加"1"直到加为全"0"溢出时，TH1 重新自动将初值装入 TL1）。这种方式，不仅可使操作方便，也可避免因重装初值（时间常数初值）而带来的定时误差。

由上两式可知，方式 1 或方式 3 下所选波特率常常需要通过计算来确定初值，因为该初值是要在定时器 T1 初始化时使用的。

(2) 波特率的设置

由上述可得，当串行口工作于方式 1 或方式 3、定时器 T/C1 工作于方式 2 时：

$$波特率 = 2^{SMOD} \times \frac{定时器 T1 溢出率}{32} = 2^{SMOD} \times \frac{f_{osc}}{32 \times 12 \times (2^8 - X)}$$

当 $f_{osc}=6MHz$，T1 工作于方式 2 时，波特率的范围为 61.04～31 250b/s。

由上式可以看出，当 $X=255$ 时，波特率为最高。如 $f_{osc}=12MHz$，SMOD=0，则波特率为 31.25kb/s；若 SMOD=1，则波特率为 62.5kb/s，这是 $f_{osc}=12MHz$ 时波特率的上限。若需要更高的波特率，则需要提高主振频率。

在实际应用中，一般是先按照所要求的通信波特率设定 SMOD，然后再算出 T1 的时间常数。即

$$X = 2^8 - 2^{SMOD} \times \frac{f_{osc}}{(384 \times 波特率)}$$

三、串行通信技术的应用

【例 5-1】 使用 74LS164 的并行输出端接 8 只发光二极管，利用它的串入并出功能，编写程序把发光二极管从左到右依次点亮，并反复循环，如图 5-13 所示。

分析：串行口工作与方式 0，可通过连接移位寄存器，将串行口扩展成并行输出口或并行输入口。在方式 0（同步串行通信模式）下，RXD 为串行数据传输口，TXD 为同步脉冲输出口。74LS164 是一种 8 位串行输入并行输出的同步移位寄存器，CLK 为同步移位脉冲输入端，与单片机的 TXD 相连；A、B 端相连为串行数据输入端，与单片机的 RXD 口相连；端为并行输出异步清零端，与单片机的 P1.7 口相连，正常移位时该口应保持为

高电平。并行数据从 D7～D0 输出，外接 8 位 LED 显示。在 Proteus 中绘制电路原理如图 5-13 所示。

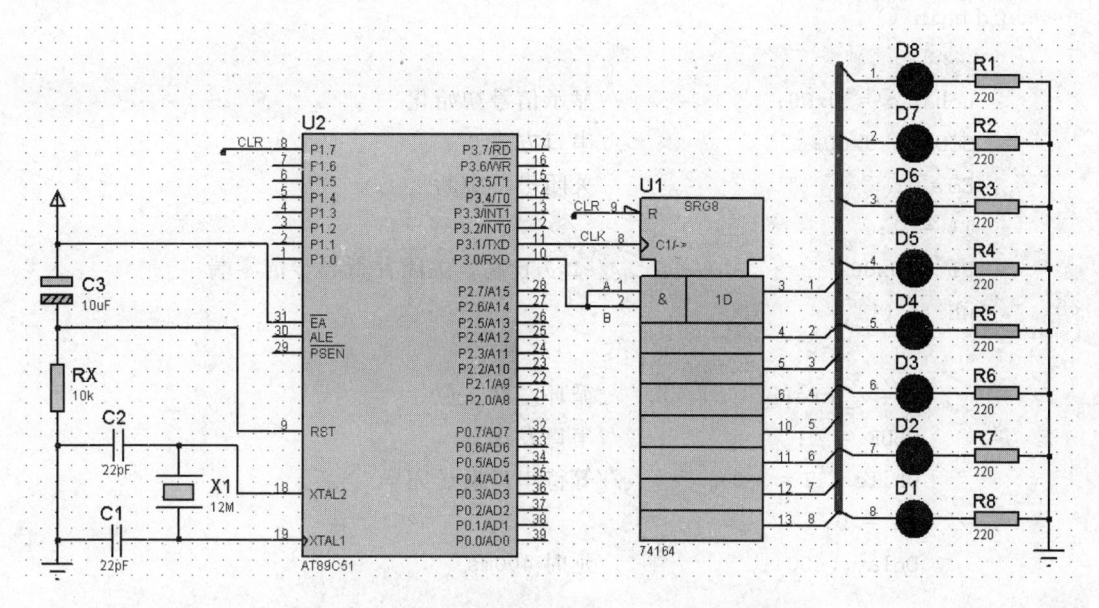

图 5-13 74LS164 扩展并行口驱动 8 位流水灯电路图

实现发光二极管从下到上轮流实现的控制代码如下：

```
/************74LS164 扩展并行口，控制 8LED 流水灯显示***************/
#include <reg52.h>
#include <intrins.h>
#define uint unsigned int
#define uchar unsigned char


/***************************************************************/
/*延时子函数
/*功能：延时 1*x ms
/***************************************************************/
void Delay (uint x)
{
    uchar i;
    while (x--)
    {
        for (i=0; i<120; i++);
    }
}

/***************************************************************/
```

```
/*主函数
/***************************************************************/
void main ()
{
    uchar c = 0x80;              //显示信号初始化
    SCON = 0x00;                 //串口方式 0
    ES = 0;                      //关闭串口中断
    TI = 1;
    P1 = 0x80;                   //P1.7 置高,关闭并行异步清零端
    while (1)
    {
        c = _crol_ (c, 1);       //循环左移 1 位
        SBUF = c;                //串口发送
        while (TI = = 0);        //等待串口发送完毕
        TI = 0;
        Delay (400);             //延时 400ms
    }
}
```

其中,函数 _crol_ (unsigned int val, unsigned char n) 是 intrins.h 库中定义的对字符型变量 val 循环左移 n 位的一个函数,使用时必须在程序首部声明 #include <intrins.h>。而我们熟悉的运算符 <<,功能是将变量按位左移,右边补 0,与该函数的功能是不同的。请读者在使用的时候加以区别。

【例 5-2】 要求串行通信波特率为 2400b/s,假设 $f_{osc}=6MHz$,SMOD=1,编写串行口的初始化程序。

分析:T/C1 的时间常数为

$$X = 2^8 - 2^1 \times 6 \times 10^6 / (384 \times 2400) = 242.98 \approx 243 = F3H$$

定时器 T/C1 和串行口的初始化代码如下:

```
TMOD = 0x20;              //设置 T1 工作于定时模式方式 2
TH1 = TL1 = 0xf3;         //置定时初始值
TR1 = 1;                  //启动 T1
SCON = 0x50;              //串口工作方式 1
PCON |= 0x80;             //SMOD = 1
```

执行上面的程序后,即可使串行口工作于方式 1,波特率为 2400b/s。

需要指出的是,在波特率的设置中,SMOD 位数值的选择直接影响着波特率的精确度。以上例所用数据来说明,波特率=2400b/s,$f_{osc}=6MHz$,这时 SMOD 可以选为 1 或 0。由于对 SMOD 位数值的不同选择,所产生的波特率误差是不同的。

(1) 选择 SMOD=1,由上面计算已得 T/C1 时间常数 X=243,按此值可算得 T/C1 实际产生的波特率及误差为:

项目五 制作单片机之间的通信系统

$$波特率 = \frac{2^{SMOD} \times 6 \times 10^6}{32 \times 12(256-243)} = 2403.85 \text{b/s}$$

$$波特率误差 = [(2403.84-2400)/2400] \times 100\% = 0.16\%$$

(2) 选择 SMOD=0，此时：

$$X = 2^8 - 2^0 \times 6 \times 10^6 / (384 \times 2400) = 249.49 \approx 249$$

由此值可以算出 T/C1 实际产生的波特率及误差为：

$$波特率 = \frac{2^0 \times 6 \times 10^6}{32 \times 12(256-249)} = 2232.14 \text{b/s}$$

$$波特率误差 = [(2400-2232.14)/2400] \times 100\% = 6.99\%$$

上面的分析计算说明了 SMOD 值虽然可以任意选择，但在某些情况下它会使波特率产生误差。因此在设置波特率时，对 SMOD 值的选取也需要予以考虑。

为避免复杂的计算，波特率和定时器 T1 初值的关系常列成表 5-1 以供查考。

表 5-1 常用波特率和定时器 T1 初值关系表

波特率（b/s）（方式1、3）	$f_{cos}=6\text{MHz}$ SMOD	T1方式	初值	$f_{cos}=12\text{MHz}$ SMOD	T1方式	初值	$f_{cos}=11.0592\text{MHz}$ SMOD	T1方式	初值
62.5k				1	2	FFH			
19.2k							1	2	FDH
9.6k							0	2	FDH
4.8k				1	2	F3H	0	2	FAH
2.4k	1	2	F3H	1	2	F3H	0	2	F4H
1.2k	1	2	E6H	0	2	E6H	0	2	E8H
600	1	2	CCH	0	2	CCH	0	2	D0H
300	0	2	CCH	0	2	98H	0	2	A0H
137.5	1	2	1DH	0	2	1DH	0	2	2EH
110	0	2	72H	0	1	FEEBH	0	1	FEFFH

由于四舍五入，波特率的结果会有微小误差。为保证数据传输的正确性，通常波特率的相对误差不应大于 5%，不同机种通信时尤其要注意这一点。使用 11.0592MHz 的晶振可获得比较精确的波特率。

【例 5-3】 使用 MCS-51 单片机串行口按字节字符自我收发数据，并要求偶校验，传送波特率为 1200b/s。

分析：因要求有校验位，只能选择 11bit 异步串行通信方式，对应方式 2 或方式 3，又因波特率为 1200b/s，故只能在方式 3 下工作。定义定时器 1 采用工作方式 2。由表 5-1 可知，f_{osc} 取 11.0592MHz 时，定时器 T1 的初始值为 0E8H。

为了实现自我收发数据，将单片机的接收端和发送端相连，这种方法也常用于单片机串口通信功能测试。为了调试方便，设计一个发送按键，每按键一次，发送一个数据，程序中将发送数据存于数组 dat [10] 中。同时，设计一位显示。在 Proteus 中设计电路如图 5-14 所示。

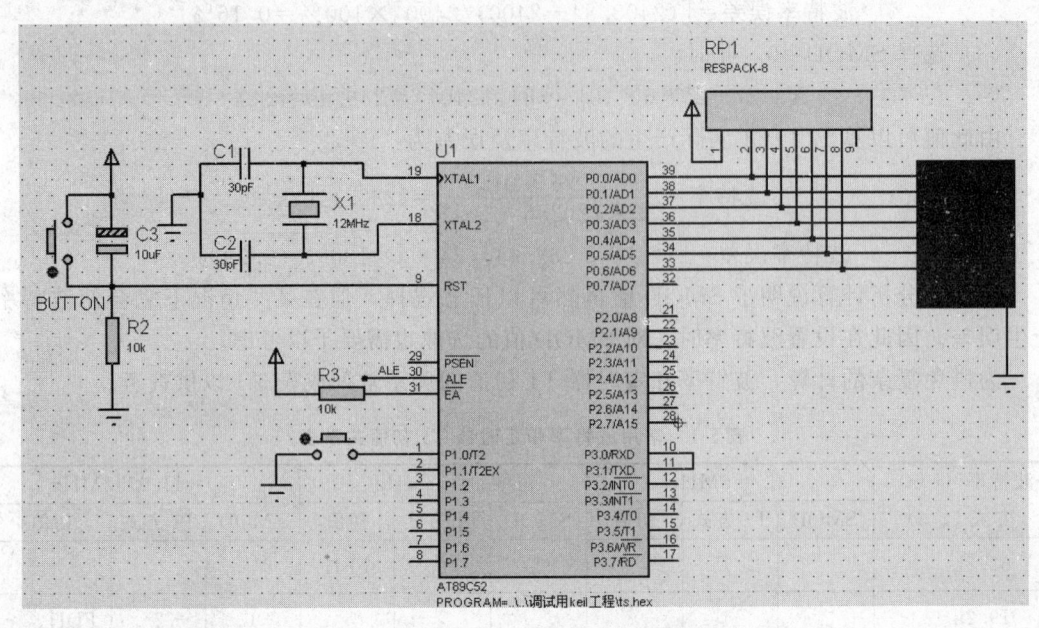

图 5-14　单片机自我收发数据电路原理图

```
/***************************************************************
功能：单片机发送数据，自接收并显示
时钟 11.0592MHz，波特率 1200bps
***************************************************************/
#include <reg51.h>
#define uchar unsigned char;
code uchar tab_cc [] = {0x3f, 0x6, 0x5b, 0x4f, 0x66, 0x6d, 0x7d, 0x07, 0x7f, 0x6f};
    sbit K0 = P1^0;                            //定义发送按键
    uchar dat [10] = {0, 1, 2, 3, 4, 5, 6, 7, 8, 9};   //待发送数据
    uchar i;
    void main ()
    {
        SCON = 0xD0;                           //串口工作方式 3，允许接收
        TMOD = 0x20;                           //定时器 T1 方式 2
        TL1 = TH1 = 0xE8;                      //波特率 1200bps
        TR1 = 1;                               //启动定时器
        EA = 1;                                //开串口中断
        ES = 1;
        while (1)
```

```
        {
            if (K0 = = 0)                              //判断按键
            {
                while (K0 = = 0);                      //等待按键弹出
                ACC = dat [i];
                if (P) TB8 = 1;                        //设置校验位
                else TB8 = 0;
                SBUF = ACC;                            //发送数据
                i + +;
                i % = 10;
            }
        }
}
/******************************************************************
中断服务程序
******************************************************************/
void int _ s (void) interrupt 4
{
    if (TI)                                            //发送中断处理
    {   TI = 0;       }
    if (RI)                                            //接收中断处理
    {   RI = 0;
        ACC = SBUF;
        if (P = = RB8) P0 = tab _ cc [ACC];            //校验正确，显示接收数据
        else P0 = 0x71;                                //校验不正确，显示"F"
    }
```

执行程序，按键一次发送一个数据，接收后校验，正确则显示数据，不正确则显示 F。

说明：

（1）因串行口只有一个中断入口，不分发送还是接收中断请求，故在串行口中断服务程序中首先要判断是发送还是接收请求；

（2）本例中有校验位，无校验位的判断处理，读者可根据实际问题完成该部分。

四、任务实施

（一）任务描述

由例 5-3 可知，将单片机的发送端与接收端接在一起，可以测试单片机的串口通信功能。现要求设计一个串口测试系统，测试串口工作正常，则发光二极管闪烁。设单片机主频为 6MHz，测试波特率为 2400b/s。

(二) 硬件设计

可采用图 5-14 中的电路,将数码管看成 7 个发光二极管即可。

(三) 软件设计

要求测试波特率为 2400b/s,单片机时钟为 6MHz,查表 5-1 可知定时器采用工作模式 2,初值为 FAH。但此时经过计算,波特率误差高达 6.99%,因此采用波特率加倍,SMOD=1,定时器初值为 F3H。

程序控制代码如下:

```c
#include <reg51.h>
/***************************************************************
串口初始化子程序
***************************************************************/
void InitUART (void)
{
    TMOD = 0x20;            //定时器 T1 方式 2
    SCON = 0x50;            //串口工作方式 1,允许接收
    TH1 = 0xF3;             //波特率 2400b/s
    TL1 = TH1;
    PCON = 0x80;
    TR1 = 1;                //启动定时器
}
/***************************************************************
延时 200ms 子程序
***************************************************************/
void delay (void)
{
    unsigned char a, b, c;
    for (c = 19; c>0; c--)
        for (b = 20; b>0; b--)
            for (a = 130; a>0; a--);
}
/***************************************************************
主程序
功能:串口通信功能测试
***************************************************************/
void main ()
{
    InitUART ();
```

```
    while (1)
    {
        TI = 0;              //清发送标志
        P0 = 0xFF;           //初始状态：亮灯
        delay ();
        SBUF = 0x0;          //发送灭灯信号
        while (! TI);        //等待发送
        while (! RI);        //等待接收
        RI = 0;              //清接收标志
        P0 = SBUF;           //将灭灯信号送P0口
        delay ();
    }
}
```

（四）程序调试

（1）在 Keil 中编辑、汇编程序，并保存为后缀为 .HEX 的文件；

（2）在 PROTEUS 仿真软件中设置相关参数，打开保存的后缀为 .HEX 的文件下载到软件单片机中；

（3）按"Play"按钮仿真运行，观察运行效果，按"Stop"按钮停止运行；

（4）用下载电路把程序烧录到硬件单片机中；

（5）把单片机插到项目一流水灯电路中，接常用电源，即可看到 LED 灯的亮灭情况。

五、任务小结

串口通信初始化过程如下：

1. 设定串口工作方式，即 SCON 中 SM0、SM1 两位。

2. 若选定的模式不是波特率固定的（方式 0 和方式 2），还需要确定接收/发送波特率。波特率发生器只能由 T1 完成，工作于方式 2，并计算初始值。

3. 设定 SMOD 状态，控制波特率是否需要加倍。

4. 对于串口的方式 2 或方式 3，发送时，应根据需要，在 TB8 中写入待发送的第 9 位数据；接收时，应对收到的校验位进行校验。

任务二　制作双机通信系统

任务目标

➢ 熟练掌握 MCS-51 单片机双机串行通信系统的组成、通信实现方法和步骤；

➢ 熟练掌握 MCS-51 单片机多机串行通信的实现方法和步骤；

➢ 制作两个单片机构成的双机通信系统，完成通信过程。

单片机间的串行通信通常可分为双机通信和多机通信两类。对于单片机与 PC 间的通信，由于涉及扩展相关芯片及高级语言编程等其他知识，这部分内容在后续内容中讲述。本课题只介绍 MCS-51 单片机双机通信和 MCS-51 单片机多机通信两类，现分述如下。

一、双机通信

MCS-51 单片机串行口工作方式 1 只能用于双机通信，不能用于多机通信。串行通信的程序设计，一般可采用查询方式和中断方式两种。在很多应用中，双机通信的接收方都采用中断的方式来接收数据，以提高 CPU 的工作效率；发送方仍然采用查询方式发送。在串行通信中为了确保通信成功、有效，通信双方除了在硬件上进行连接外，在软件中还必须作如下约定：

➢ 作为发送方，必须知道什么时候发送信息，发什么，对方是否收到，收到的内容有没有错误，要不要重发，怎样通知对方结束。

➢ 作为接收方，必须知道对方是否发送了信息，发的是什么，收到的信息是否有错误，如果有错误怎样通知对方重发，怎样判断结束，等等。

这些规定必须在编程之前确定下来。现举例说明其应用，在本例中甲机采用查询方式，乙机采用中断方式。双机均采用查询方式的应用在实训中讲。

【例 5-4】 编程实现两 MCS-51 单片机的短距离串行通信，功能为：将甲机片内数据块从串行口发送到乙机，甲机采用查询方式，乙机采用中断方式。

分析：(1) 通信双方的硬件连接如图 5-15 所示。

(2) 通信双方的软件协议。

为实现双机通信，规定如下：

①假定甲机为发送机，乙机为接收机。

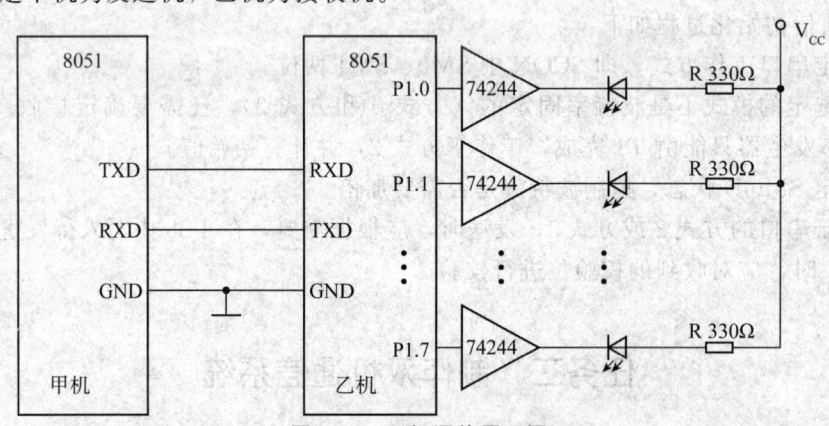

图 5-15 双机通信原理图

②当甲机发送时，先送一个"AA"信号，乙机收到后回答一个"BB"信号，表示同意接收。

③当甲机接收到"BB"信号后，开始发送数据，一个数据块发送完后再发出和校验信号。

④乙机接收数据并转存到数据区，起始地址也为 30H，同时每接收一次也计算一次

"检查和"。当一个数据块收齐后,再接收甲机发来的和校验信号,并将它与乙机的"检查和"进行比较。若两者相等,说明接收正确,乙机回答一个 00;若两者不相等,说明接收不正确,乙机回答一个 FF,请求重发。

⑤甲机收到 00 的答复后,结束发送;若收到的答复非 0,则重新将数据发送一次。

(3) 双方均以 1200b/s 的速率传送。假设晶振频率为 6MHz,计算定时器 1 的计数初值:

$$X = 256 - \frac{6 \times 10^6 \times 1}{384 \times 1200} = 256 - 13 = 243 = 0F3H$$

为使波特率不倍增,设定 PCON 寄存器的 SMOD=0,则 PCON=00H。

(4) 编写甲、乙两机通信程序。

①甲机发送

甲机采用查询方式发送,主频 6MHz,波特率 1200b/s,初始化子程序如下:

```
/***************************************************************
甲机串口初始化程序(查询方式)
***************************************************************/
void init _ UART (void)
{
    SCON = 0x50;                    //串口方式1,允许接收
    TMOD = 0x20;                    //T1 工作方式 2
    TH1 = 0xF3;                     //波特率 1200b/s
    TL1 = TH1;
    TR1 = 1;                        //启动 T1
}
```

任务一中的通信程序,收发双方采用 11 位异步通信,利用奇偶校验位来进行校验。这里介绍一种利用累加和进行校验的方法。

甲机先将数据块长度发送给乙机,然后将片内的发送区的数据块依次从串行口发送。发完后,再发送累加校验和。甲机发送子程序如下:

```
/***************************************************************
甲机发送子程序
***************************************************************/
void send _ jia (void)
{
    unsigned char i;
    unsigned char sum = 0;          //累加和

    SBUF = 10;                      //发送数据块长度
    while (! TI);
    TI = 0;
    for (i = 0; i<10; i + +)         //发送数据
    {
```

```
        SBUF = fabuf [i];              //将发数据区中的数据依次发送
        sum + = fabuf [i];             //计算累加校验和
        while (! TI);
        TI = 0;
    }
    SBUF = sum;                        //发送累加校验和
    while (! TI);
    TI = 0;
}
```

甲机发完后需要等待乙机的应答信号,根据事先约定的通信协议,乙机回复 00H 表示乙机正确接收;回复 FFH 表示乙机未能正确接收,请求甲机重发数据。因此甲机主程序代码如下:

```
/****************************************************************
甲机主程序
****************************************************************/
void main ()
{   bit fa_ok = 0;                     //定义发送成功标志位,发送成功为1
    init_UART ();                      //串口初始化
    while (! fa_ok)
    {
        send_jia ();                   //发送数据及校验
        while (! RI);                  //等待乙机回复
        RI = 0;
        if (SBUF = = 0) fa_ok = 1;     //回复00,则发送成功
    }
}
```

②乙机接收

乙机采用中断方式接收,主频 6MHz,波特率 1200b/s,初始化子程序如下:

```
/****************************************************************
乙机串口初始化程序(中断方式)
****************************************************************/
void init_UART (void)
{
    SCON = 0x50;                       //串口方式1,允许接收
    TMOD = 0x20;                       //T1 工作方式 2
    TH1 = 0xF3;                        //波特率 1200bps
    TL1 = TH1;
    TR1 = 1;                           //启动 T1
    ES = 1;                            //中断允许
```

```
        EA = 1;
}
```

乙机接收甲机发送的数据，存入接收数据区（数组 shoubuf []）中。首先，接收数据长度，然后接收数据，并计算本地校验和，最后接收累加和校验码，并进行校验。最后向甲机发送状态字：若校验正确，则发送 00H，否则发送 0FFH，请求甲机重发。

两个状态位 flag_length 和 flag_data 用于标识接收的信息是数据长度、数据还是累加校验和。

乙机中断服务程序参考代码如下：

```
/******************************************************************
乙机中断服务程序
******************************************************************/
void UART_interrupt (void) interrupt 4
{
    if (RI)
    {
        RI = 0;
        if (flag_length)                              //接收数据块长度
        {
            length = SBUF;                            //存入 length 变量
            flag_length = 0;                          //标志位清零
        }
        if (flag_data)                                //接收数据
        {
            for (; length>0; length--)
            {
                shoubuf [10-length] = SBUF;           //依次存入接收数据区数组
                sum += SBUF;                          //求累加和
            }
            flag_data = 0;                            //标志位清零
        }
        if (SBUF == sum)                              //接收累加和并校验
        {
            SBUF = 0;                                 //校验成功，发送 00H
            while (!TI);
            TI = 0;
        }
        else
        {
```

```
            SBUF = 0xFF;                            //校验失败,发送 FFH,等待
                                                       重新接收
            while (! TI);
            TI = 0;
            flag_length = 1;
            flag_data = 1;
        }
    }
    else
        TI = 0;
}
```

二、了解多机通信

MCS-51 串行口的方式 2 和方式 3 有一个专门的应用领域,即多机通信。MCS-51 单片机的多机通信是指一台主机和多台从机之间的通信。在多机通信中,单片机构成分布式系统,主机与各从机可实现全双工通信,而各从机之间只能通过主机交换信息。图 5-16 为 MCS-51 单片机多机通信系统逻辑连接图。主机的 RXD 端与所有从机的 TXD 端相连,主机的 TXD 端与所有从机的 RXD 端相连。在这种方式中主机发送的信息可以传送到各个从机或指定的从机,各从机发送的信息只能被主机接收,从机与从机之间不能进行通信。

多机通信的实现,主要依靠主、从机之间正确地设置与判断 SM2 和发送或接收的第 9 位数据来(TB8 或 RB8)完成。首先将上述二者的作用进行总结,然后举例说明其具体应用。

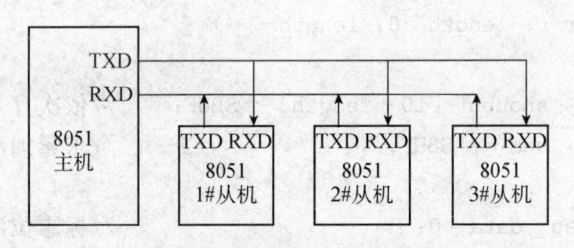

图 5-16 多机通信连接示意图

在单片机串行口以方式 2 或方式 3 接收时,一方面,若 SM2=1,表示置多机通信功能位,这时有两种情况:①接收到第 9 位数据为 1,此时数据装入 SBUF,并置 RI=1,向 CPU 发中断请求;②接收到第 9 位数据为 0,此时不产生中断,信息将丢失,不能接收。另一方面,若 SM2=0,则接收到的第 9 位信息无论是 1 还是 0,都产生 RI=1 的中断标志,接收的数据装入 SBUF。根据这个功能,就可以实现多机通信。

在编程前,首先要给各从机定义地址编号,如分别为 00H、01H、02H 等。在主机想发送一个数据块给某个从机时,它必须先送出一个地址字节,以辨认从机。编程实现多机通信的过程如下。

(1) 主机发送一帧地址信息,与所需的从机联络。主机应置 TB8 为 1,表示发送的是

地址帧。例如：

SCON = 0xD8   //设串行口为方式 3，TB8 = 1，允许接收

(2) 所有从机初始化设置 SM2＝1，处于准备接收一帧地址信息的状态。例如：

SCON = 0xF0   //设串行口为方式 3，SM2 = 1，允许接收

(3) 各从机接收到地址信息，因为 RB8＝1，则置中断标志 RI。中断后，首先判断主机送过来的地址信息与自己的地址是否相符。对于地址相符的从机，置 SM2＝0，以接收主机随后发来的所有信息；对于地址不相符的从机，保持 SM2＝1 的状态，对主机随后发来的信息不予理睬，直到发送新的一帧地址信息。

(4) 主机发送控制指令和数据信息给被寻址的从机。其中主机置 TB8 为 0，表示发送的是数据或控制指令。对于未选中的从机，因为 SM2＝1，RB8＝0，所以不会产生中断，对主机发送的信息不接收。

【例 5-5】设有一台主机，两台从机，主机呼叫从机，若联系成功则主机向从机发送指令，从机利用 P1 口所接发光二极管显示从机机号。主频为 6MHz，波特率为 1200b/s。主机采用查询工作方式，从机采用中断方式。原理图如图 5-17 所示。

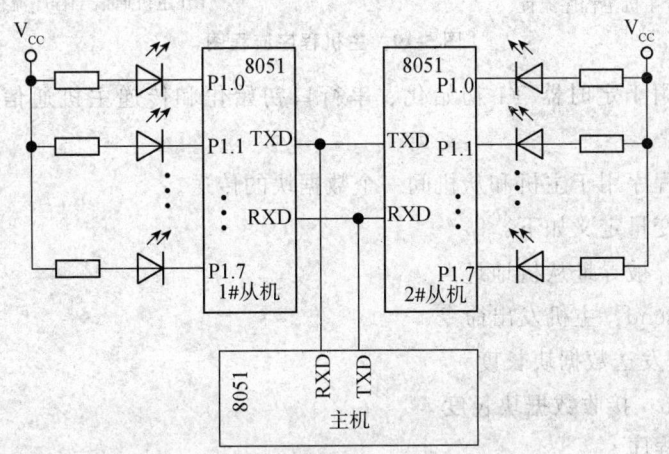

图 5-17 MCS-51 单片机多机通信原理图

假定主机发送的控制命令代码为：

00H——主机发送从机接收命令；

01H——从机发送主机接收命令；

其他为非法命令。

从机发送给主机的状态字格式如图 5-18 所示。

| ERR | 0 | 0 | 0 | 0 | 0 | TRDY | RRDY |

图 5-18 从机发送给主机的状态字格式

其中：ERR＝1，从机接收到非法命令；

TRDY＝1，从机发送准备就绪；

RRDY＝1，从机接收准备就绪。

通信程序包括主机程序和从机程序两部分。图 5-19 为主机程序流程图。

```
       开始
        ↓
  定时器T1为方式2,波特率为
  1200b/s启动T1工作
        ↓
  串行口方式3,允许接收
  SM2=0,TB8=1
        ↓
  slave_num、command_send
  fa_length、shou_length变量
  初始化
        ↓
  调用主机通信子程序
        ↓
       等待
```

(a) 主机主程序流程　　　　(b) 主机通信子程序流程

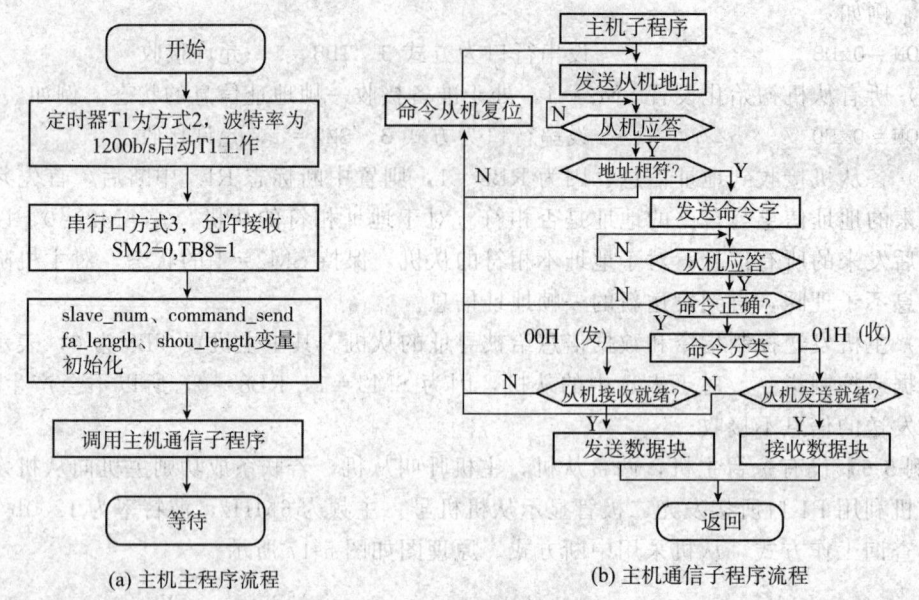

图 5-19　主机程序流程图

主机主程序用于定时器 T1 初始化、串行口初始化和传递主机通信子程序所需入口参数。

主机通信子程序用于主机和从机间一个数据块的传送。

程序中所用变量定义如下：

slave_num：被寻址从机地址

command_send：主机发出命令

fa_length：发送数据块长度

shou_length：接收数据块长度

(3) 从机主程序

从机主程序用于定时器 T1 初始化、串行口初始化和中断初始化。从机中断服务程序用于对主机的通信。从机程序流程图如图 5-20 所示。

请读者根据图 5-19 及图 5-20 所示流程图自行设计控制代码。

三、任务实施

(一) 任务描述

本任务是实现两个 MCS-51 单片机之间的串行通信，甲、乙机均采用查询工作方式。

(1) 利用方式 1 实现单片机双机通信，主频为 6MHz，波特率为 2400b/s。

(2) 两个单片机距离较近，甲、乙两机的发送端与接收端分别直接相连，两机共地，由于 8051 串行口的输出是 TTL 电平，两片相连所允许的距离极短。

(3) 执行程序，甲机将亮灯信号发送给乙机，若通信正常，乙机接收到信号后点亮 8 个发光二极管。

项目五 制作单片机之间的通信系统

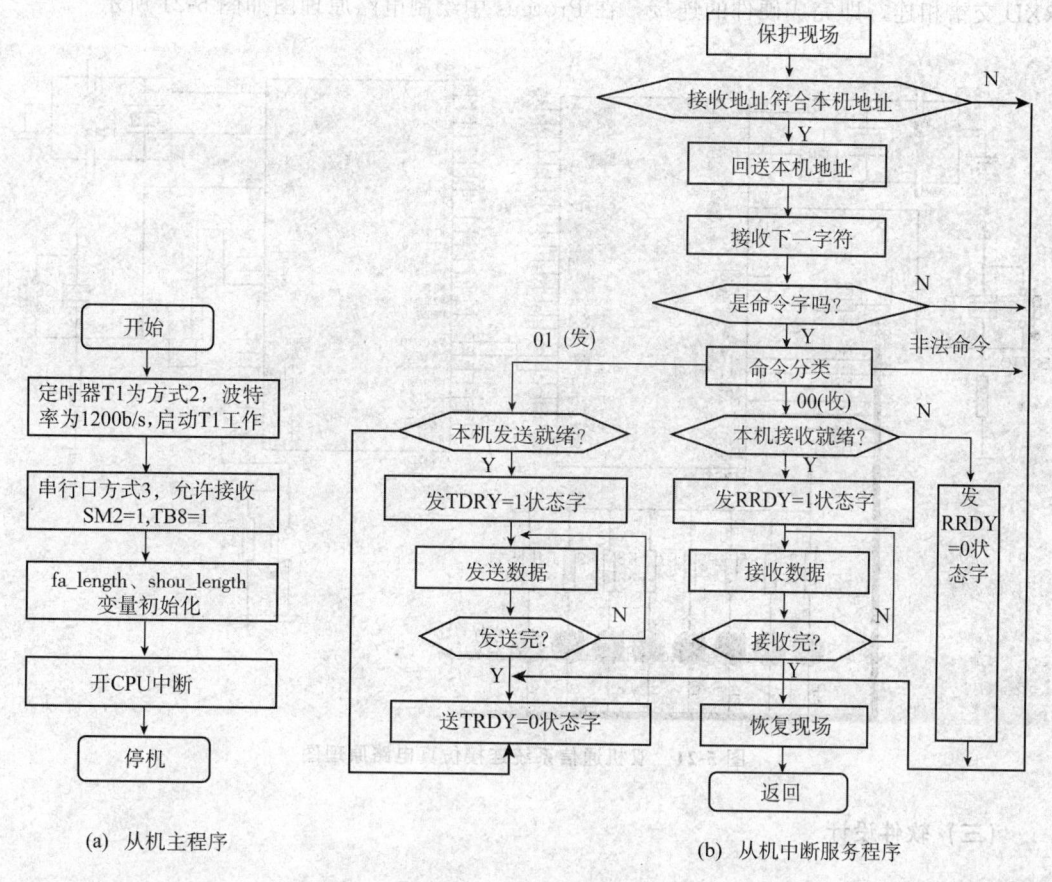

图 5-20 从机程序流程图
(a) 从机主程序
(b) 从机中断服务程序

(4) 甲、乙机均采用查询工作方式。

(5) 串口初始化。

需要注意的是：主频为 6MHz，波特率为 2400b/s 时，若设置波特率不加倍，则定时器初始值为 F9H，但此时计算得到的实际波特率为 2232b/s，误差高达 6.99%。

因此，设置波特率加倍，即 SMOD=1，此时，定时器初始值为 F3H，计算得到的实际波特率误差仅为 0.16%。读者可根据前面的计算公式自行计算。

(6) 约定通信双方协议。

甲机（主机）发送 AAH，请求发送信号，乙机（从机）应答 BBH，表示同意接收。

甲机接到应答信号后，发送数据，并发送和校验。

乙机接收数据并存储、校验，接收正确则回复 00H；否则，回复 FFH，请求甲机重发数据，并等待再次接收。

甲机接到回复 00H 后结束通信，否则，重发数据。

(7) 根据双方通信协议，绘制双方的通信控制流程图，并编写控制代码。

（二）硬件设计

单片机的双机通信采用三线零调制解调方式连接，两台单片机的发送端的 TXD 与

RXD 交错相连，即完成硬件的连接，在 Proteus 中绘制电路原理图如图 5-21 所示。

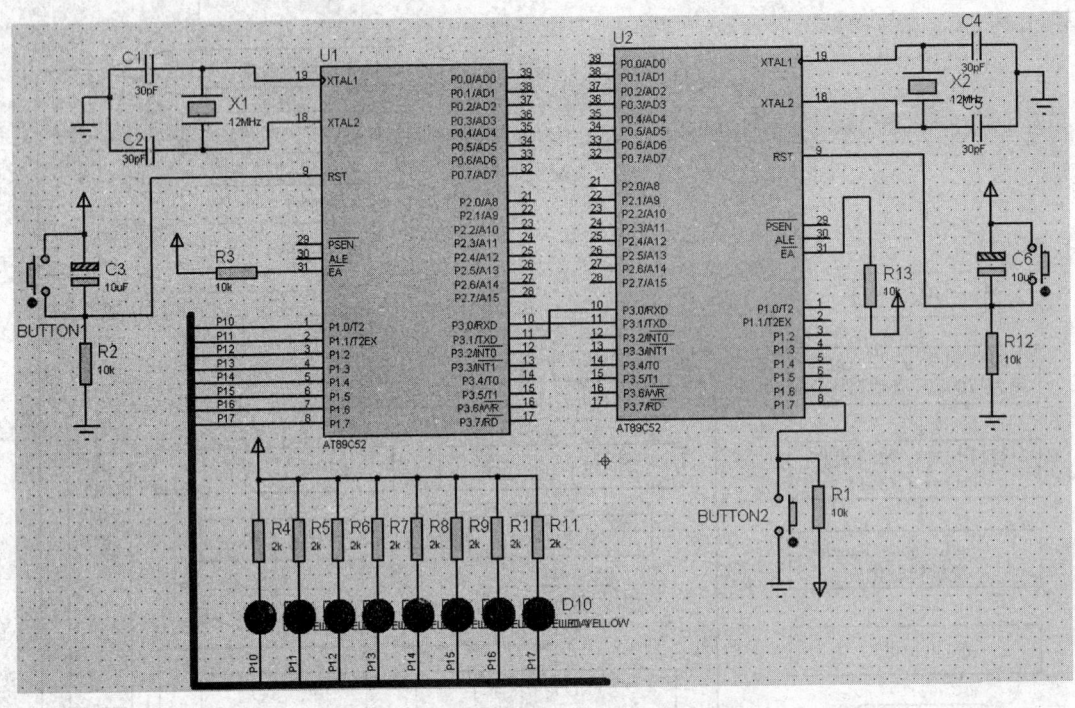

图 5-21 双机通信系统连接仿真电路原理图

(三) 软件设计

1. 甲机（主机）控制程序

主要包括甲机串口初始化和甲机通信两个主要部分，根据通信的要求，甲机初始化子程序如下：

/**

甲机串口初始化程序（查询方式）

晶振 6MHz，波特率 2400bps

**/

```
void init_UART (void)
{
    SCON = 0x50;            //串口方式 1，允许接收
    PCON = 0x80;            //波特率加倍
    TMOD = 0x20;            //T1 工作方式 2
    TH1 = 0xF3;             //波特率 2400bps
    TL1 = TH1;
    TR1 = 1;                //启动 T1
}
```

根据双方的通信协议，甲机的通信过程流程如图 5-22 所示。

项目五 制作单片机之间的通信系统

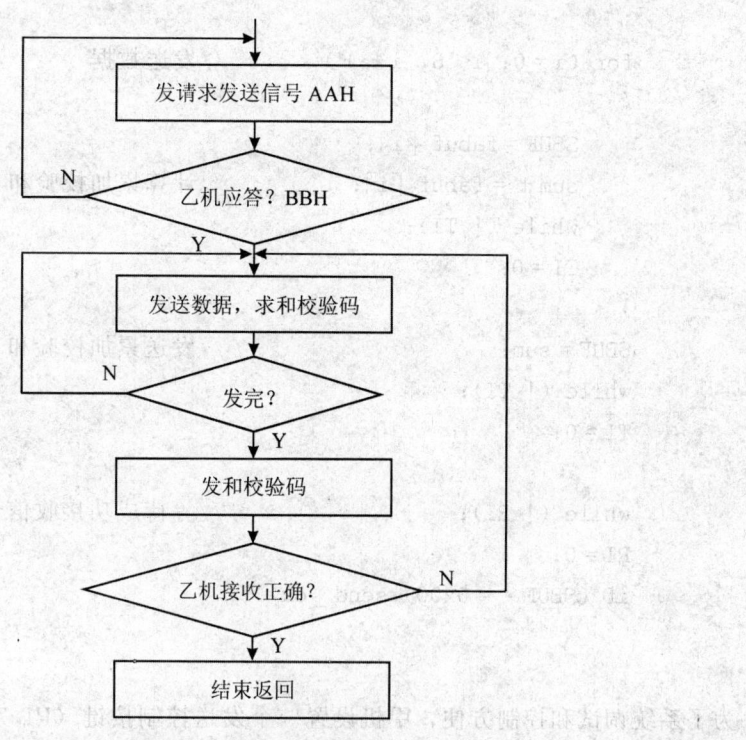

图 5-22 甲机通信流程

根据流程图设计甲机通信子程序代码如下：
/***
甲机通信子程序
***/
```
void send_jia (void)
{
    unsigned char i;
    unsigned char sum = 0;                  //累加和

    while (! send_ready)
    {
        SBUF = 0xaa;                        //请求发送信号 AA
        while (! TI);
        TI = 0;

        while (! RI);                       //等待应答信号 BB
        RI = 0;
        if (SBUF == 0xBB) send_ready = 1;
    }
    while (! send_ok)
```

```c
        {
            for (i = 0; i<8; i++)            //发送数据
            {
                SBUF = fabuf [i];
                sum + = fabuf [i];           //计算累加校验和
                while (! TI);
                TI = 0;
            }
            SBUF = sum;                      //发送累加校验和
            while (! TI);
            TI = 0;

            while (! RI);                    //等待成功接收信号00
            RI = 0;
            if (SBUF = = 0x00) send _ ok = 1;
        }
    }
```

为了系统调试和控制方便，甲机设置一个发送控制按键（P1.7口），按下一次，则启动一次通信流程。同时定义两个标志位，一个为发送就绪标志位，当成功收到乙机的应答信号 BBH 后置 1，表示发送工作就绪，可以开始发送数据流程；一个是发送成功标志位，当收到乙机成功接收的信号 00H 后置 1，表示发送工作完成，退出通信过程。主程序如下：

```c
#include <reg51.h>
sbit key = P1^7;                             //定义发送控制按键
unsigned char fabuf [8] = {0xfe, 0xfd, 0xfb, 0xf7, 0xef, 0xdf, 0xbf, 0x7f};
bit send _ ready = 0;                        //定义发送就绪标志位，=1可以发送
bit send _ ok = 0;                           //定义发送成功标志位，=1成功
void init _ UART (void);
void send _ jia (void);
/****************************************************************
甲机主程序，按键按下，则进行一次完整的通信过程
****************************************************************/
void main ()
{
    init _ UART ();
    while (1)
    {
        if (! key)                           //判断按键
        {
```

```
            while (! key);
            send_ready = 0;           //清标志位
            send_ok = 0;
            send_jia ();              //执行甲机通信过程
        }
    }
}
```

2. 乙机（从机）控制程序

乙机控制程序同样包括乙机串口初始化和通信控制两个主要部分。通信双方的串口设置应该相同，因此，乙机串口初始化子程序与甲机相同。乙机通信控制流程，根据通信协议，绘制流程如图 5-23 所示。

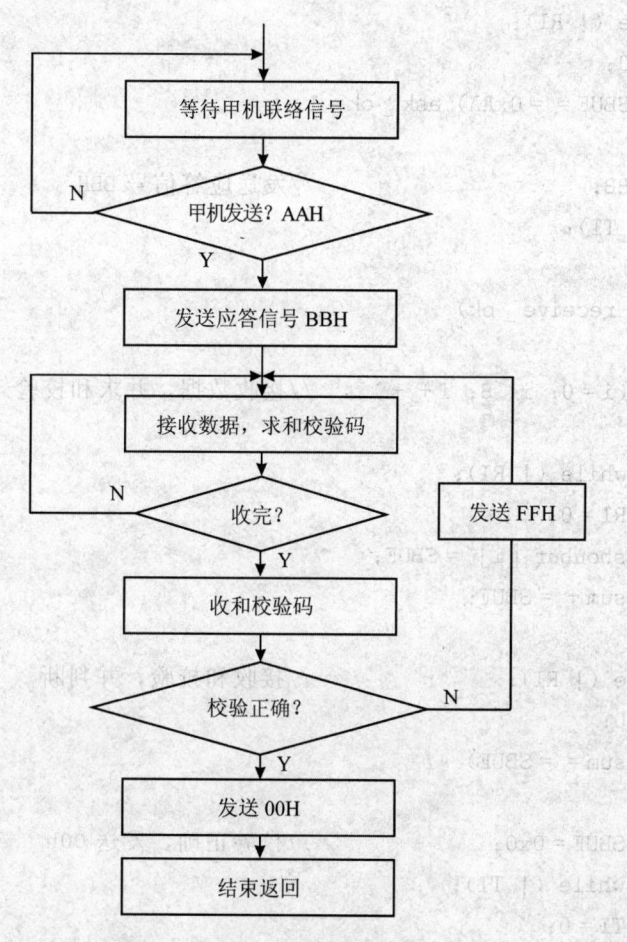

图 5-23 乙机通信流程

根据流程图，设计乙机通信子程序代码。定义两个标志位，一个为甲机请求标志位，当成功收到甲机的请求通信信号 AAH 后置 1，表示可以启动乙机通信流程；一个是乙机成功接收标志位，当乙机接收完所有数据，并校验正确后置 1，表示乙机成功正确接收数据，向甲机发送 00H 后，退出通信过程。乙机通信控制代码如下：

/**
乙机通信控制子程序
**/
```c
void receive_yi (void)
{
    unsigned char i;
    unsigned char sum = 0;              //本地校验和
    bit ask_ok = 0;                     //定义甲机请求标志位，=1 有通信请求
    bit receive_ok = 0;                 //定义乙机成功接收标志位，=1 正确接收
    while (! ask_ok)                    //等待请求信号 AAH
    {
        while (! RI);
        RI = 0;
        if (SBUF == 0xAA) ask_ok = 1;
    }
    SBUF = 0xBB;                        //发送应答信号 BBH
    while (! TI);
    TI = 0;
    while (! receive_ok)
    {
        for (i = 0; i<8; i++)           //接收数据，并求和校验
        {
            while (! RI);
            RI = 0;
            shoubuf [i] = SBUF;
            sum += SBUF;
        }
        while (! RI);                   //接收和校验，并判断
        RI = 0;
        if (sum == SBUF)
        {
            SBUF = 0x0;                 //校验正确，发送 00h
            while (! TI);
            TI = 0;
            receive_ok = 1;
        }
        else
        {
            SBUF = 0xFF;                //校验正确，发送 FFh
```

```c
            while (! TI);
            TI = 0;
        }
    }
}
```

为了系统调试和观察结果方便，乙机的 P1 口连接 8 个 LED，一次通信流程结束后，将收到的 8 个数据轮流送到 P1 口显示。主程序如下：

```c
#include <reg51.h>
unsigned char shoubuf [8];              //定义接收数据区
void init _ UART (void);                //串口初始化子程序
void receive _ yi (void);               //乙机通信控制子程序
void delay1s (void);                    //延时 1s 子程序
/*****************************************************************
乙机主程序
*****************************************************************/
void main ()
{
    unsigned char i;
    init _ UART ();
    while (1)
    {
        receive _ yi ();
        for (i = 0; i<8; i++)
        {
            P1 = shoubuf [i];
            delay1s ();
        }
    }
}
/*****************************************************************
延时 1s 子程序
*****************************************************************/
void delay1s (void)
{
    unsigned char a, b, c;
    for (c = 23; c>0; c--)
        for (b = 152; b>0; b--)
            for (a = 70; a>0; a--);
}
```

（四）程序调试

1. 在 keil 中分别编译甲机发送程序和乙机接收程序，分别生成 .hex 文件，分别命名和保存。

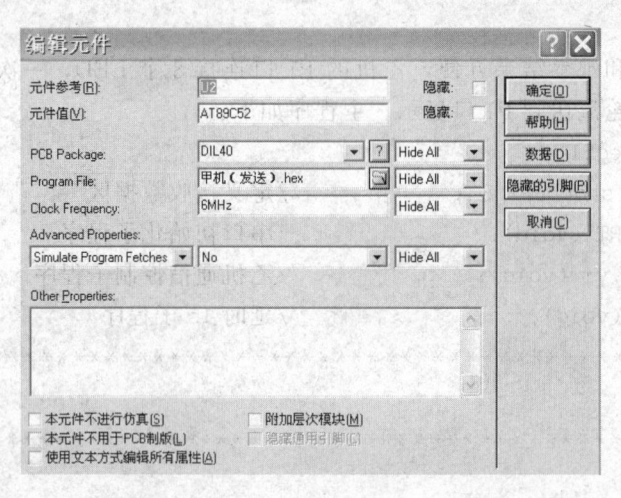

图 5-24　编辑设置单片机元件参数

2. 在 Proteus 仿真软件中，调用虚拟终端仪器，如图 5-25 所示，并将虚拟终端的接收端 RXD 分别连与甲机和乙机的 TXD 端口，用于调试过程中监测甲乙机双方发出的信号。

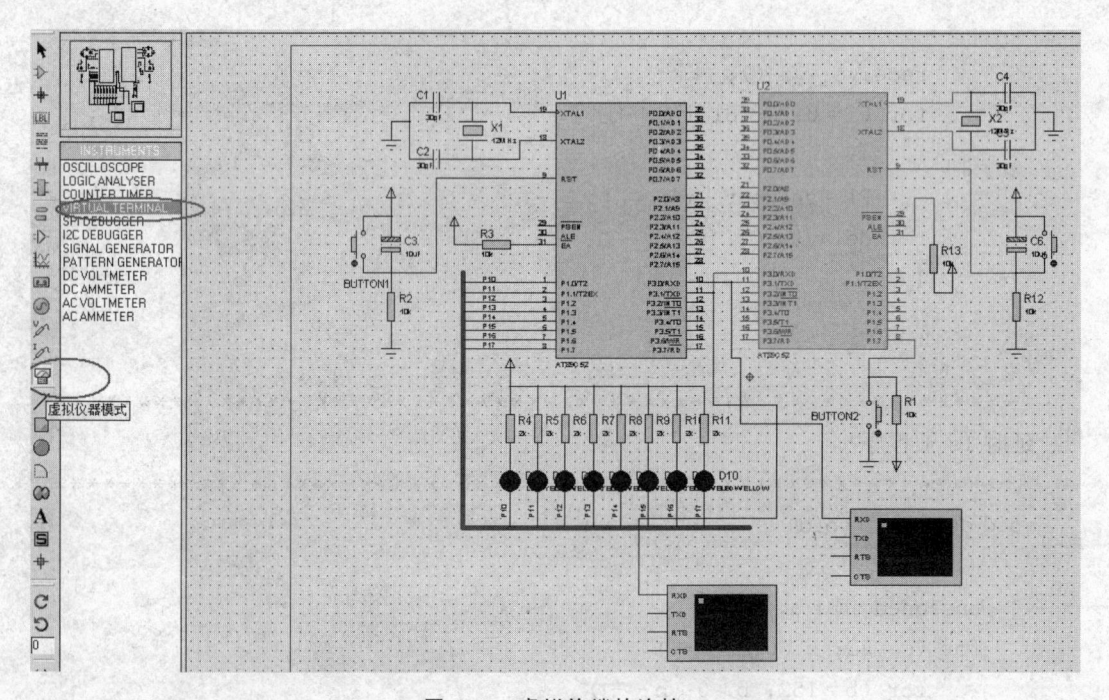

图 5-25　虚拟终端的连接

双击虚拟终端图标，设置其波特率为 2400b/s，如图 5-26 所示。

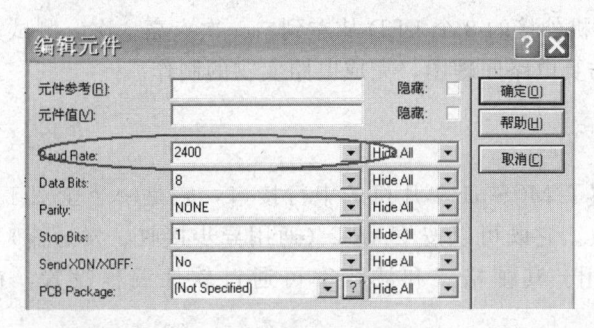

项目五 制作单片机之间的通信系统

图 5-26 虚拟终端设置

点击仿真运行,并点击调试菜单,选择显示虚拟终端窗口,如图 5-27 所示。在弹出的虚拟终端显示窗口中单击鼠标右键,设置 16 进制显示模式,如图 5-28 所示。

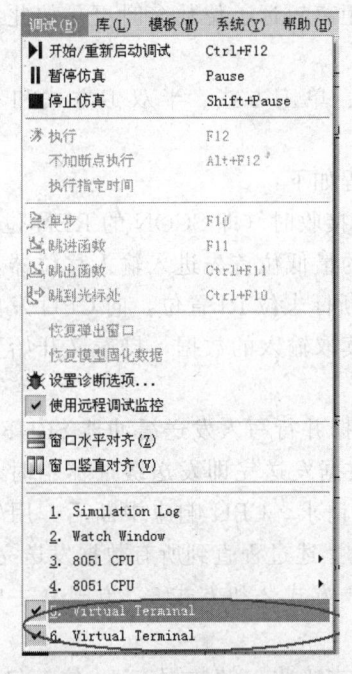

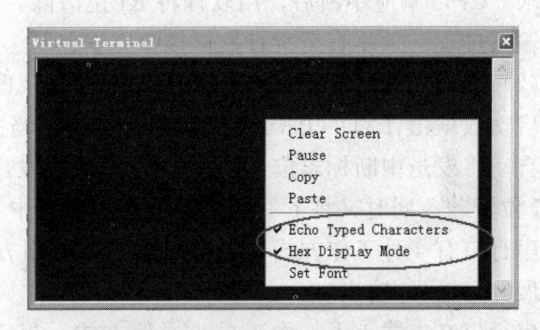

图 5-27 显示虚拟终端窗口　　　　图 5-28 虚拟终端的显示设置

根据控制功能,按下甲机的发送按键,虚拟终端窗口显示如图 5-29 所示。可见,在一个完整的通信过程中,甲机(左图)发送 AAH 后,将发送数据区的 8 个数据陆续发送,最后发送和校验 F9H。乙机则回复 BBH、00H。

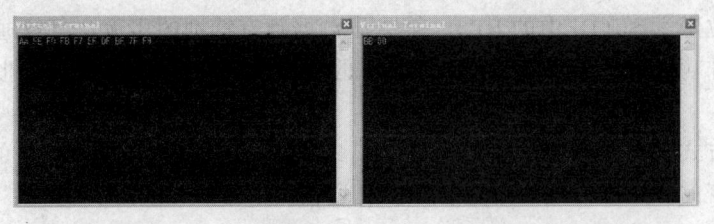

图 5-29 按下甲机的发送按键后,虚拟终端窗口显示

发送完成后，乙机外接的 8 个 LED 从左到右一次点亮一次。测试完成。

3. 读者可根据仿真电路原理图，完成电路实物的制作。

项目总结

本项目主要介绍了 MCS-51 单片机的串行接口，它是一个全双工异步通信接口，能同时进行发送和接收。它既可以按 UART（通用异步接收、发送器）使用，也可以作为同步移位寄存器使用。其帧格式和波特率可通过软件编程设置，在使用上非常方便灵活。

串行通信的数据传输是在单根数据线上、逐位顺序传送的，其通信速度慢，但仅使用一根或两根传输线，大大降低了成本，适合于远距离通信。

在并行通信中，信息传输线的根数与传送的数据位数相等，数据所有位的传输同时进行，其通信速度快，但通信线路复杂、成本高，当通信距离较远、位数多时更是如此。因此并行通信适合于近距离通信。

串行通信中，数据在通信线上的传送方式有 3 种：单工方式、半双工方式和双工方式。

串行通信的过程分为接收数据和发送数据，具体过程如下：

(1) 接收数据的过程。在进行通信时，当 CPU 允许接收时（即 SCON 的 REN 位置 1 时），外界数据通过引脚 RXD（P3.0）串行输入，数据的最低位首先进入输入移位器，一帧接收完毕再并行送入缓冲器 SBUF 中，同时将接收中断标志位 RI 置位，向 CPU 发出中断请求。CPU 响应中断后，用软件将 RI 位清除，同时读取输入的数据，接着又开始下一帧的输入过程。重复直至所有数据接收完毕。

(2) 发送数据的过程。CPU 要发送数据时，即将数据并行写入发送缓冲器 SBUF 中，同时启动数据由 TXD（P3.1）引脚串行发送，当一帧数据发送完即发送缓冲器空时，由硬件自动将发送中断标志位 TI 置位，向 CPU 发出中断请求。CPU 响应中断后，用软件将 TI 位清除，同时又将下一帧数据写入 SBUF 中。重复上述过程直到所有数据发送完毕。

串行口有 4 种工作方式，串行通信主要使用方式 1、方式 2 和方式 3，方式 0 主要用于扩展并行输入/输出口。

串行口在方式 1 下工作于异步通信方式，规定发送或接收一帧数据有 10 位，包括 1 位起始位、8 位数据位和 1 位停止位。串行口采用该方式时，特别适合于点对点的异步通信。

在方式 2 下一帧数据由 11 位组成，包括 1 位起始位、8 位数据位、1 位可编程位（第 9 位数据）、1 位停止位。第 9 位数据 TB8，可用做奇偶校验或地址/数据标志位，接收数据时，可编程位送入 SCON 中的 RB8。第 9 位数据具有特别的用途，可以通过软件来控制它，再加上特殊功能寄存器 SCON 中 SM2 位的配合，可使 MCS-51 单片机串行口适用于多机通信。

方式 3 与方式 2 完全类似，帧格式与方式 2 一样，一帧为 11 位。唯一的区别是方式 3 的波特率是可变的。所以方式 3 也适合于多机通信。

练 习 题

（1）串行通信有几种基本通信方式？它们有什么区别？

（2）什么是串行通信的波特率？

（3）串行通信有哪几种制式？各有什么特点？什么是奇偶校验？

（4）简述 MCS-51 单片机串行口控制寄存器 SCON 各位的定义。

（5）MCS-51 单片机串行通信有几种工作方式？简述它们各自的特点。

（6）简述 MCS-51 单片机串行口在 4 种工作方式下波特率的产生方法。

（7）假设异步通信接口按方式 1 传送，每分钟传送 6000 个字符，则其波特率是多少？

（8）串行口工作在方式 1 和方式 3 时，其波特率由定时器 T1 产生，为什么常选 T1 工作在方式 2？若已知 $f_{ocs}=6MHz$，需产生的波特率为 2400b/s，则如何计算 T1 的计数初值？实际产生的波特率是否有误差？

（9）试用查询法编写 AT89C51 串行口在方式 2 下的接收程序。设波特率为 $f_{ocs}/32$，接收数据块长 20，接收后存储于 databuf 数组中，采用奇偶校验，放在接收数据的第 9 位。

（10）设计一个发送程序，将芯片内 RAM 中的 30H～3FH 单元数据从串行口输出，要求将串行口定义为方式 3，TB8 作奇偶校验位。

（11）为何 T1 用做串行口波特率发生器时常用模式 2？若 $f_{osc}=6MHz$，试求出 T1 在模式 2 下可能产生的波特率的变化范围。

（12）画出利用串行口方式 0 和两片 74LS164 "串行输入并行输出" 芯片扩展 16 位输出口的硬件电路，并写出输出驱动程序。

（13）设单片机系统时钟频率 $f_{osc}=6MHz$，现利用定时器 T1 方式 2 产生 110b/s 波特率，试计算出定时器的初值。

（14）由 MCS-51 单片机的串行口的方式 1 发送 1，2，…，FFH 共 255 个数据，试用中断方式编写发送程序（波特率为 2400b/s，$f_{osc}=12MHz$）。

项目六 制作智能小车

任务一 制作调速小车

任务目标

- 了解电动机与单片机的接口电路；
- 了解单片机模拟脉宽调制 PWM 的方法；
- 能用单片机控制小车，实现前进、后退、转弯、调速等基本功能。

智能小车是一个集环境感知、规划决策、自动行驶等功能于一体的综合系统，它集中地运用了传感、信息、通信、人工智能及自动控制等技术，是典型的高新技术的综合体。本项目采用 AT89S51 单片机为控制核心，能控制电动小车的快慢速行驶、转弯、自动停车等基本功能，同时读者可自行设计自动记录时间、里程、速度等功能，借助其他的外围电路，还可实现自动避障、自动寻迹、自动寻光等功能。本任务中，实现最快慢速行驶、前进倒退、转弯等基本功能。

一、电动机驱动电路

在本项目使用的小车中，驱动电动机一共有左侧和右侧 2 个。对于电动机的驱动，采用如图 6-1 所示的驱动电路。该电路的工作原理如下。

①当电动机需要前进时，L－端设定为恒定的"1"，电动机的转动速度由 L＋端的"0"的占空比决定。

②当电动机需要后退时，L＋端设定为恒定的"1"，电动机的转动速度由 L－端的"0"的占空比决定。

软件设计的重点在于从单片机的 I/O 口输出脉冲控制电动机运转，本项目使用的单片机不具有硬件 PWM 输出功能模块。

二、单片机模拟输出 PWM 信号

51 系列单片机没有 PWM 输出功能，可以采用定时器配合软件的方法模拟输出。对精度要求不高的场合，非常实用。在实际应用中，为了实现单片机控制电路与执行电路的隔离，常使用光耦，电路原理如图 6-2 所示，图中使用了高速光耦 6N137。

项目六　制作智能小车

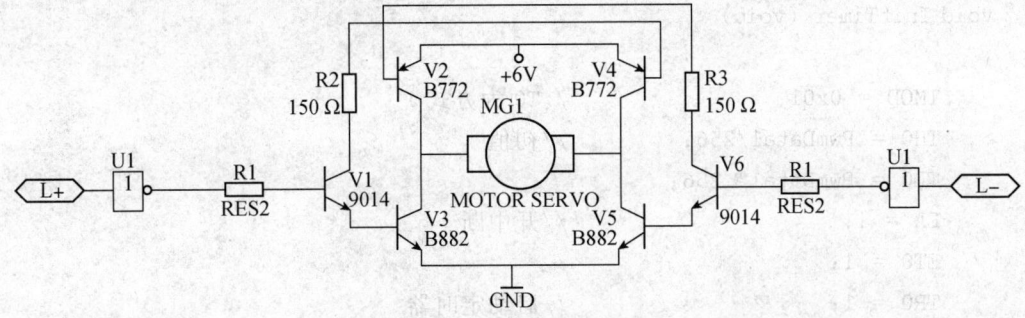

图 6-1　电动机驱动电路

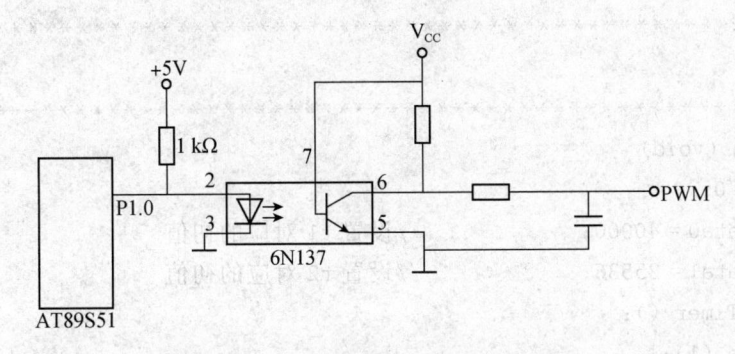

图 6-2　单片机输出 PWM 信号电路原理

(1) 固定脉宽 PWM 输出

可变脉宽 PWM 波形如图 6-3 所示。脉宽固定为 65536μs。将 T0 设置为方式 1（16 位定时器）方式，利用 T0 定时器控制 PWM 的占空比，图中 T1 和 T2 定时的初值分别为 PwmData0 和 PwmData1，其中为保证脉宽固定为 65536μs，必须满足 PwmData0＋PwmData1＝65536。

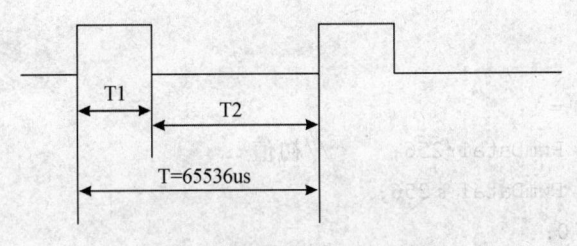

图 6-3　固定脉宽 PWM 输出

设计控制代码如下：

```
#include <reg51.h>
sbit PWMOUT = P1^0;              //定义 PWM 输出脚
unsigned int PwmData0, PwmData1;
bit PwmF;
/***************************************************
定时器初始化
***************************************************/
```

183

```c
void InitTimer (void)
{
    TMOD = 0x01;                   //T0 为方式 1
    TH0 = PwmData1/256;            //初值
    TL0 = PwmData1 % 256;
    EA = 1;                        //开中断
    ET0 = 1;
    TR0 = 1;                       //启动定时器
}
/******************************************************************
主程序
******************************************************************/
void main (void)
{   PwmF = 0;
    PwmData0 = 40000;              //设置 t1 对应的初值
    PwmData1 = 25536;              //设置 t2 对应的初值
    InitTimer ();
    while (1);
}
/******************************************************************
t0 中断服务程序
******************************************************************/
void Timer0Interrupt (void) interrupt 1
{
    if (PwmF)
    {
        PWMOUT = 1;
        TH0 = PwmData1/256;        //初值
        TL0 = PwmData1 % 256;
        PwmF = 0;
    }
    else
    {
        PWMOUT = 0;
        TH0 = PwmData0/256;        //初值
        TL0 = PwmData0 % 256;
        PwmF = 1;
    }
}
```

项目六 制作智能小车

在 Proteus 中绘制输出 PWM 波的电路原理图,如图 6-4 所示。为了观测结果方便,调用虚拟仪器库中的示波器,并将 P1.0 口接至示波器的 A 通道。

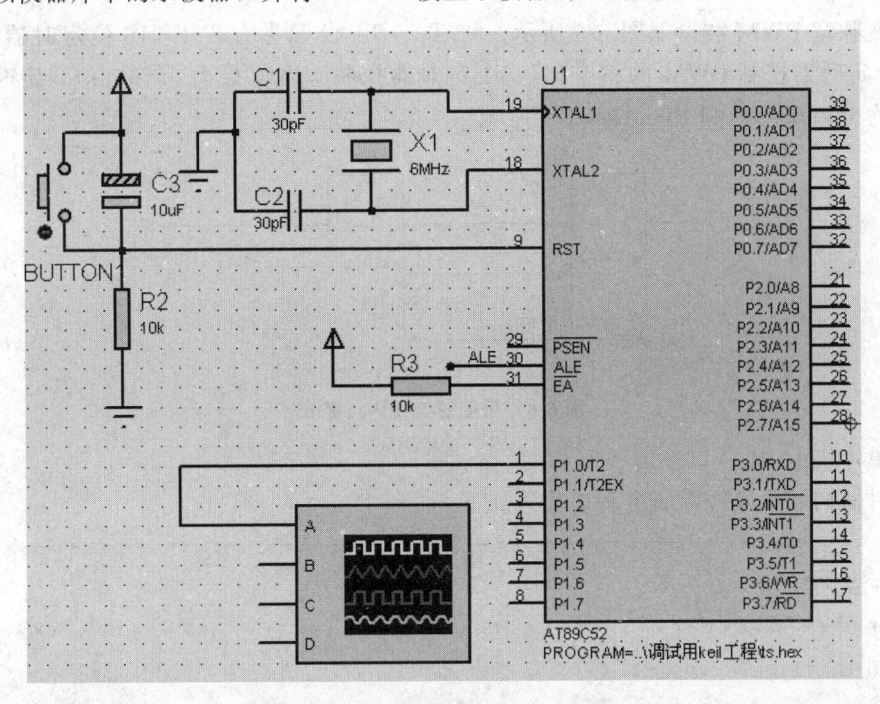

图 6-4 输出 PWM 波形仿真电路原理图

在 keil 中编译生成 hex 文件并装入到 Proteus 中,仿真运行,得到波形如图 6-5 所示,可清晰看到波形周期约为 65ms,高电平维持 40ms。

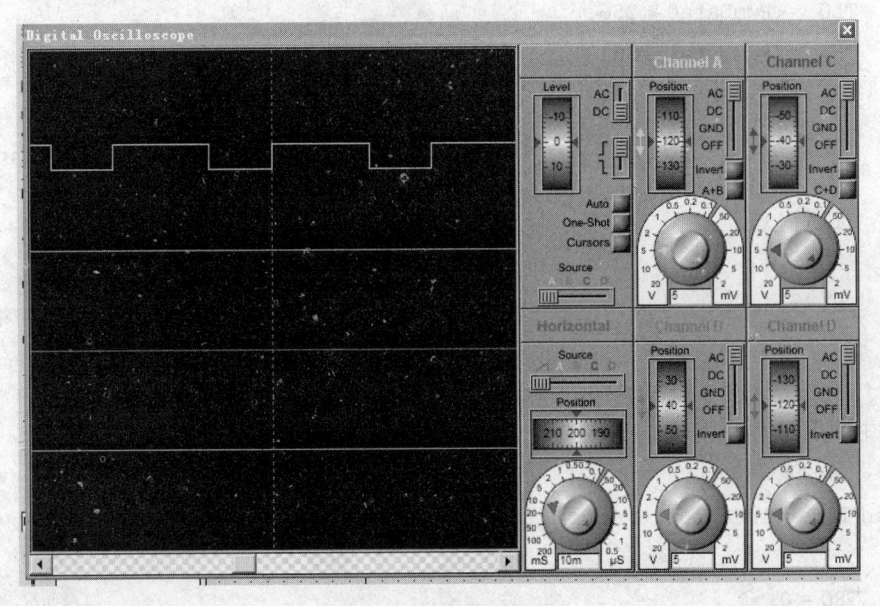

图 6-5 仿真输出波形

读者可修改 PwmData0 和 PwmData1 的初值来改变占空比,注意保证 PwmData0＋

PwmData1=65536 即可保证 PWM 波形的脉宽不变。

(2) 可变脉宽 PWM 输出

可变脉宽 PWM 波形如图 6-6 所示。将 T0、T1 设置为方式 1（16 位定时器）方式，利用 T0 定时器控制 PWM 的占空比，T1 定时器控制脉宽（最大 $65536\mu s$）。定时器的初值分别为 PwmData0 和 PwmData1。

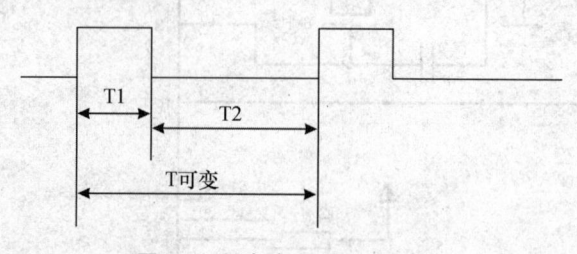

图 6-6　可变脉宽 PWM 输出

设单片机的 P1.0 口输出波形。

定时器初始化及中断服务程序代码如下：

/**

定时器初始化

**/

```
void InitTimer0 (void)
{
    TMOD = 0x11;                //T0、T1 均为方式 1
    TH0 = PwmData0/256;         //初值
    TL0 = PwmData0 % 256;
    TH1 = PwmData1/256;
    TL1 = PwmData1 % 256;
    EA = 1;                     //开中断
    ET0 = 1;
    ET1 = 1;
    TR0 = 1;                    //启动定时器
    TR1 = 1;
}
```

/**

t0 中断服务程序

**/

```
void Timer0Interrupt (void) interrupt 1
{
    TR0 = 0;
    P1^0 = 1;
}
```

```
/***************************************************************
t1 中断服务程序
***************************************************************/
void Timer1Interrupt (void) interrupt 3
{
    P1^0 = 0;
    TR0 = 0;
    TR1 = 0;
    TH0 = PwmData0/256;         //初值
    TL0 = PwmData0 % 256;
    TH1 = PwmData1/256;
    TL1 = PwmData1 % 256;
    TR0 = 1;                    //启动定时器
    TR1 = 1;
}
```

为了测试方便,编写如下主程序。假设 PWM 波形的周期为 $50000\mu s$,占空比为 1∶5。则定时器的初值为:

$PwmData1 = 65536 - 50000 = 15536$;

$PwmData0 = 65536 - 50000 \times \left(1 - \dfrac{1}{5}\right) = 25536$

设计主程序代码如下:

```
#include <reg51.h>
sbit PWMOUT = P1^0;             //定义 PWM 输出脚
unsigned int PwmData0, PwmData1;
/***************************************************************
主程序
***************************************************************/
void main (void)
{
    PwmData0 = 25536;           //设置 T1 对应的初值
    PwmData1 = 15536;           //设置 T0 对应的初值
    InitTimer ();
    while (1);
}
```

在 keil 中编译生成 hex 文件并装入到 Proteus 中,仿真运行,得到波形如图 6-7 所示,可清晰看到波形占空比为 1∶5,周期为 50ms。

(3) 用两按键加减脉宽输出

利用定时器控制产生占空比可变的 PWM 波。按键 key1 (P1.1) 和 key2 (P1.2) 实现占空比的增加和降低。利用图 6-4 可查看 P1.0 口输出波形。

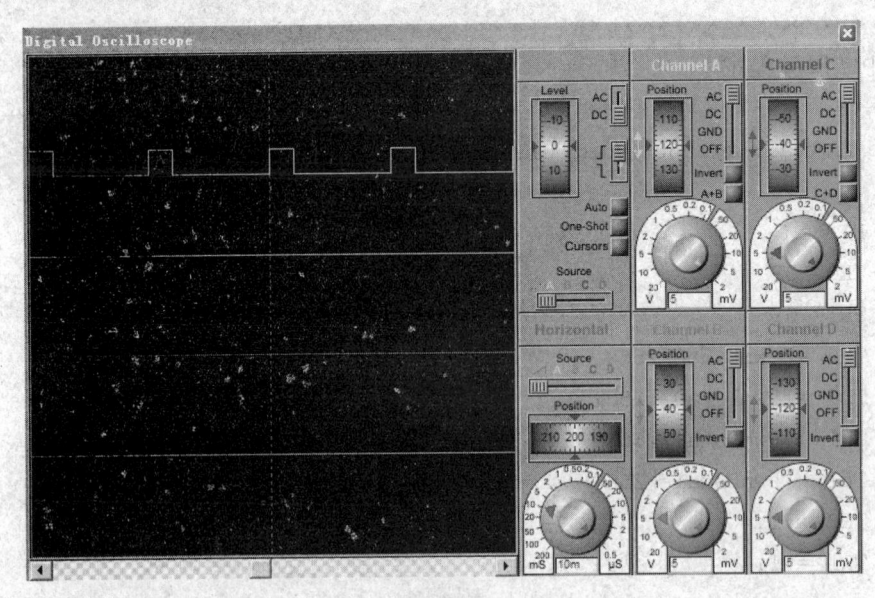

图 6-7　仿真输出波形图

利用单片机的定时器 T0 定时 $200\mu s$，利用 PwmH 和 Pwm 变量，分别对 T0 的定时时间计数，控制 PWM 波形的高电平维持时间和 PWM 波形的周期。设计程序如下：

```c
#include <reg51.h>
sbit PWMOUT = P1^0;              //定义 PWM 输出脚
sbit key1 = P1^1;
sbit key2 = P1^2;
unsigned int PwmH, Pwm;
unsigned char i;                 //计数器
/***************************************************************
定时器初始化
***************************************************************/
void InitTimer (void)
{
    TMOD = 0x02;                 //T0 为方式 2
    TH0 = 56;                    //初值，定时 200us
    TL0 = 56;
    EA = 1;                      //开中断
    ET0 = 1;
    TR0 = 1;                     //启动定时器
}
/***************************************************************
5ms 按键消抖延时
***************************************************************/
```

```c
void delay5ms (void)
{
    unsigned char a, b;
    for (b = 19; b>0; b - -)
        for (a = 130; a>0; a - -);
}
/******************************************************************
主程序
******************************************************************/
void main (void)
{   PWMOUT = 0;
    i = 0;
    PwmH = 2;                       //初始化占空比为1:10,周期为4ms
    Pwm = 20;
    InitTimer ();
    while (1)
    {
        if (! key1)                 //判断+1按键
        {
            delay5ms ();            //按键消抖
            if (key1) continue;
            while (! key1);         //判断+1按键弹出
            if (PwmH<Pwm) PwmH + +;
        }
        if (! key2)                 //判断-1按键
        {
            delay5ms ();            //按键消抖
            if (key2) continue;
            while (! key2);         //判断-1按键弹出
            if (PwmH>1) PwmH - -;
        }
    }
}
/******************************************************************
t0中断服务程序
******************************************************************/
void Timer0Interrupt (void) interrupt 1
{
    i + +;
```

```
        if (i = = PwmH)
            PWMOUT = 0;
        if (i = = Pwm)
        {
            i = 0;
            PWMOUT = 1;
        }
    }
```

Keil 中编译生成 hex 文件后，装入 Proteus 运行，观测波形如图 6-8 所示，点击按键后能看到波形占空比的变化。

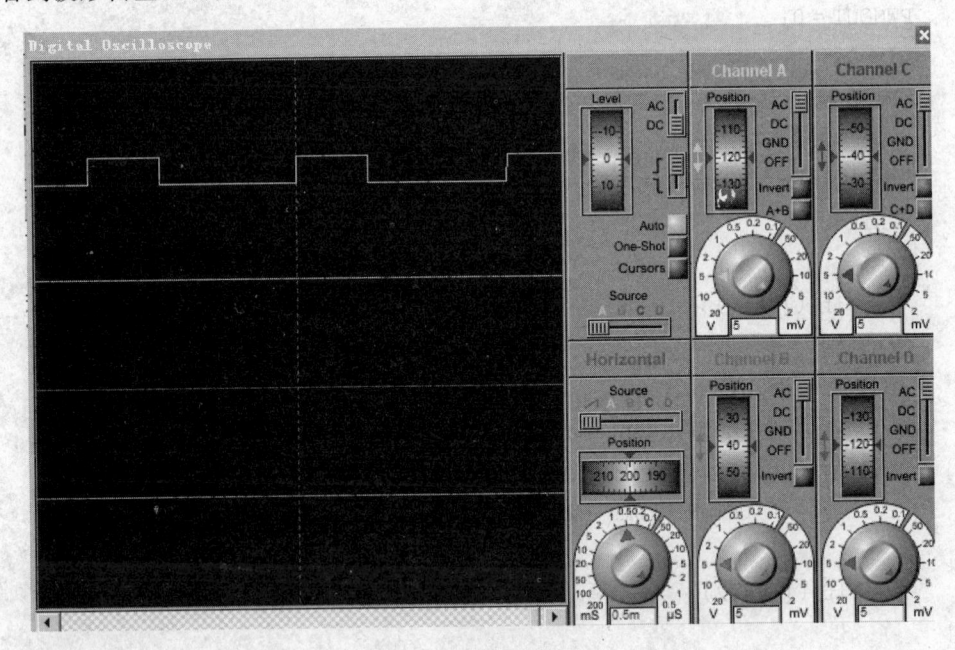

图 6-8 仿真输出波形图

三、任务实施

（一）硬件电路设计

综合前文所述，本任务将设计一个调速小车控制系统，由单片机输出脉宽可调的 PWM 波控制直流电机转速，从而调节小车前进的速度；利用光耦，实现控制电路与执行电路的隔离。在 Proteus 中绘制系统仿真原理图如图 6-9 所示。为了调试方便，调用虚拟示波器用于观测调速波形。

（二）控制软件设计

利用单片机产生脉宽可调的 PWM 波，经光耦隔离后，控制直流电机驱动电路即可。设计程序代码如下：

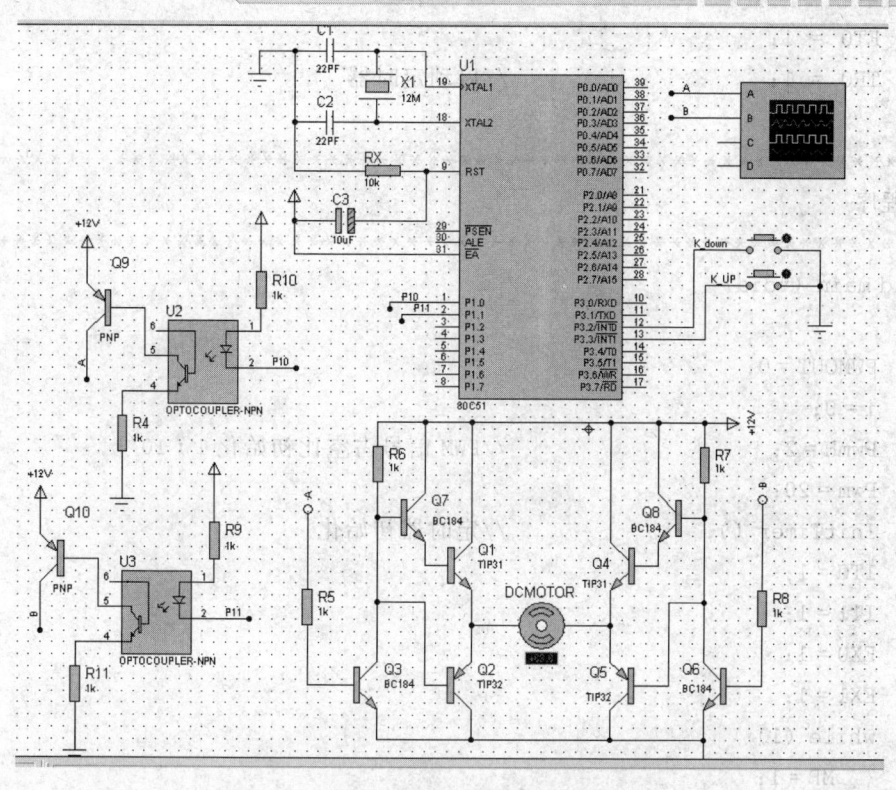

图 6-9 调速小车控制系统仿真电路原理图

```
#include <reg52.h>
#include <intrins.h>
#define uint unsigned int
#define uchar unsigned char
sbit MA   = P1^0;            //直流电机
sbit MB   = P1^1;            //直流电机
bit PWMOUT;                  //定义 PWM 信号位

unsigned int PwmH, Pwm;
unsigned char i;             //计数器
/**************************************************************
定时器初始化,方式 2 定时 200us
**************************************************************/
void InitTimer (void)
{
    TMOD = 0x02;             //T0 为方式 2
    TH0 = 56;                //初值,定时 200μs
    TL0 = 56;
    EA = 1;                  //开中断
```

```c
    ET0 = 1;
    TR0 = 1;                        //启动定时器
}
/******************************************************************
主程序
******************************************************************/
void main (void)
{
    PWMOUT = 0;
    i = 0;
    PwmH = 2;                       //PWM 信号占空比初始化 1:10
    Pwm = 20;
    InitTimer ();                   //定时器初始化
    IT0 = 1;
    IT1 = 1;
    EX0 = 1;
    EX1 = 1;
    while (1)
    {   MB = 1;
        MA = PWMOUT;
    }
}
/******************************************************************
t0 中断服务程序
******************************************************************/
void Timer0Interrupt (void) interrupt 1
{
    i++;
    if (i == PwmH)
        PWMOUT = 0;
    if (i == Pwm)
    {
        i = 0;
        PWMOUT = 1;
    }
}
/******************************************************************
外部中断 0 服务程序,-1 按键
******************************************************************/
```

```
void INT0Interrupt (void) interrupt 0
{
    if (PwmH<Pwm) PwmH++;
}
/****************************************************************
外部中断 1 服务程序，+1 按键
****************************************************************/
void INT1Interrupt (void) interrupt 2
{
    if (PwmH>1) PwmH--;
}
```

（三）程序调试

在 keil 中编译生成 hex 文件，并装入 Proteus 中仿真运行，打开示波器可看到如图 6-10 所示的波形，同时看到电机转动。

按下 k_down 按键后，可看到 A 通道波形占空比减小，电机转速降低。

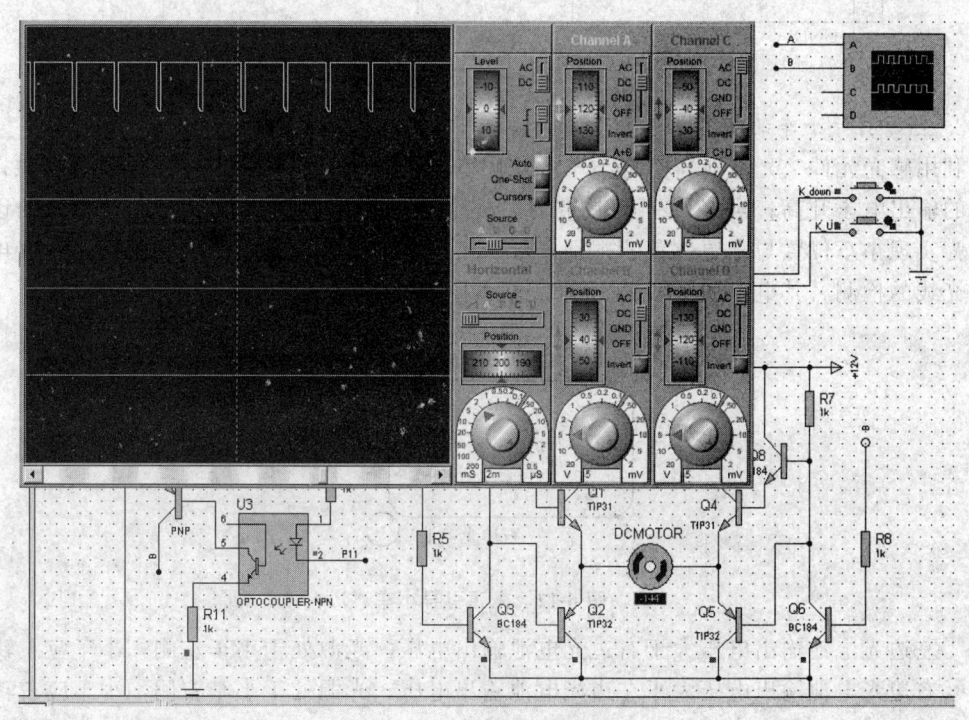

图 6-10 仿真结果示意图

四、任务扩展

在本任务完成基本前进、调速、转弯功能的基础上，实现自动寻光功能。首先需要掌握以下知识：

1. 光电池

光电池两端输出的电压,随光的强度变化而变化。亮度增加时,两端输出的电压增大;亮度减小时,两端输出的电压降低。由于光电池输出电压变化幅度比较小,为便于与A/D 转换器接口,在光电池与 A/D 转换器之间采用一放大电路模块。该放大电路模块由两级电路组成。其中 U1A 组成一级跟随器,U1B 构成一级比较器,其电路如图 6-11 所示。

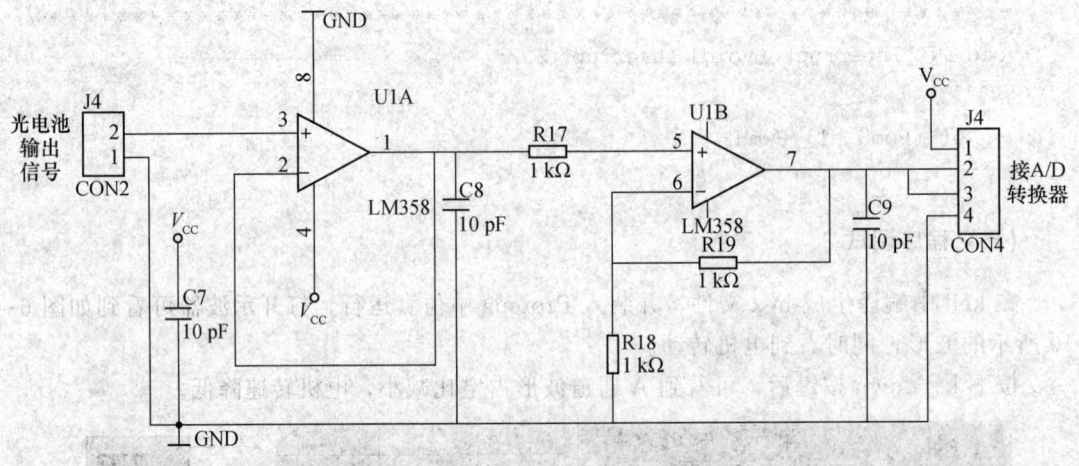

图 6-11 环境光检测与信号处理

2. 光源引导小车的基本原理

利用感光元件(光电池)实现小车所处环境光线强度的检测。当光线强度增加时,光电池的输出电压升高;当光线强度减弱时,光电池的输出电压降低。在光导小车的设计中,为实现小车位置与光源位置的判别,可以在小车车头的左右两侧分别安装一个光电池进行光线的检测,其电路如图 6-12 所示。基本原理如下。

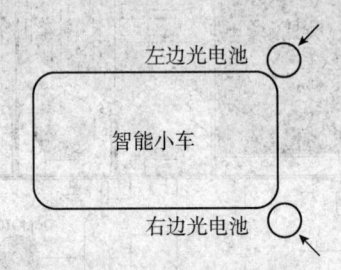

图 6-12 光源引导小车

①左边光电池输出电压大于右边光电池输出电压,光源处于小车左侧,小车应左转;
②右边光电池输出电压大于左边光电池输出电压,光源处于小车右侧,小车应右转;
③右边光电池输出电压等于左边光电池输出电压,光源处于小车正前方,小车应维持航向直线前进。

需要注意的是,光电池输出电压必须经过 AD 转换,才能被单片机采集。读者可以选择并行 AD 转换芯片 ADC0809 或者串行 AD 转换芯片 ADC0832 来完成。程序设计流程如下:

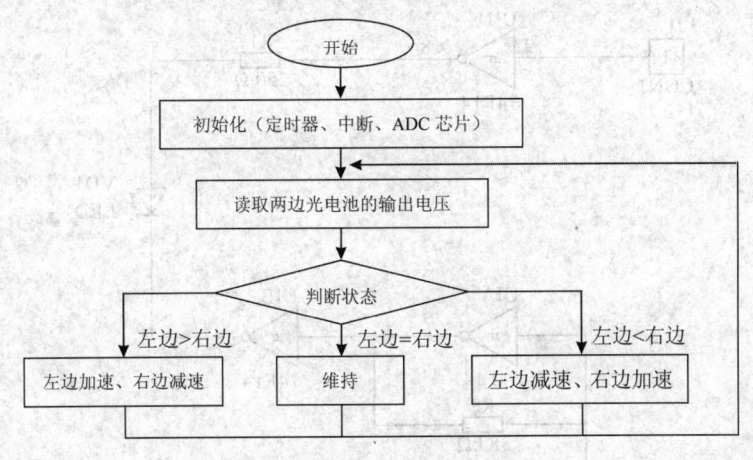

```
                    开始
                     │
                     ▼
        初始化（定时器、中断、ADC 芯片）
                     │
                     ▼
            读取两边光电池的输出电压
                     │
                     ▼
                 判断状态
     ┌───左边>右边──┼──左边=右边──┬──左边<右边──┐
     ▼              ▼                           ▼
左边加速、右边减速   维持              左边减速、右边加速
```

图 6-13 寻光小车控制流程

读者可根据上述流程，自行设计代码并仿真。

任务二　制作智能小车

任务目标

➤ 了解光电传感器和电动机的接口电路；
➤ 掌握 AT89S51 单片机外部引脚与传感器测量电路的连接；
➤ 掌握 AT89S51 单片机模拟脉宽调制 PWM 的方法；
➤ 熟悉软件定时的编程方法以及计数的计算；
➤ 学习顺序结构程序的编程方法以及子程序的设计方法。

一、相关知识

1. 红外故障检测传感器

在小车行进的过程中，通常可以利用红外传感器进行障碍物的检测，电路如图 6-14 所示。用 1 个红外发射二极管进行红外信号的发送。红外发送二极管的阳极为 38 kHz 的载波信号，红外发射二极管的阳极为红外二极管的使能调制端，由单片机输出信号进行调制，通过发射二极管发送调制后的红外信号。红外接收器是专用的红外接收模块，进行信号的接收，电路如图 6-15 所示。

2. 语音检测器件及电路

在本电路中，利用驻极体话筒来实现声音的检测，当外界的声音发生改变时，话筒电阻阻值的变化，在话筒的两端产生一个随外界声音变化的交流信号，信号的频率与幅度决定了交流信号的频率与幅度。经过放大-整流-放大的过程，在 OUT 端得到相对应的电平信号，其电路如图 6-16 所示。

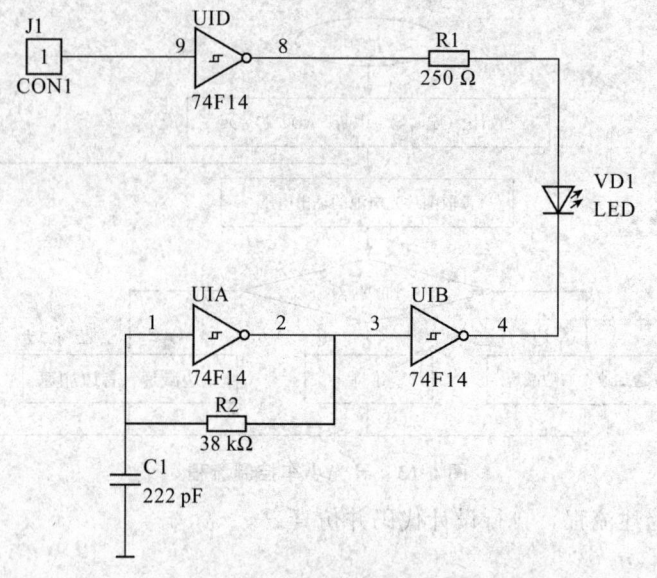

图 6-14 红外信号发送电路

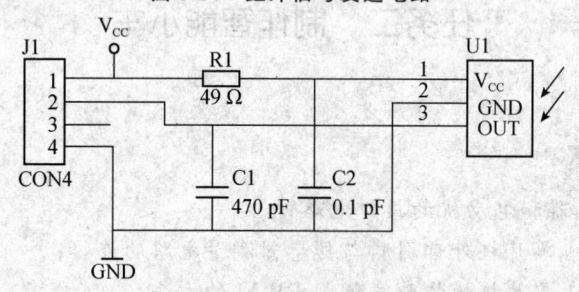

图 6-15 红外信号接收器

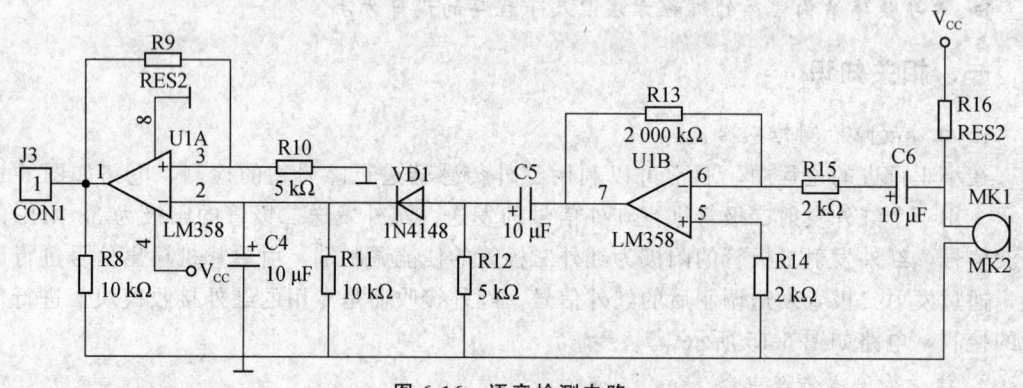

图 6-16 语音检测电路

二、任务实施

本项目的重点在于障碍检测软件的设计，其流程图如图 6-17 所示。

（1）左边障碍检测流程

（2）左边障碍检测程序

项目六 制作智能小车

```
            ┌─────────┐
            │   开始   │
            └────┬────┘
                 ↓
    ┌────────────────────────────┐
    │分别关闭左边和右边的红外发射二极管│
    └────────────┬───────────────┘
                 ↓
       ┌──────────────────┐
       │  设定发送脉冲数目  │
       └────────┬─────────┘
                ↓
       ┌──────────────────┐
       │   接收寄存器清 0   │
       └────────┬─────────┘
                ↓←───────────────────┐
       ┌──────────────────┐          │
       │   使能左边的发送端 │          │
       └────────┬─────────┘          │
                ↓                     │
       ┌──────────────────┐          │
       │    延时 160 μs    │          │
       └────────┬─────────┘          │
                ↓                     │
            ╱────────╲     否         │
           ╱是否接收为0╲──────┐       │
            ╲         ╱        │       │
             ╲───┬───╱         │       │
                 ↓是            │       │
       ┌──────────────────┐    │       │
       │    脉冲数目加 1    │    │       │
       └────────┬─────────┘    │       │
                ↓←─────────────┘       │
       ┌──────────────────┐            │
       │   关闭左边的发送端 │            │
       └────────┬─────────┘            │
                ↓                       │
       ┌──────────────────┐            │
       │    延时 160 μs    │            │
       └────────┬─────────┘            │
                ↓                       │
            ╱────────╲     否           │
           ╱  发送结束? ╲─────────────┘
            ╲         ╱
             ╲───┬───╱
                 ↓是
            ╱────────╲     否        ┌──────────────────┐
           ╱接受脉冲>7? ╲───────────→│  确定左边没有障碍  │
            ╲         ╱              └──────────────────┘
             ╲───┬───╱
                 ↓是
       ┌──────────────────┐
       │   确定左边有障碍   │
       └──────────────────┘
```

图 6-17 左边障碍检测流程图

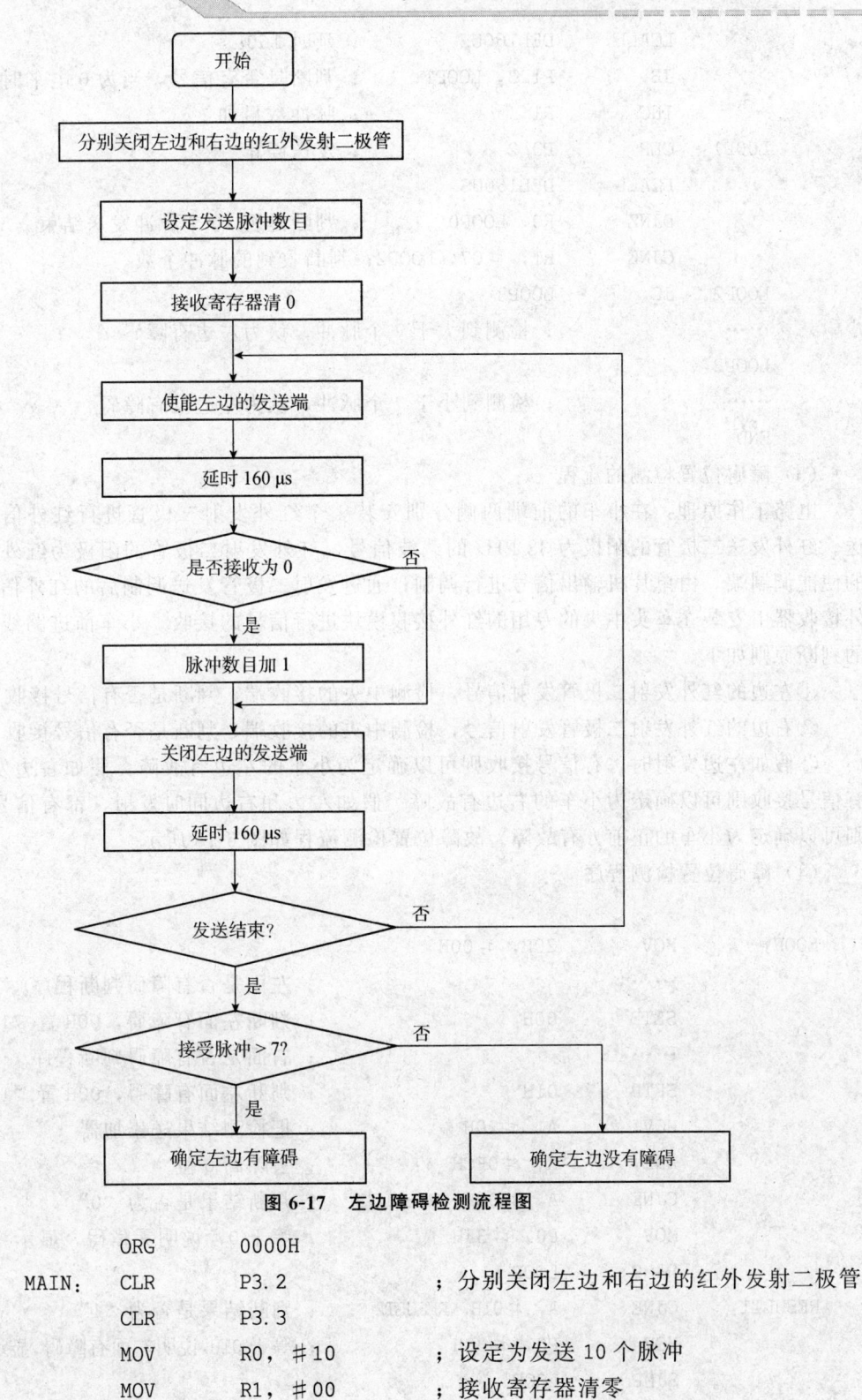

```
        ORG     0000H
MAIN:   CLR     P3.2            ;分别关闭左边和右边的红外发射二极管
        CLR     P3.3
        MOV     R0,#10          ;设定为发送 10 个脉冲
        MOV     R1,#00          ;接收寄存器清零
LOOP0:  SETB    P3.2            ;左边的红外发射二极管发送使能
```

```
            LCALL   DEL160US              ;延时 160μs
            JB      P1.3, LOOP1           ;判断是否有信号,当为 0 电平时有反射
            INC     R1                    ;脉冲数目加 1
    LOOP1:  CLR     P3.2                  ;发送停止
            LCALL   DEL160US
            DJNZ    R0, LOOP0             ;判断是否 10 个脉冲发送结束
            CJNE    R1, #07, LOOP2        ;判断收到的脉冲个数
    LOOP2:  JC      LOOP3
            ……                            ;检测到大于 7 个脉冲,认为左边有障碍
    LOOP3:
            ……                            ;检测到小于 7 个脉冲,认为左边没有障碍
            END
```

(3) 障碍位置检测的流程

电路工作原理:在小车的前端两侧分别安装 1 个红外发射二极管进行红外信号的发送。红外发送二极管的阳极为 38 kHz 的载波信号,红外发射二极管的阳极为红外二极管的使能调制端,由单片机输出信号进行调制,通过发射二极管发送调制后的红外信号。红外接收器由安装在车头中央的专用的红外接收模块进行信号的接收。小车前进路线中路障的判断原则如下。

①左边的红外发射二极管发射信号,检测中央的接收端,判断是否有信号接收;

②右边的红外发射二极管发射信号,检测中央的接收端,判断是否有信号接收;

③假如左边发射时,有信号接收则可以确定为小车的左边有故障;假如右边发射时,有信号接收则可以确定为小车的右边有故障;假如左边和右边同时发射,都有信号接收,则可以确定为小车的正前方有故障。故障位置检测流程如图 6-18 所示。

(4) 障碍位置检测程序

```
            ……
    LOOP:   MOV     20H, #00H
            ……                            ;左面是否有障碍判断程序
            SETB    00H                   ;判断左面有障碍,00H 置"1"
            ……                            ;右面是否有障碍判断程序
            SETB    01H                   ;判断左面有障碍,00H 置"1"
            MOV     A, #20H               ;把检测结果送累加器
            ANL     A, #0FCH              ;去除高 6 位
            CJNE    A, #00H, RESULT1      ;判断结果是否为"0"
            MOV     P0, #3FH              ;等于 0,说明无障碍,显示"0"
            SJMP    LOOP
    RESULT1: CJNE   A, #01H, RESULT2      ;判断结果是否为"1"
            MOV     P0, #38H              ;等于 01H,说明左面有障碍,显示"L"
            SJMP    LOOP
    RESULT2: CJNE   A, #02H, RESULT3      ;判断结果是否为"2"
```

项目六　制作智能小车

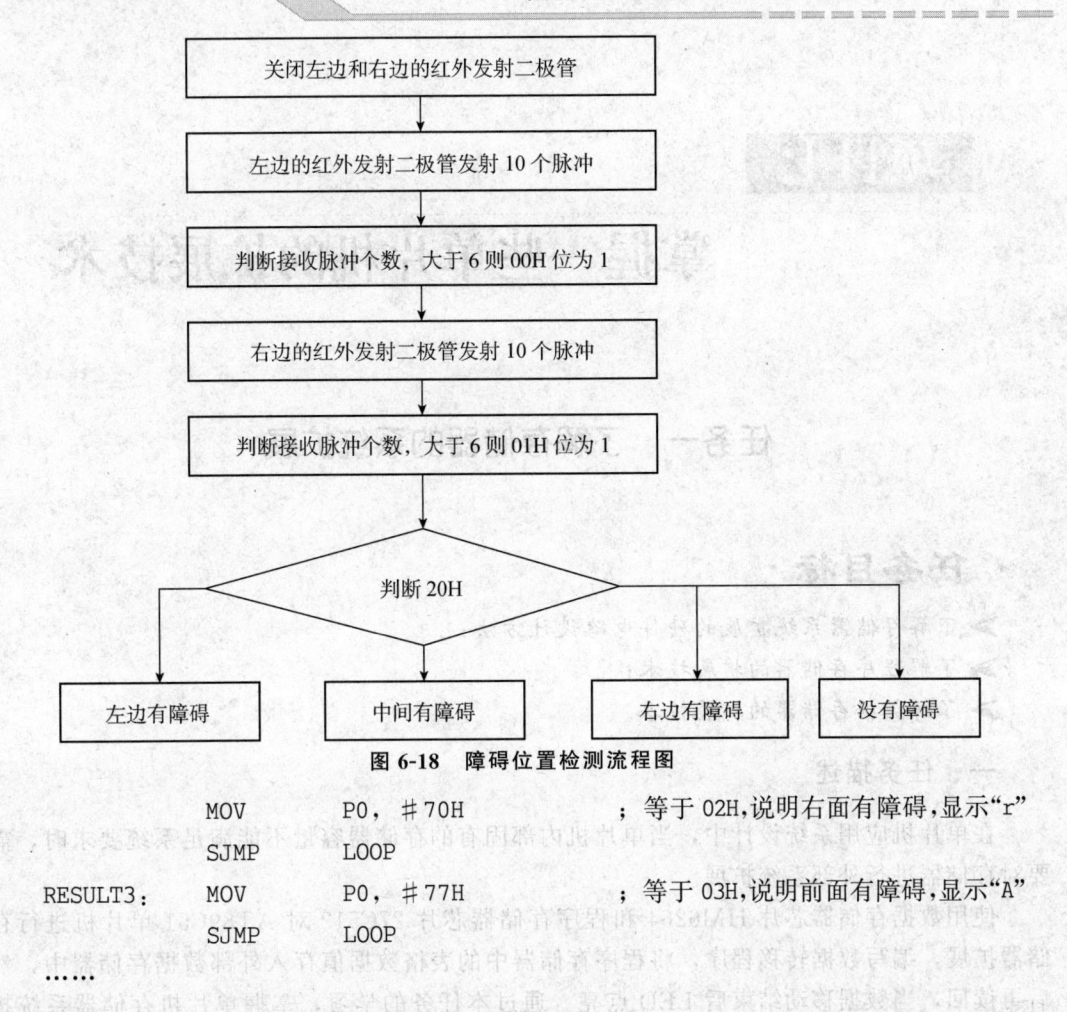

```
                    ┌─────────────────────────────┐
                    │  关闭左边和右边的红外发射二极管  │
                    └─────────────────────────────┘
                                    │
                    ┌─────────────────────────────┐
                    │  左边的红外发射二极管发射10个脉冲 │
                    └─────────────────────────────┘
                                    │
                    ┌─────────────────────────────────┐
                    │ 判断接收脉冲个数，大于6则00H位为1  │
                    └─────────────────────────────────┘
                                    │
                    ┌─────────────────────────────┐
                    │ 右边的红外发射二极管发射10个脉冲 │
                    └─────────────────────────────┘
                                    │
                    ┌─────────────────────────────────┐
                    │ 判断接收脉冲个数，大于6则01H位为1  │
                    └─────────────────────────────────┘
                                    │
                              ╱ 判断20H ╲
                             ╱           ╲
          ┌───────┬─────────┴─────────────┴────────┬───────┐
    ┌─────────┐ ┌─────────┐              ┌─────────┐ ┌─────────┐
    │左边有障碍│ │中间有障碍│              │右边有障碍│ │没有障碍 │
    └─────────┘ └─────────┘              └─────────┘ └─────────┘
```

图 6-18　障碍位置检测流程图

```
         MOV     P0，#70H        ；等于02H,说明右面有障碍,显示"r"
         SJMP    LOOP
RESULT3： MOV     P0，#77H        ；等于03H,说明前面有障碍,显示"A"
         SJMP    LOOP
……
```

项目七 掌握一些单片机的扩展技术

任务一　了解存储器的系统扩展

任务目标

➤ 了解存储器系统扩展的硬件电路设计方法；
➤ 了解程序存储器的扩展技术；
➤ 了解数据存储器的扩展技术。

一、任务描述

在单片机应用系统设计中，当单片机内部固有的存储器容量不能满足系统要求时，需要对存储器进行外部系统扩展。

使用数据存储器芯片 HM6264 和程序存储器芯片 27C512 对 AT89C51 单片机进行存储器扩展，编写数据转移程序，将程序存储器中的表格数据值存入外部数据存储器中，然后再读回，当数据移动结束后 LED 点亮。通过本任务的学习，掌握单片机存储器系统扩展的原理和方法，了解常用存储器芯片的使用，熟悉单片机系统三总线访问结构。

二、硬件设计

单片机存储器扩展电路如图 7-1 所示，使用 EPROM 27C512 芯片进行片外 ROM 的扩展。27C512 具有 64KB 空间，使用了全部 16 根地址线，因为只有一片 ROM 芯片，故片选线$\overline{CE}$直接接地。由于单片机的$\overline{EA}$引脚接 V_{cc}，所以首先使用了片内 ROM。

使用 HM6264 芯片进行片外 RAM 的扩展，HM6264 具有 8KB 空间，使用了 13 根地址线，同样只有一片 RAM 芯片，故片选线 CS 接 V_{cc}，$\overline{CE}$接地。

电路设计关键在于：P0 口分时复用，故采用 74LS373 进行地址锁存，单片机 ALE 引脚与 74LS373 的 LE 相连；单片机的读、写引脚$\overline{RD}$和$\overline{WD}$与 HM6264 的$\overline{OE}$和$\overline{WE}$相连，实现对外部 RAM 的读写；单片机的$\overline{PSEN}$与 27C512 的$\overline{OE}$相连，实现从外部 ROM 执行程序。

❖ 注意：因为两者使用的控制线不同，所以对外部 RAM 和外部 ROM 的访问是独立的。

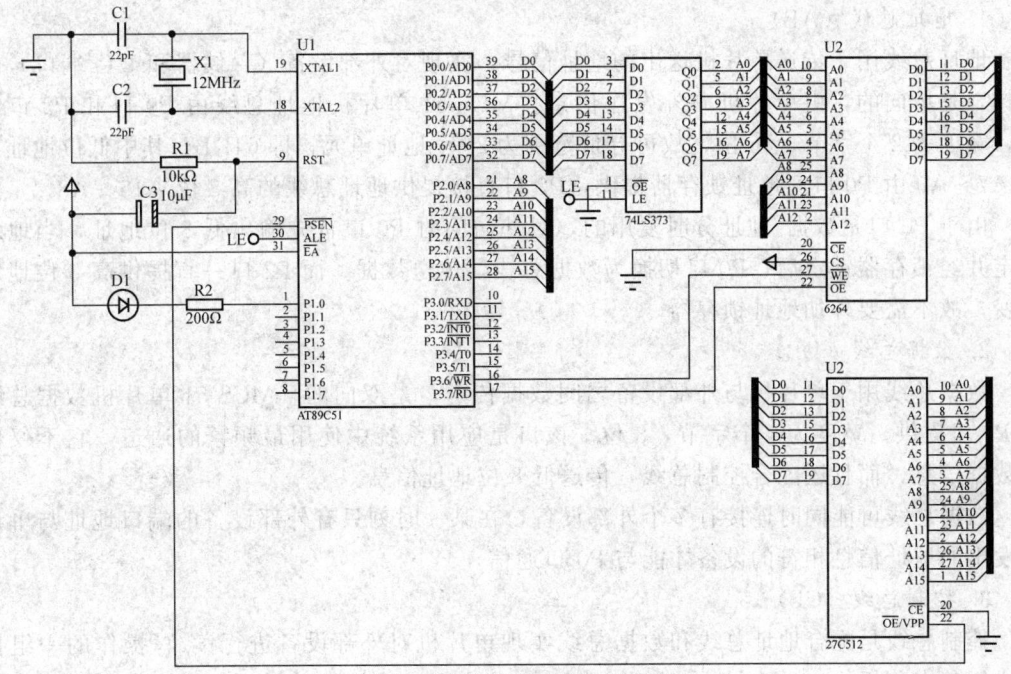

图 7-1 单片机存储器扩展电路

三、相关知识

知识点一：MCS-51 系列单片机片外总线结构

单片机系统扩展时，为了便于与各种芯片相连接，引入微机系统所具有的三总线结构形式。所谓总线，就是系统中连接各扩展器件的一组公共信号线，即地址总线、数据总线和控制总线。MCS-51 系列单片机片外引脚可以构成如图 7-2 所示的三总线结构，所有的外围芯片都通过这三条总线进行扩展。

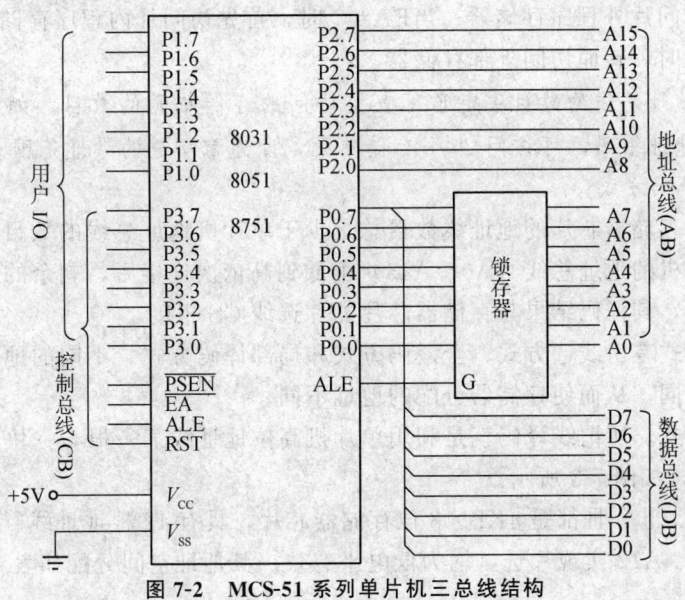

图 7-2 MCS-51 系列单片机三总线结构

1. 地址总线（AB）

地址总线用于传送单片机送出的地址信号，实现对外部设备（存储器和 I/O 端口）的选择，是单向的，由单片机向外发送信息。MCS-51 单片机地址总线由 P0 口和 P2 口组成，宽度为 2 个字节，16 位，故可寻址范围为 2^{16} 个地址单元，即 64KB。其中低位地址总线 A7～A0 由 P0 口经地址锁存器提供，P2 口直接提供地址总线的高 8 位 A15～A8。

由于 P0 口是数据/地址分时复用的，对外访问时 P0 口首先输出低 8 位地址，当地址稳定并经锁存器锁定后，P0 口切换为数据总线，传送数据。而 P2 口一直提供高 8 位地址不变，故不需要外加地址锁存器。

2. 数据总线（DB）

数据总线用于单片机与外部设备之间数据传送，是双向的。MCS-51 单片机数据总线由 P0 口提供，宽度为 1 个字节，8 位。该口是应用系统中使用最频繁的通道，它不仅传送数据信息，而且还配合控制总线，传送低 8 位地址信息。

数据总线可能同时连接有多个外部设备，在某一时刻只有外部设备的端口地址与单片机发出的地址信息相符的设备才能与 P0 口通信。

3. 控制总线（CB）

控制总线是配合地址总线和数据总线实现单片机对外部设备进行读/写操作的一组控制线。其中包括：

（1）ALE 用于锁存 P0 输出的低 8 位地址，在其下降沿控制锁存器对低 8 位地址进行锁存。

（2）$\overline{RD}$ 和 $\overline{WR}$ 用于片外数据存储器和 I/O 端口的读/写选通信号。对定义在 xdata 区的变量进行读写操作（汇编中 MOVX 指令）时，这两个信号分别自动有效。

（3）$\overline{PSEN}$ 信号用于外部程序存储器的读选通信号。对定义在 code 区的常量进行读取操作（汇编中 MOVC 指令）时，该信号自动产生。

（4）$\overline{EA}$ 信号用于片内、外程序存储器的选择信号。当 $\overline{EA}=0$ 时，无论片内有无程序存储器，直接访问片外程序存储器；当 $\overline{EA}=1$ 时，首先访问片内程序存储器，当片内程序存储器容量不足时，转而访问外部存储器。

❖ **注意**：地址总线的数目决定了可直接访问的存储单元的数目。如有 n 位地址可以产生 2^n 个连续地址编码，可访问 2^n 个存储单元，即通常所说的寻址范围。

4. 地址线译码方式

一般来说，存储器芯片的地址线数目总是少于单片机地址总线的数目，当存储器芯片的地址线与单片机的地址总线（A0～A15）由低到高依次连接后，剩余的高位地址线一般作为译码线使用，其译码结果与存储器芯片的片选线 CS 相接。

主要译码方式有：线选方式、全译码方式和局部译码方式。不同的地址译码方式，产生的片选信号不同，从而使存储器分配的地址不同。

（1）线选方式。所谓线译码就是利用单片机高位地址线某一根与一块存储器芯片的片选信号 CS 相连，如图 7-3 所示。

图 7-3 中 I、II、III 都是 4KB×8 位存储器芯片，具有 12 根地址线。现用 3 根高位地址线 A14、A13、A12 实现片选，均为低电平有效。其地址空间分配如表 7-1 所示。

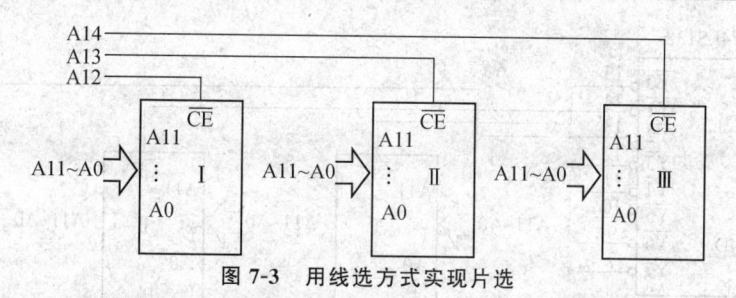

```
        A14 ────────────────────────────────────┐
        A13 ──────────────┐                      │
        A12 ──┐            │                      │
              ▼            ▼                      ▼
           ┌─────┐      ┌─────┐               ┌─────┐
           │ CE  │      │ CE  │               │ CE  │
   A11    │ A11 │ A11  │ A11 │        A11   │ A11 │
   ~A0 ⇒ │  :  I│ ~A0 ⇒│  : II│        ~A0 ⇒│  : III│
          │ A0  │      │ A0  │               │ A0  │
          └─────┘      └─────┘               └─────┘
```

图 7-3　用线选方式实现片选

表 7-1　线选法地址分配表

芯片	二进制表示 A15 A14 A13 A12	A11 … A0	十六进制
芯片 I	× 1 1 0	0 … 0 1 … 1	6000H～6FFFH 或 E000H～EFFFH
芯片 II	× 1 0 1	0 … 0 1 … 1	5000H～5FFFH 或 D000H～DFFFH
芯片 III	× 0 1 1	0 … 0 1 … 1	3000H～3FFFH 或 B000H～BFFFH

注："×"表示任意信号，0 或 1。

可以看出，其地址空间重叠，而且还不连续，然而在外扩芯片少的情况下，硬件设计简单、灵活。

（2）全译码方式。所谓全译码就是存储器芯片的地址线与单片机系统的地址线顺次相接后，剩余的高位地址线全部参加译码。这种译码方法存储器芯片的地址空间是唯一确定的，各芯片间的地址是连续的，但译码电路相对复杂。一般要采用地址译码器芯片，如：74LS138、74LS139、74LS154 等。如图 7-4 所示，采用 3/8 译码器实现地址译码，产生片选信号。其地址空间分配如表 7-2 所示。

表 7-2　全译码方式地址分配表

芯片	二进制表示 A15 A14 A13 A12	A11 … A0	十六进制
芯片 I	1 0 0 0	0 … 0 1 … 1	8000H～8FFFH
芯片 II	1 0 0 1	0 … 0 1 … 1	9000H～9FFFH
芯片 III	1 0 1 0	0 … 0 1 … 1	A000H～AFFFH

（3）局部译码方式。所谓局部译码就是存储器芯片的地址线与单片机系统的地址线顺次相接后，剩余的高位地址线只有部分参与译码。如在图 7-4 的基础上，将 74LS138 的第 6 引脚直接接 V_{CC}，地址总线 A15 不参加译码，就成为局部译码方式。就芯片 I 而言，当 A15＝0 时，芯片占用的地址是 0000H～0FFFH；当 A15＝1 时，芯片占用的地址是 8000H～8FFFH。

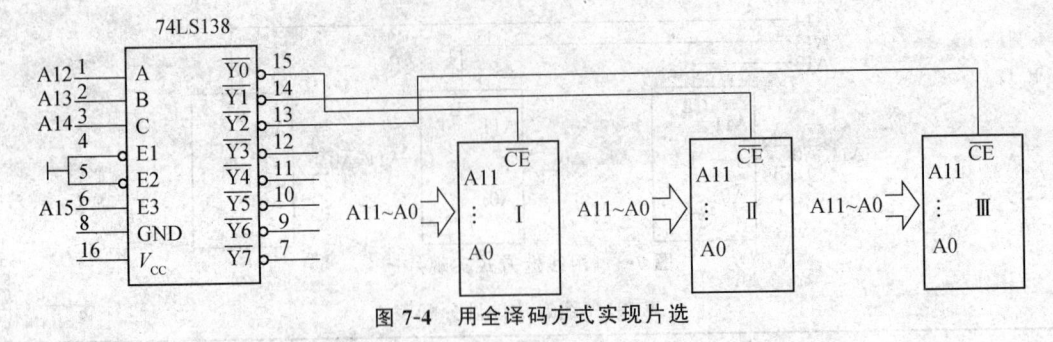

```
                74LS138
    A12 —1— A    Y0 —15—┐
    A13 —2— B    Y1 —14—┼──────────────────────┐
    A14 —3— C    Y2 —13—┼──────┐               │
        —4— E1   Y3 —12—        │               │
        —5— E2̄   Y4 —11—        │               │
    A15 —6— E3   Y5 —10—        │               │
        —8— GND  Y6 —9—         ▼               ▼
        —16— Vcc Y7 —7—    ┌─CE─┐        ┌─CE─┐        ┌─CE─┐
                           │ A11│        │ A11│        │ A11│
                    A11~A0→│ ⋮ I│ A11~A0→│ ⋮ Ⅱ│ A11~A0→│ ⋮ Ⅲ│
                           │  A0│        │  A0│        │  A0│
                           └────┘        └────┘        └────┘
```

图 7-4 用全译码方式实现片选

可以看出，在局部译码方式下存储器芯片的地址空间也有重叠。

知识点二：程序存储器的扩展

1. 半导体存储器

半导体存储器是微型计算机的重要记忆元件，用于存储程序、常数和动态数据。通常按功能分为只读存储器 ROM（Read Only Memory）和随机存取存储器 RAM（Random-Access Memory）。

（1）只读存储器（ROM）：ROM 所存储的信息在正常情况下只能读出，不能随意改变，其信息不会丢失，一般作为程序存储器使用。按工艺分为掩膜 ROM、一次可编程 PROM、紫外线可擦除 EPROM 和电擦除 E^2PROM 及 FLASH ROM。

（2）随机存储器（RAM）：RAM 是一种在正常情况下可以随机写入或读出存储信息的器件，掉电后信息会丢失，一般作为数据存储器使用。

（3）半导体存储器两个主要技术指标：存储容量和存取速度。

存储容量是指一块芯片中所能存储的信息位数（bit），即字数和字长的乘积。一般以字节的数量表示，如 16K×8 位的芯片，表示为 16KB。

存取速度是指 CPU 从存储器读出或写入一个数据所需要的时间，一般为几十到几百纳秒，其速度要与 CPU 速度相匹配。

2. 常用程序存储器芯片

程序存储器作为程序载体，用于保存软件运行代码。对于 MCS-51 系列单片机来说，片内程序存储器类型及容量如表 7-3 所示。

表 7-3 单片机片内程序存储器类型及容量

单片机型号	存储器类型	存储器容量
8031/8032	无	无
8051/8052	ROM	4KB/8KB
8751/8752	EPROM	4KB/8KB
8951/8952	Flash ROM	4KB/8KB

8031 无片内程序存储器，使用时必须外扩程序存储器，已很少使用。目前大多使用 Flash ROM 型单片机。当系统软件代码大于单片机片内容量时，需要更换具有大容量片内程序存储器的单片机，或者选用以下常用程序存储器芯片外扩。

项目七 掌握一些单片机的扩展技术

(1) 紫外线擦除可编程 EPROM 型芯片：主要有 2716、2732、2764、27128、27256、27512 等。27 是系列号，16/32/64/128/256/512 表示容量大小，如 16 是 2K×8 位。它们基本工作原理相同，差别在于具有的地址线数目不同。芯片上方有一个玻璃窗口，在紫外线的照射下，存储器中的各位信息被擦除，擦除后的芯片可通过编程器将应用程序固化到芯片中。图 7-5 是 27C256 引脚图。各引脚功能说明如下。

- D0~D7：8 条数据线。
- A0~A15：16 条地址线。
- $\overline{CE}$：片选信号输入线，低电平有效。
- $\overline{OE}$：输出允许输入线，低电平有效。
- V_{pp}：编程电压（典型值为 12.5V）。

(2) E^2PROM 型芯片：主要有串行和并行两种，并行 E^2PROM 主要有 Intel 2816、Intel 2817、Intel 2864、Intel 28256 等。图 7-6 所示是 2864 芯片引脚图。E^2PROM 是一种电擦除只读存储器，其特点是系统在线进行修改，即写入一个字节数据前，自动对要写入的单元进行擦除，不需要专门的擦除设备。

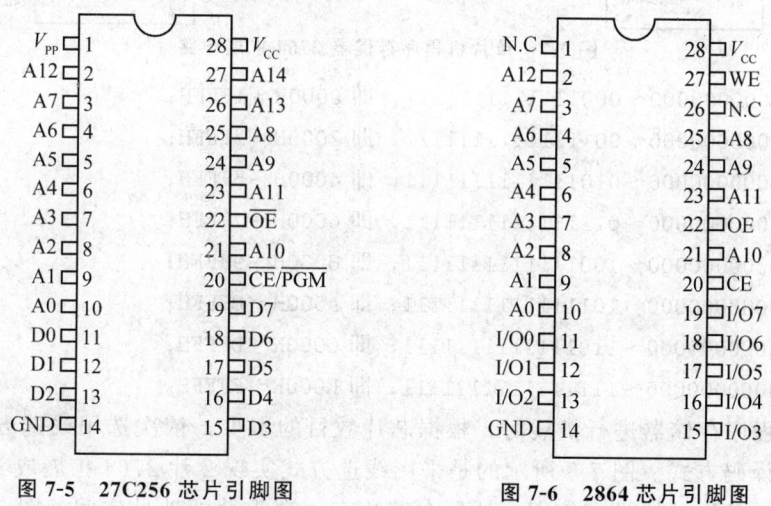

图 7-5　27C256 芯片引脚图　　　　图 7-6　2864 芯片引脚图

串行 E^2PROM 主要有 2 线和 3 线产品，2 线主要是 I^2C 总线，3 线主要是 SPI 总线。2 线串行 E^2PROM 芯片有 2401/2402/2404/2408/2416/2432/2464/24128/24256 等，3 线 E^2PROM 芯片有 93C46/93C56/93C66 等。

3. 程序存储器扩展电路

8031 单片机扩展一片 2764 作为外部程序存储器的接口电路如图 7-7 所示，$\overline{EA}$ 接地。2764 是 8KB×8 EPROM 器件，它有 13 根地址线，依次与单片机的地址线 A0~A12 (P0、P2.0~P2.4) 连接，低 8 位地址使用 74LS373 锁存。2764 的数据线 D0~D7 与 8031 的 P0 口直接连接，输出允许控制线 $\overline{OE}$ 与单片机的 $\overline{PSEN}$ 信号线相连，因为只使用了一片 2764，故片选线 $\overline{CE}$ 直接接地。

在图 7-7 电路中，单片机的高 3 位地址线 A13~A15 (P2.5~P2.7) 没有使用，所以使 2764 访问时与 A13~A15 的信号状态无关，即存在 $2^3=8$ 个重叠的 8KB 空间。

其 8 个重叠的地址范围如下：

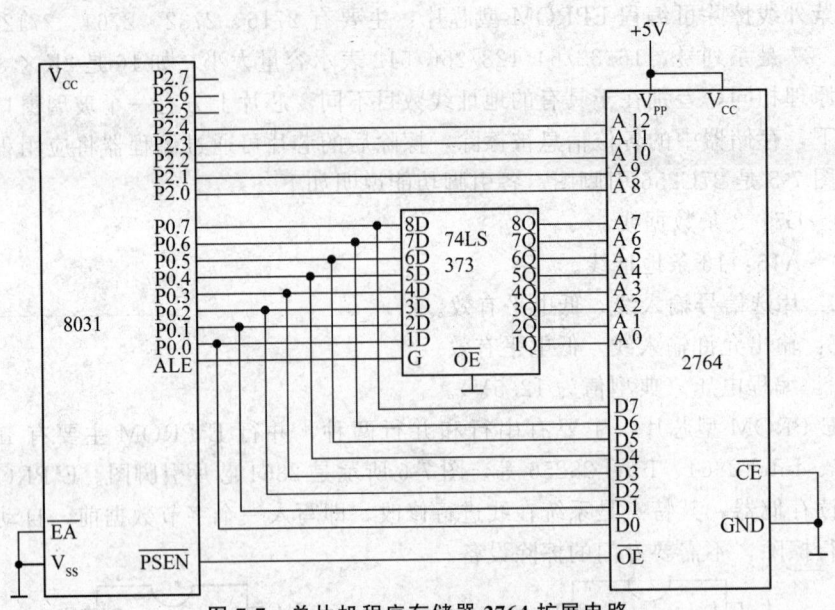

图 7-7 单片机程序存储器 2764 扩展电路

0000000000000000～0001111111111111，即 0000H～1FFFH；
0010000000000000～0011111111111111，即 2000H～3FFFH；
0100000000000000～0101111111111111，即 4000H～5FFFH；
0110000000000000～0111111111111111，即 6000H～7FFFH；
1000000000000000～1001111111111111，即 8000H～9FFFH；
1010000000000000～1011111111111111，即 A000H～BFFFH；
1100000000000000～1101111111111111，即 C000H～DFFFH；
1110000000000000～1111111111111111，即 E000H～FFFFH。

当多片程序存储器进行扩展时，根据芯片数目的多少，依次选用线选方式、局部译码方式、全译码方式。图 7-8 所示的是采用线选方式实现 2 片 2764 扩展成 16KB 的程序存储器，有 2 条地址线没有使用，故每个芯片有 4 个重叠的地址空间。图 7-9 所示为采用全译码方式实现的 4 片 2764 扩展成 32KB 的程序存储器。每片 2764 具有唯一的地址空间。

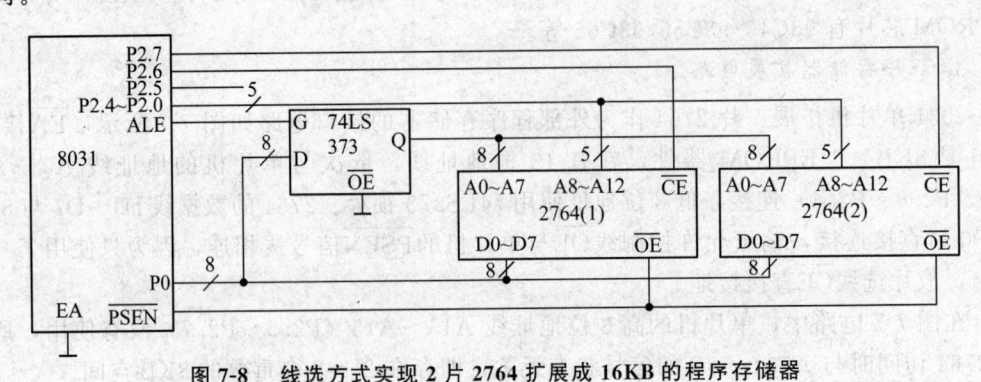

图 7-8 线选方式实现 2 片 2764 扩展成 16KB 的程序存储器

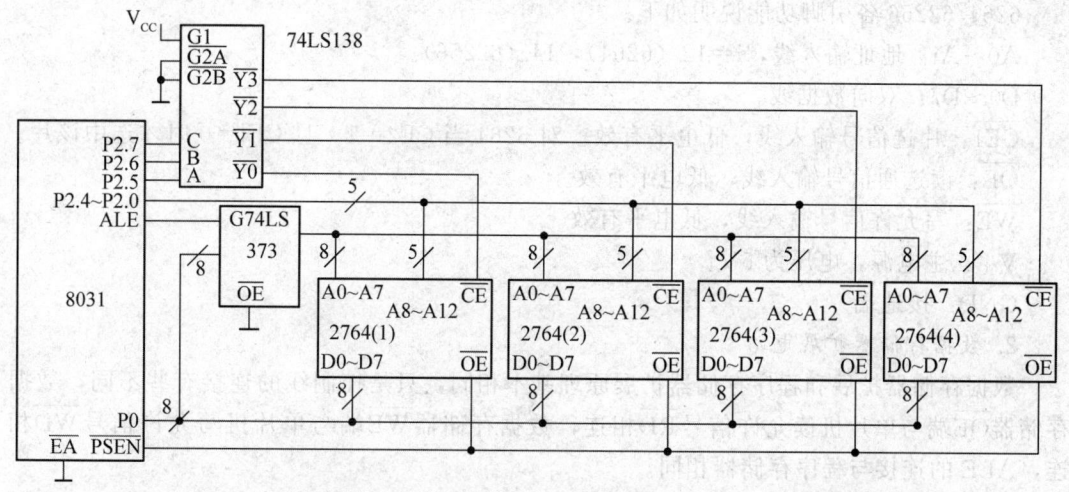

图 7-9 采用全译码方式实现的 4 片 2764 扩展成 32KB 的程序存储器

❖ **注意**：在实际单片机硬件电路设计中，一般不需要扩展程序存储器，因为许多单片机内部具有的程序存储器容量基本满足我们程序设计的需要，而且同型号单片机片内程序存储器容量大与小的相比，其市场价格一般相差也不大。在嵌入式系统设计中，ARM、DSP 等需要进行大容量程序存储器扩展。

知识点三：数据存储器的扩展

1. 常用数据存储器芯片

随机存取存储器 RAM 是一种正常工作时既能读又能写的存储器，通常用来存放数据、中间结果和最终结果等，是现代计算机不可缺少的一种半导体存储器。

RAM 按器件制造工艺不同分为：双极型 RAM 和 MOSRAM。MOSRAM 按信息存储的方式不同又分为静态 RAM 和动态 RAM 两种。静态 RAM 的存储容量较小，动态 RAM 的存储容量较大。

在单片机系统中，最常用的数据存储器是静态 RAM，主要是 Intel 公司的 61 系列和 62 系列。最常用的芯片是 8 位数据线的 6264 和 62256 等。如图 7-10 所示是 6264/62256 芯片的引脚。它们的主要差别是 62256 比 6264 多两根地址线，即 26 脚 A13 和 1 脚 A14。

图 7-10 RAM6264/62128/62256 芯片引脚

6264/62256 各引脚功能说明如下：

A0～Ai：地址输入线，i＝12（6264），14（62256）。

D0～D7：双向数据线。

$\overline{CE1}$：片选信号输入线，低电平有效。对 6264 当 CE2＝1，且 CE1＝0 时才选中该片。

$\overline{OE}$：读选通信号输入线，低电平有效。

$\overline{WE}$：写允许信号输入线，低电平有效。

V_{CC}：主电源，电压为 5V。

GND：接地端。

2. 数据存储器扩展电路

数据存储器扩展和程序存储器扩展原理基本相同，只是控制线的连接有些不同，数据存储器 $\overline{OE}$ 端与单片机读允许信号 $\overline{RD}$ 相连，数据存储器 $\overline{WE}$ 端与单片机写允许信号 $\overline{WD}$ 相连，ALE 的连接与程序存储器相同。

图 7-11 所示的是 8051 单片机与两片 6264 数据存储器的扩展电路，采用线选方式地址译码。图中 6264（1）的片选端 $\overline{CE1}$ 接 A13（P2.5），6264（2）的片选端 $\overline{CE1}$ 接 A14（P2.6）片选线 CE2 直接接 V_{CC} 高电平。地址线 A15（P2.7）没有使用，故地址空间存在重叠，且不连续；

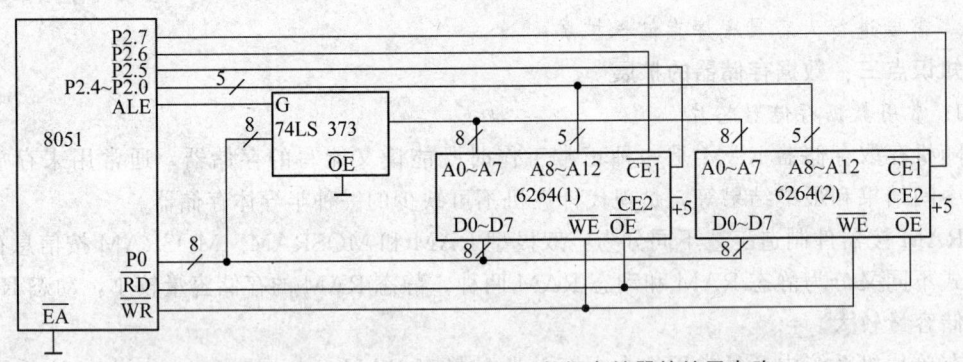

图 7-11　8051 单片机与两片 6264 数据存储器的扩展电路

如果 P2.7＝0，两片 6264 芯片的地址空间为：

第一片，0100000000000000～0101111111111111，即 4000H～5FFFH；

第二片，0010000000000000～0011111111111111，即 2000H～3FFFH。

如果 P2.7＝1，两片 6264 芯片的地址空间为：

第一片，1100000000000000～1101111111111111，即 C000H～DFFFH；

第二片，1010000000000000～1011111111111111，即 A000H～BFFFH。

注意：由于数据存储器的读和写由单片机的 $\overline{RD}$ 和 $\overline{WD}$ 控制，而程序存储器的读选通由 $\overline{PSEN}$ 控制，故两者虽共有同一地址空间，也不会发生总线冲突。

四、软件设计

根据硬件电路图 7-1，进行系统软件设计，对程序存储器和数据存储器进行测试。

对存储器的访问采用三总线方式，实现如下功能：将定义在程序存储器中的表格数据存入外部数据存储器 6264 的 0x100 处；然后将写入的数据读回后逆向复制到 0x200 处。

项目七 掌握一些单片机的扩展技术

程序设计如下：

(1) 在程序存储器中定义表格数据，需使用数组变量，而且在变量声明时使用 code 标识符。例如：unsigned char code tab [ ] = {1，2，3，4，5，6，7，8，9，10，11，12，13，14，15}。

定义在 ROM 区的数据只能读取，不能修改。

(2) 对外部数据存储器的访问采用绝对地址访问方式，例如：

```
unsigned char i;
i = XBYTE [0x100];
XBYTE [0x200] = i;
```

(3) 源程序代码如下：

```
/******************************************************************
名称：程序存储器和数据存储器扩展测试
模块名：AT89C51，27C512，6264
功能描述：本例首先从 ROM 读取 15 个表格数据，将写入外部 RAM 的 0x100，然后将写
入的数据读取后逆向复制到 0x200 处
******************************************************************/
#include<reg51.h>
#include<absacc.h>
#define uchar unsigned char
#define uint unsigned int
uchar code tab [ ] = {1, 2, 3, 4, 5, 6, 7, 8, 9, 10, 11, 12, 13, 14, 15}
sbit LED = P1^0;              //定义指示灯，功能完成后点亮，低有定义
//主程序
void main ()
{
    uint i;
    LED = 1;
    for (i = 0; i<15; i++)
    {
    XBYTE [0x0100 + i] = tab [i];   //将 ROM 数据写入外部 RAM 0X100 处
    }
    for (i = 0; i<15; i++)
    {
    XBYTE [i + 0x0200] = XBYTE [0x0100 + 14 - i];      //逆向复制
    }
    LED = 0;
    while (1);
}
```

五、Proteus 软件仿真

首先，在 Proteus ISIS 中搭建电路图，因为使用外部程序存储器，故将编译的程序代码 HEX 文件加载到 27512 中执行，注意 $\overline{EA}$ 接地。选中 27C512 并单击，打开 "EditComponent" 对话框，在窗口中的 "Image File" 处，选择用 Keil 生成的 HEX 文件。

存储器扩展仿真电路图如图 7-12 所示。

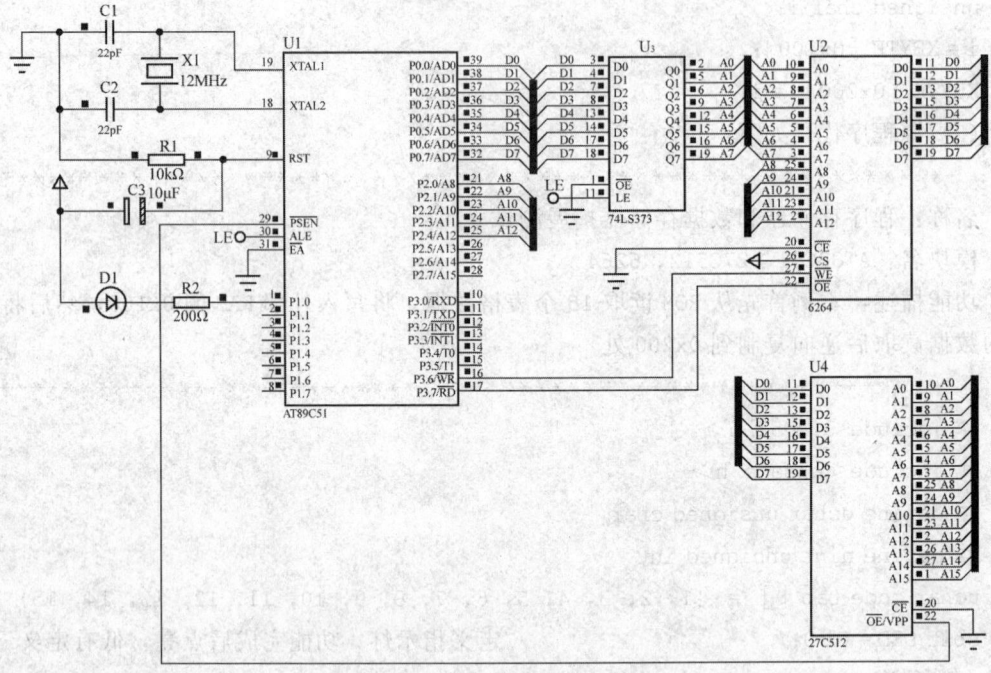

图 7-12 存储器扩展仿真电路

程序运行后，当数据移动结束后，LED 灯点亮，表示数据读写操作已经完成，此时单击 "Pause" 按钮暂停程序运行，然后单击 "Debug" 调试菜单下的 "Memory Contents"，即可看到如图 7-13 所示窗口中显示的内存数据。可以看到程序存储器表格数据被复制到了 0x100 处，而且被逆向复制到了 0x200 处。

图 7-13 外部数据存储器 6264 数据

任务小结

本设计任务是基于三总线访问结构对单片机程序存储器和数据存储器进行了扩展。

(1) 重点掌握地址线译码方式和系统控制线的使用,区分 RAM 和 ROM 控制信号线的差异。

(2) 并行存储器扩展硬件电路连接相对复杂,而且 RAM 在掉电后数据丢失,不能保存。因此在不考虑速度的情况下,串行 FLASH 存储器在单片机设计得以广泛应用,其既有 ROM 的掉电保存特性,又有 RAM 的数据在线读写特点。

(3) 单片机扩展的 I/O 端口(如 A/D、D/A 等)与片外数据存储器是统一编址的,即占用了部分外部数据存储器的单元地址,使用相同的指令访问模式,即 MOVX 汇编指令。如果扩展较多的外部设备 I/O 端口,可使用大量的片外数据存储器地址。

任务二 了解 I/O 口的扩展

任务目标

➢ 了解 8255A 进行并行 I/O 口扩展的硬件原理;
➢ 了解并行接口扩展的相关理论知识。

一、使用 8255A 实现并行 I/O 口扩展

(一)任务描述

在 MCS-51 系列单片机扩展应用系统中,P0 口和 P2 口用来作为外部 ROM、RAM 和扩展 I/O 接口的地址线,而不能作为 I/O 口;P3 口某些位也被用来作为第二功能使用,这时提供给用户的 I/O 接口线很少。因此,对于复杂的应用系统都需要进行 I/O 口的扩展。

任务设计采用三总线式电路访问结构进行,使用 8255A 的 PA 口、PB 口和 PC 口控制 8 只集成式 7 段数码管的显示,4 个按键控制显示模式,K1 控制字符向左滚动显示,K2 控制字符向右滚动显示。通过本任务,了解 I/O 接口的特点及应用,熟悉可编程并行接口的扩展方法,掌握 8255A 的结构和基本应用,进一步熟练掌握外部设备的接口编程。

(二)硬件原理图

8255A 并行 I/O 口扩展电路如图 7-14 所示,单片机 P0 作为分时复用数据和低 8 位地址口,低 8 位地址通过 74LS373 锁存,只使用低 3 位地址 P0.0、P0.1、P0.2,分别与 8255A 的 A0、A1、$\overline{CS}$ 相连。8255A 的 PA 口与数码管的段码线相连,8255A 的 PB 口与数码管的位选线相连,8255A 的 PC 口的 PC0 和 PC1 接按键 K1 和 K2,用于控制数据显示方式。因此 PA 口和 PB 口作为输出口,PC 口作为输入口。

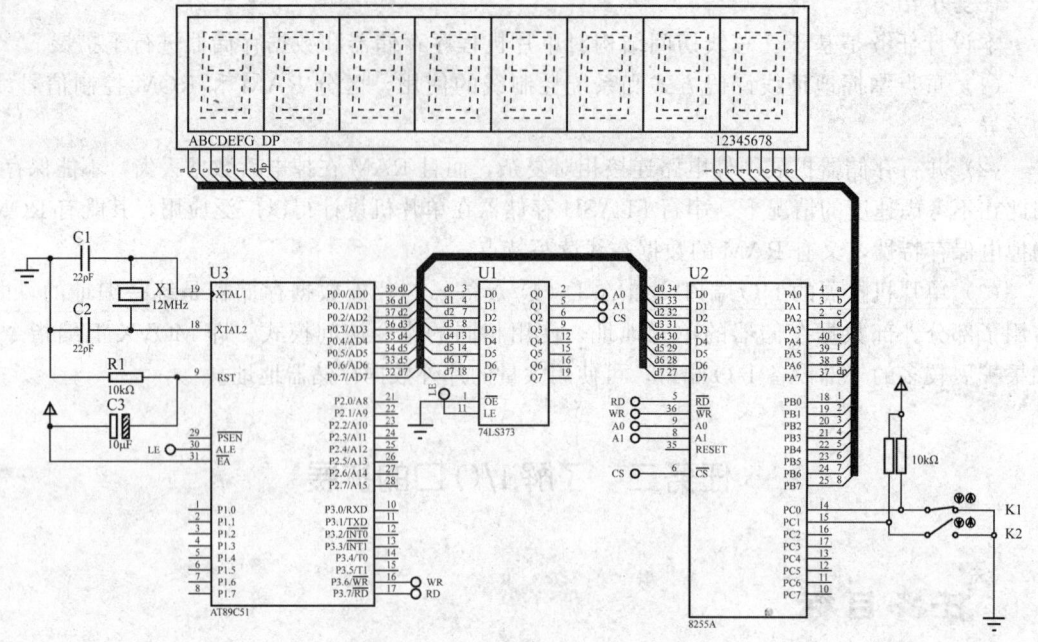

图 7-14 8255A 并行 I/O 口扩展电路

(三) 相关理论知识

知识点四：并行接口扩展

1. 简单并行 I/O 口扩展

简单的并行 I/O 口扩展一般通过数据缓冲器和锁存器来实现，锁存器用于扩展输出口，数据缓冲器用于扩展输入口。例如，74LS373、74LS244、74LS273、74LS245 等芯片。图 7-15 所示的是利用 74LS373 和 74LS244 扩展的简单并行 I/O 接口，其中 74LS373 扩展并行输出口，74LS244 扩展并行输入口。扩展的输入口接了 K0~K7 八个开关，扩展的输出口接了 L0~L7 八个发光二极管。

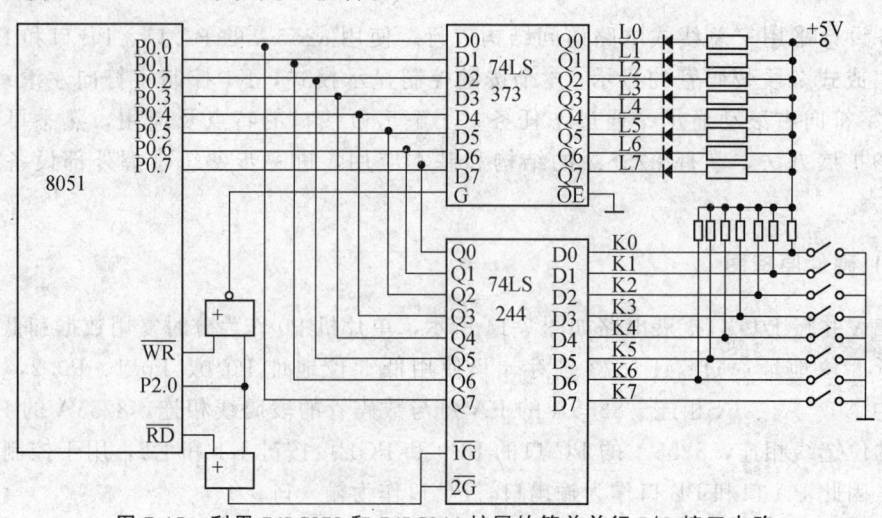

图 7-15 利用 74LS373 和 74LS244 扩展的简单并行 I/O 接口电路

项目七 掌握一些单片机的扩展技术

74LS373 是 8 位锁存器，控制端 G 与单片机的 $\overline{\text{WR}}$、P2.0 组成的或非门输出端相连，输出允许端 $\overline{\text{OE}}$ 直接接地。当执行向片外数据存储器的写指令，指令中片外数据存储器的地址使 P2.0 为低电平，则控制端 G 有效，数据总线上的数据就送到 74LS373 的输出端。

74LS244 是 8 位三态缓冲器，控制端 $\overline{1\text{G}}$、$\overline{2\text{G}}$ 线与后与单片机的 RD、P2.0 组成的或门输出端相连，当执行从片外数据存储器读的指令，指令中片外数据存储器的地址使 P2.0 为低电平，则控制端 $\overline{1\text{G}}$ 和 $\overline{2\text{G}}$ 有效，74LS244 的输入端的数据通过输出端送到数据总线，然后传送到 8051 单片机的内部。

其中，P2.0 决定了 74LS373 和 74LS244 端口的地址，它们的访问地址为：XXXXXXX0XXXXXXXXB，可取 FEFFH。如果要通过 L0～L7 发光二极管显示 K0～K7 的开关状态，则相应的程序代码如下：

uchar unsigned char status;
status = XBYTE [0xfeff];   //读入开关状态
XBYTE [0xfeff] = status;   //输出控制发光二极管

2. 8255A 可编程并行输入/输出接口扩展

8255A 是一种可编程的并行 I/O 接口芯片，可以方便地和 MCS-51 系列单片机相连接，以扩展单片机的 I/O 接口。8255A 有 3 个 8 位并行端口 PA、PB、PC，具有 3 种基本工作方式，根据不同的初始化编程，可以分别定义为输入或输出方式，已完成 CPU 与外设的数据传送。

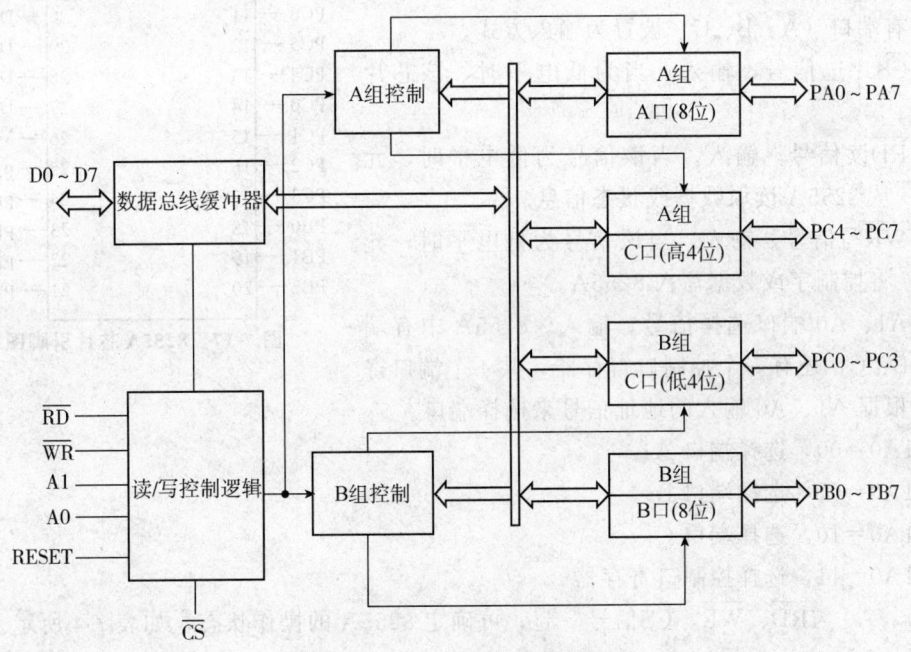

（1）8255A 的内部结构。8255A 的内部结构图如图 7-16 所示。它包含 3 个并行数据输入/输出端口（A、B、C），两组工作方式控制电路（A 组控制、B 组控制），一个读/写控制逻辑电路和一个 8 位数据总线缓冲器。

图 7-16　8255A 的内部结构图

①3个并行I/O接口。

A口：具有一个8位数据输入缓冲/锁存器和一个8位数据输出缓冲/锁存器组成。

B口：具有一个8位数据输入缓冲器（不锁存）和一个8位数据输出缓冲/锁存器组成。

C口：具有一个8位数据输入缓冲器（不锁存）和一个8位数据输出缓冲/锁存器组成。这个端口可编程为两组4位口使用；当A口、B口工作在选通方式时，C口除了做输入/输出使用外，还可以分别为A口和B口提供控制和状态信息。

②A组和B组控制电路。8255A的3个端口在使用时分为A、B两组。A组包括A口8位和C口的高4位，B组包括B口8位和C口的低4位。两组的控制电路中有控制寄存器，根据写入的控制字决定两组的工作方式，也可以对C口的每一位置位或复位。

③数据总线缓冲器。这是三态双向8位缓冲器，用于和单片机的数据总线相连。数据的输入/输出、控制字和状态信息的传送，都是通过这个缓冲器进行的。

④读/写控制逻辑。读/写控制逻辑用于管理所有的数据、控制字或状态字的传送。它接受单片机的地址信号和控制信号来控制各个口的工作状态。

(2) 8255A的引脚功能。8255A采用40线双列直插式封装，如图7-17所示。各引脚功能描述如下：

①D0～D7双向三态的数据总线。

②RESET复位信号，输入。当RESET端得到高电平后，8255A复位。复位状态是控制寄存器被清零，所有端口（A、B、C）被置为输入方式。

③$\overline{CS}$片选信号，输入。当为低电平时，该芯片被选中。

④$\overline{RD}$读信号，输入。当该信号为低电平时，允许CPU从8255A读取数据或状态信息。

⑤$\overline{WR}$写信号，输入。当该信号为低电平时，允许CPU将控制字或数据写入8255A。

⑥A1、A0端口选择信号，输入。8255A中有端口A、B、C，还有一个控制口寄存器，共4个端口寄存器，根据A1、A0输入的地址信号来选择端口。

A1A0＝00，选择端口A；

A1A0＝01，选择端口B；

A1A0＝10，选择端口C；

A1A0＝11，选择控制口寄存器。

A1、A0与$\overline{RD}$、$\overline{WR}$、$\overline{CS}$信号一起，可确定8255A的操作状态，如表7-4所示。

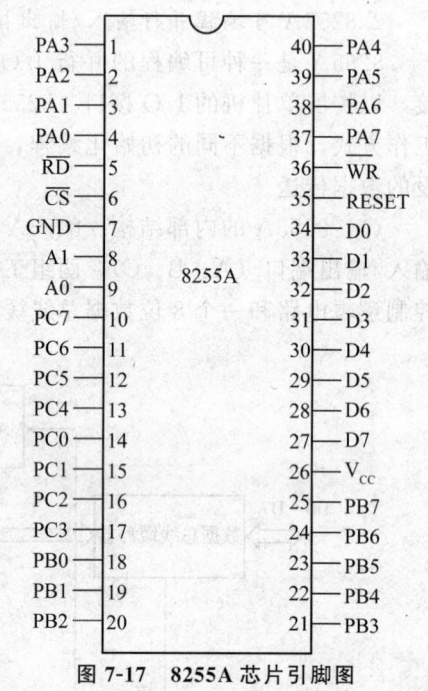

图7-17　8255A芯片引脚图

表 7-4 8255A 的操作状态

$\overline{CS}$	A1	A0	$\overline{RD}$	$\overline{WR}$	操　　作	
0	0	0	0	1	A 口→数据总线	输入
0	0	1	0	1	B 口→数据总线	
0	1	0	0	1	C 口→数据总线	
0	0	0	1	0	数据总线→A 口	输出
0	0	1	1	0	数据总线→B 口	
0	1	0	1	0	数据总线→C 口	
0	1	1	1	0	数据总线→控制口	

⑦PA0～PA7，A 口数据线，双向。

⑧PB0～PB7，B 口数据线，双向。

⑨PC0～PC7，C 口信号线，双向。当 8255A 工作于方式 0 时，PC0～PC7 分为两组（每组 4 位）并行 I/O 数据线。当 8255A 工作于方式 1 或方式 2 时，PC0～PC7 为 A 口、B 口提供联络和中断信号，这时每根线的功能有新的定义。

(3) 8255A 的控制字。8255A 有两个控制字：工作方式控制字和 C 口按位置位/复位控制字。通过程序可以把这两个控制字写入 8255A 的控制字寄存器，来设定 8255A 的工作模式和 C 口各位状态。这两个控制字以 D7 特征位状态来加以区分。

①工作方式控制字。工作方式控制字用于设定 8255A 的 3 个端口的工作方式，它的格式如图 7-18 所示。

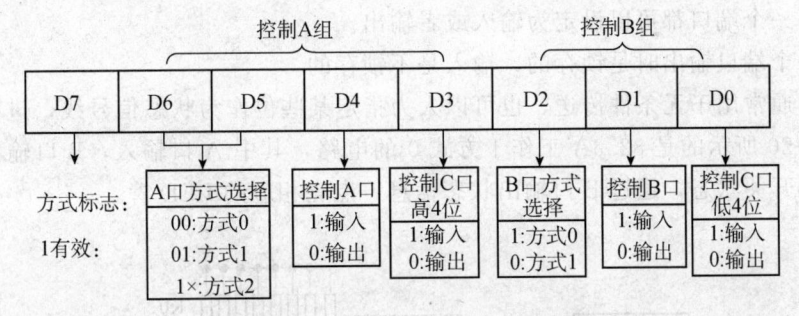

图 7-18 8255A 的工作方式控制字

D7 位为方式标志特征位，D7=1 表示为工作方式控制字。

D6、D5 用于设定 A 组的工作方式。

D4、D3 用于设定 A 口和 C 口的高 4 位是输入还是输出。

D2 用于设定 B 组的工作方式。

D1、D0 用于设定 B 口和 C 口的低 4 位是输入还是输出。

②C 口的按位置位/复位控制字。C 口的按位置位/复位控制字用于对 C 口的各位置 1 或清 0，它的格式如图 7-19 所示。

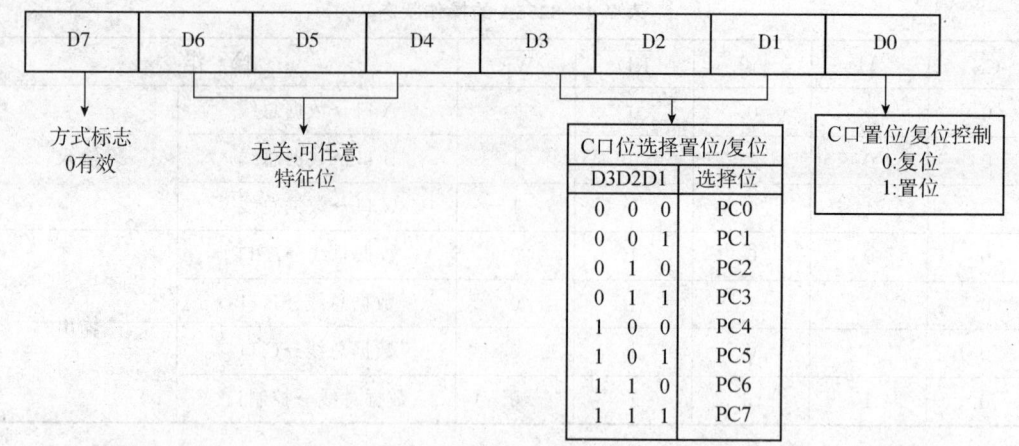

D7	D6	D5	D4	D3	D2	D1	D0

- D7: 方式标志 0有效
- D6、D5、D4: 无关,可任意 特征位
- D3、D2、D1: C口位选择置位/复位
- D0: C口置位/复位控制 0:复位 1:置位

D3D2D1	选择位
0 0 0	PC0
0 0 1	PC1
0 1 0	PC2
0 1 1	PC3
1 0 0	PC4
1 0 1	PC5
1 1 0	PC6
1 1 1	PC7

图 7-19 8255A 的 C 口按位置位/复位控制字

D7 位为特征位。D7＝0 表示为 C 口按位置位/复位控制字。

D6、D5、D4 这三位不用。

D3、D2、D1 这三位用于选择 C 口当中的某一位。

D0 用于置位/复位设置，D0＝0 则复位，D0＝1 则置位。

（4）8255A 的工作方式。8255A 有 3 种工作方式：方式 0——基本输入/输出方式，方式 1——选通输入/输出方式，方式 2——双向传送方式。

①方式 0。方式 0 是一种基本的输入/输出方式。在这种方式下，三个端口都可以由程序设置为输入或输出，没有固定的应答信号。其特点如下：

- 具有两个 8 位端口（A、B）和两个 4 位端口（C 口的高 4 位和 C 口的低 4 位）。
- 任何一个端口都可以设定为输入或者输出。
- 每一个端口输出时是锁存的，输入是不锁存的。

方式 0 通常用于无条件传送，也可以人为指定某些位作为状态信号线，进行查询传送。例如，图 7-20 所示的是 8255A 工作于方式 0 的电路，其中 A 口输入，B 口输出。通过 A 口查询外部开关状态，通过 B 口输出状态信息，点亮相应的 LED 管。

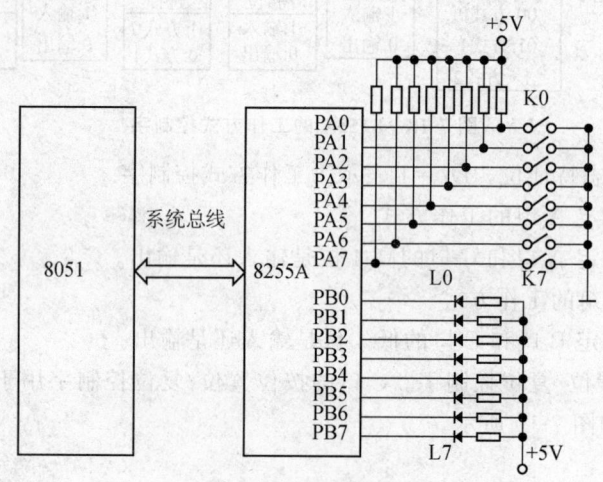

图 7-20 8255A 工作于方式 0 无条件传送

②方式 1。方式 1 是一种选通输入/输出方式。在这种工作方式下，端口 A 和 B 作为数据输入/输出口，端口 C 用做输入/输出的应答信号。A 口和 B 口既可以用做输入，也可用做输出，输入和输出都具有锁存能力。

• 方式 1 输入。无论是 A 口输入还是 B 口输入，都用 C 口的 3 位做应答信号，1 位作中断允许控制位。具体情况如图 7-21 所示。

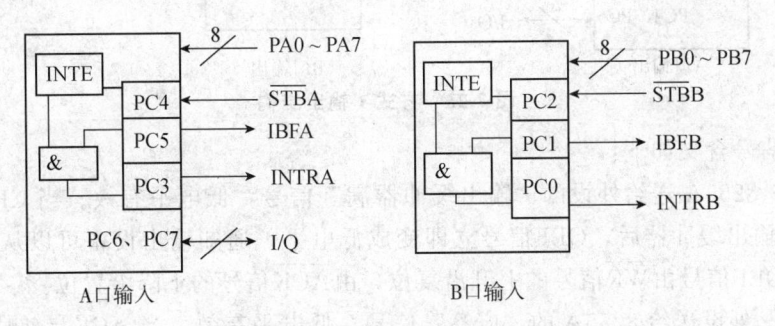

图 7-21　方式 1 输入结构

各应答信号含义如下：

$\overline{STB}$——外设送给 8255A 的"输入选通"信号，低电平有效。当该信号有效时，外设把数据送入 8255A 的 A 口或 B 口。

IBF——8255A 送给外设的"输入缓冲器满"信号，高电平有效。当 IBF＝1 时，表示输入设备的数据已打入输入缓冲器内且没有被 CPU 取走，通知外设不能再送新的数据。只有当 IBF＝0，输入缓冲器变空时，才允许外设再送新的数据。IBF 信号是由 $\overline{STB}$ 信号置位，由 $\overline{RD}$ 的上升沿复位。

INTR——8255A 送给 CPU 的"中断请求"信号，高电平有效。当输入缓冲器满（IBF 为高电平）且 $\overline{STB}$ 信号变为 1 时，INTR 信号有效，向 CPU 申请中断，请求 CPU 取走数据。由 $\overline{RD}$ 的下降沿复位。

INTE—— 8255A 内部为控制中断而设置的"中断允许"信号。当 INTE＝1 时，允许 8255A 向 CPU 发送中断请求。当 INTE＝0 时，禁止 8255A 向 CPU 发送中断请求。INTE 由软件通过对 PC4（A 口）和 PC2（B 口）的置位/复位来允许或禁止。

8255A 工作于方式 1 输入的时序，如图 7-22 所示。

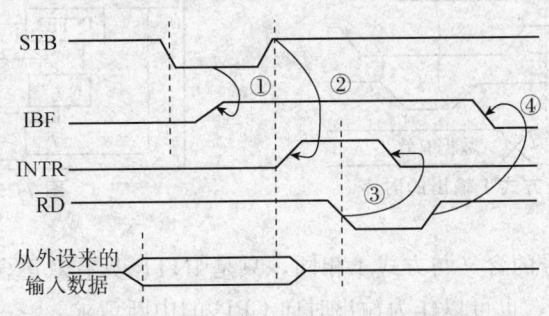

图 7-22　8255A 工作于方式 1 输入的时序

• 方式 1 输出。无论是 A 口输出还是 B 口输出，都用 C 口的三位作应答信号，一位作中断允许控制位。具体情况如图 7-23 所示。

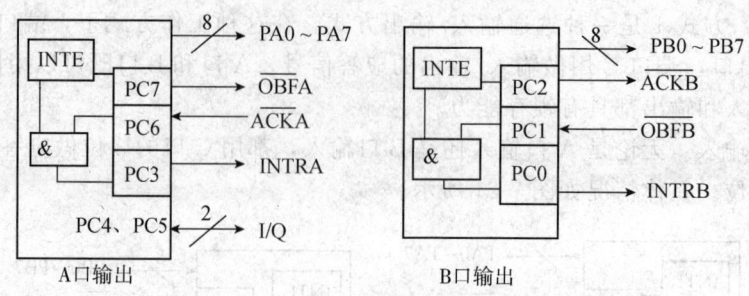

图 7-23 方式 1 输出结构

各应答信号含义如下：

$\overline{OBF}$——8255A 送给外设的"输出缓冲器满"信号，低电平有效。当 CPU 把数据写入 8255A 的输出缓冲器后，$\overline{OBF}$ 信号立即变成低电平，通知输出设备可以从 8255A 总线取走数据。$\overline{OBF}$ 信号由 $\overline{WR}$ 信号的上升沿复位，由 $\overline{ACK}$ 信号的下降沿置位。

$\overline{ACK}$——外设送给 8255A 的"应答"信号，低电平有效。当 $\overline{ACK}=0$ 时，表示外设已接收到从 8255A 端口送来的数据。

INTR——8255A 送给 CPU 的"中断请求"信号，高电平有效。当 INTR=1 时，向 CPU 发送中断请求，请求 CPU 再向 8255A 写入数据。

INTE 8255A 内部为控制中断而设置的"中断允许"信号，含义与输入相同，只是对应 C 口的位数与输入不同，它是通过对 PC4（A 口）和 PC2（B 口）的置位/复位来允许或禁止。

8255A 工作于方式 1 输出的时序，如图 7-24 所示。

③方式 2。方式 2 是一种双向选通输入/输出方式，只适用于 A 口。这种方式能实现外设与 8255A 的 A 口双向数据传送，并且输入和输出都是锁存的。它使用 C 口的 5 位作应答信号，两位作中断允许控制位。具体情况如图 7-25 所示。

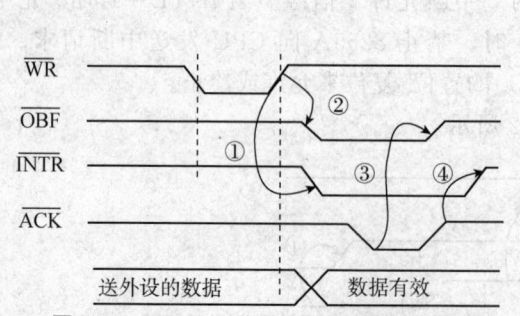

图 7-24 8255A 工作于方式 1 输出的时序

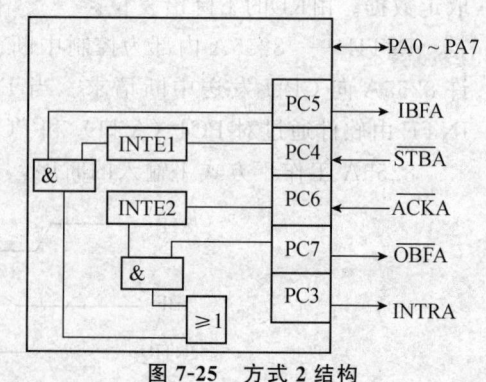

图 7-25 方式 2 结构

方式 2 各应答信号的含义与方式 1 相同，只是 INTR 具有双重含义，既可以作为输入时向 CPU 的中断请求，也可以作为输出时向 CPU 的中断请求。

8255A 的工作方式 2 是 A 口方式 1 的输入和输出两种操作的组合，所以方式 2 的工作过程也就如同上述工作方式 1 的输入和输出过程。

（5）8255A 与 MCS-51 单片机的接口。MCS-51 可以和 8255A 芯片直接连接，如图 7-

26 所示。与单片机的连接，除了需要一个 8 位锁存器锁存 P0 口送出的低 8 位地址外，不需要其他任何硬件。

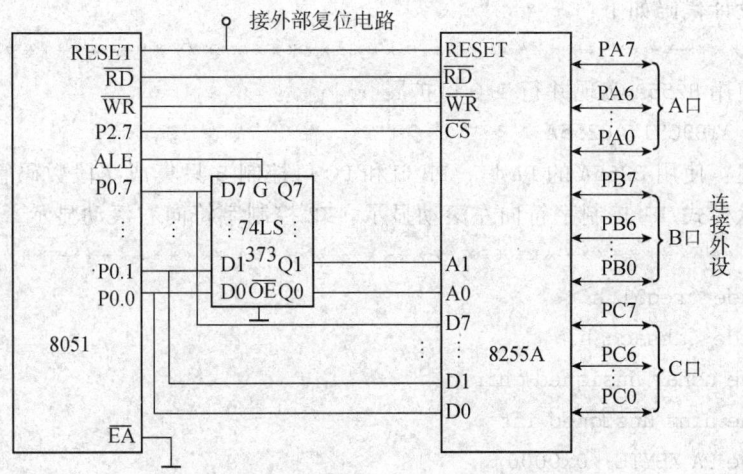

图 7-26 8255A 与 MCS-51 单片机的接口电路

8255A 的数据总线 D0～D7 和单片机的 P0 口相连，8255A 的地址分配采用简单的线选法，片选信号 $\overline{CS}$ 与 P2.7 相连，A1、A0 和单片机的地址 A1、A0 相连，所以 8255A 的 A 口、B 口和 C 口及控制寄存器的地址可以分别为 7FFCH、7FFDH、7FFEH 及 7FFFH（地址不唯一）。8255A 的读/写线分别与单片机的读/写线相连，RESET 直接与 8051 的 RESET 连接。

如果设定 8255A 的 A 口工作在方式 0 输入，B 口工作在方式 0 输出，则初始化程序如下：

```
＃include <reg51.h>
＃include <absacc.h>      //定义绝对地址访问
……
XBYTE[0x7fff] = 0x90;     //10010000B
```

（四）软件设计

根据硬件电路图 7-14，进行系统软件设计，8255A 的 PA 口和 PB 口工作在方式 0 输出，PC 口输入。采用共阳极数码管，当位线是高电平时，相应的段码被显示。

本任务的 8255A 并行接口扩展电路与数据存储器的扩展电路基本相同，采用三总线方式。8255A 作为外设占用了外部数据存储器的内存单元地址，所以在编程上可作为内存单元对待。

采用绝对地址的方式定义 PA、PB、PC 及命令口：

```
＃deline  PA    XBYTE[0x0000]
＃define  PB    XBYTE[0x0001]
＃define  PC    XBYTE[0x0002]
＃define  COM   XBYTE[0x0003]
```

实现如下功能：PA 口控制数码管的段码，PB 口控制数码管的位码，显示预设的字符；使用 PC 口连接的 4 个按键控制数码管显示模式，K1 控制字符向左滚动显示，K2 控制字符向右滚动显示。

源程序设计代码如下：

/**

名称：使用 8255A 实现并行 I/O 口扩展

模块名：AT89C51，8255A

功能描述：使用 8255A 的 PA 口、PB 口和 PC 口控制 8 只集成 7 段数码管的显示，2 个按键控制显示模式/K1 控制字符向左滚动显示，K2 控制字符向右滚动显示

**/

```c
#include<reg51.h>
#include<absacc.h>
#define uchar unsigned char
#define uint unsigned int
#define PA XBYTE[0x0000]
#define PB XBYTE[0x0001]
#define PC XBYTE[0x0002]
#define COM XBYTE[0x0003]
uchar code DSY_CODE[] =
{//待显示的字符码七段码字（共阳）
0xff, 0xff, 0xff, 0xff, 0xff, 0xff, 0xff, 0xA4, 0xC0, 0xF9, 0xC0, 0xC0,
0xA4, 0xA4, 0XC0, 0xff, 0xff, 0xff, 0xff, 0xff, 0xff, 0xff
};
//数码管位选通码
uchar code DSY_Index[] = {0x01, 0x02, 0x04, 0x08, 0x10, 0x20, 0x40, 0x80};
```

/**

函数名称：DelayMS

函数功能：延时函数

入口参数：参数 ms 控制循环次数，从而控制延时时间长短

**/

```c
void DelayMS(uint ms)
{
    uchar i;
    while(ms--)  for(i=0; i<120; i++);
}
// 主程序
Void main()
{
    uchar i, j, k;
```

```
COM = 0x81;                    //10000001B,工作方式控制字,定义A口方式
                                 0输出;B口方式0输出;C口低4位输入。
i = 0;
while (1)
{
    ACC = PC;                  //读入K1、K2状态
    if (ACC^0 = = 0)           //判断K1
        {
            for (j = 0; j<40; j++)
            for (k = 0; k<8; k++)
                {
                    PB = DSY_Index [k];
                    PA = DSY_CODE [k+i];
                    DelayMS (1);
                }
            i = (i+1)%15;
        }
    if (ACC^1 = = 0)           //判断K2
        {
            for (j = 0; j<40; j++)
            for (k = 0; k<8; k++)
                {
                    PB = DSY_Index [7-k];
                    PA = DSY_CODE [k+i];
                    DelayMS (1);
                }
            i = (i+1)%15;
        }
}
```

五、Proteus 软件仿真

用 Keil C 中对源程序进行编辑和编译,生成相应的 HEX 目标代码。用 Proteus 软件绘制相应的电路仿真图,如图 7-27 所示,选中 AT89C51 单片机,打开"编辑元件"对话框,在"Program File"中加载产生的 HEX 目标代码文件。单击运行图标,进行电路仿真测试。

在仿真过程中如果运行有误,借助 KeilC 和 Proteus 联合调试,在调试过程中打开工作寄存器窗口、特殊功能寄存器窗口和内部 RAM 窗口,采用单步或跟踪运行方法对程序运行时各窗口状态进行观察。

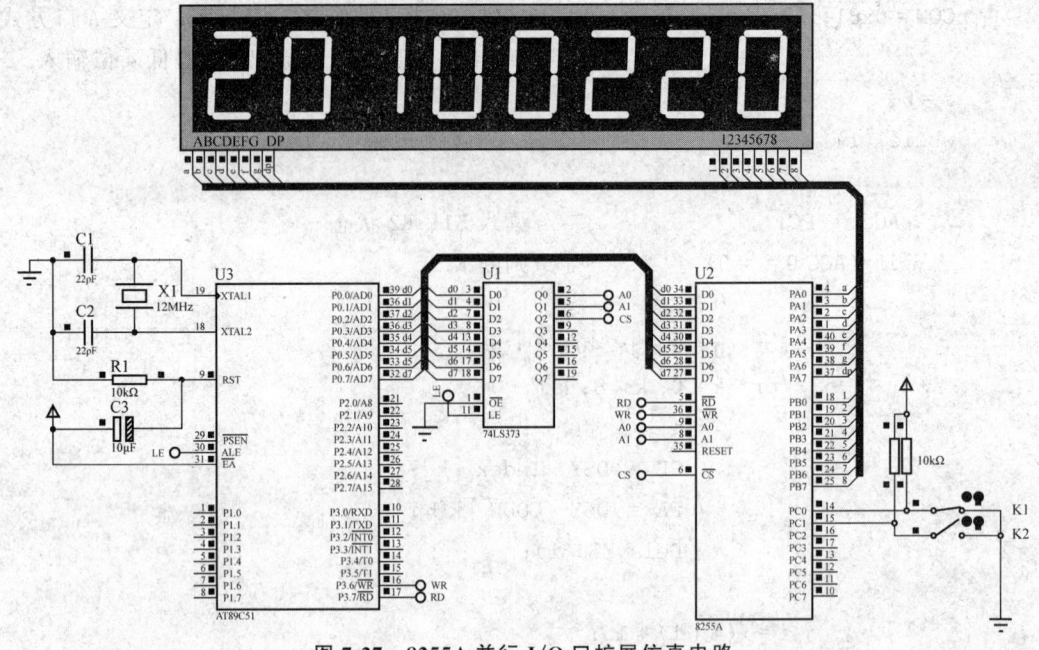

图 7-27 8255A 并行 I/O 口扩展仿真电路

任务小结

本设计任务是基于三总线访问结构对并行 I/O 端口进行了扩展。重点要掌握 8255A 芯片接口编程方法,端口工作方式的设定和系统应用。

任务三 了解 I²C 总线 E²PROM 的扩展

任务目标

➤ 了解 I²C 总线的串行 E²PROM 扩展技术的硬件原理;
➤ 了解 I²C、SPI、单总线串行总线接口技术的理论知识。

一、任务描述

利用 AT89C51 单片机扩展串行 E²PROM 芯片 AT24C04,编程向 AT24C04 中写入 14 个音符的索引,然后读取并演奏。通过本任务的学习,了解 I²C 总线的接口时序特点,掌握 I²C 总线的编程方法;熟悉新型串行总线接口芯片在单片机应用系统中的使用方法。

二、硬件原理图

单片机扩展串行 E²PROM 硬件电路如图 7-28 所示。AT24C04 是基于 I²C 总线的 4KB 的 E²PROM 接口芯片,单片机的 P1.0 和 P1.1 作为 I²C 总线与 AT24C04 的串行时钟线 SCL 和串行数据输入/输出线 SDA 相连,使用中 SCL 和 SDA 必须外接上拉电阻。单片机 P1 口内部集成有上拉电阻,故设计中未加上拉电阻。AT24C04 的 A0、A1、A2 是地址引脚,对于 AT24C04

来说 A0 不用。AT 24C04 的地址线 A1、A2 直接接地，故片选地址为 000。

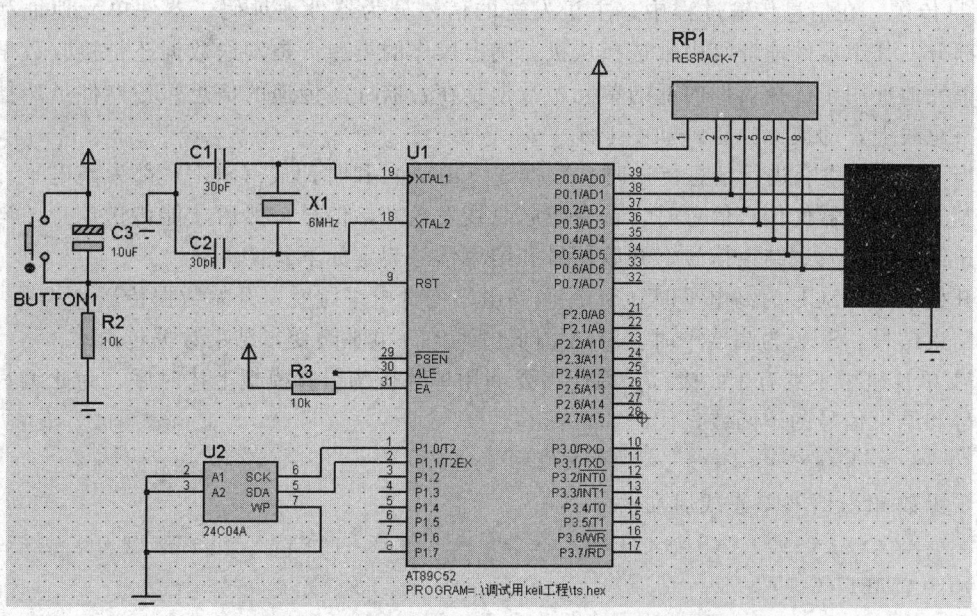

图 7-28　单片机扩展串行 E^2PROM 硬件电路

三、相关理论知识

知识点五：I^2C、SP、单总线串行总线接口技术

前面介绍的程序存储器和数据存储器采用的都是并行扩展芯片，而目前单片机常用的接口芯片，如存储器、A/D、D/A、LED 显示驱动、实时时钟芯片等，大多采用了串行接口形式。串行接口总线主要包括有 SPI、I^2C、单总线等。

1. I^2C 串行总线

I^2C 总线是由 Philips 公司开发一种简单、双向二线制同步串行总线。它只需要两根线实现总线上的器件之间信息传送，一根是双向的数据线（SDA），另一根是时钟线（SCL）。所有连接到 I^2C 总线上设备的串行数据都接到总线的 SDA 线上，而各设备的时钟均接到总线的 SCL 线上。

I^2C 总线是一个多主机总线，即一个 I^2C 总线可以有一个或多个主机，总线运行由主机控制。主机负责启动数据的传送，发出时钟信号，传送结束时发出终止信号。通常，主机由各种单片机或其他微处理器充当，被主机寻址访问的从机可以是各种单片机或其他微处理器、存储器、LED 或 LCD 驱动器、A/D 或 D/A 转换器和时钟器件等。I^2C 总线的基本机构如图 7-29 所示。

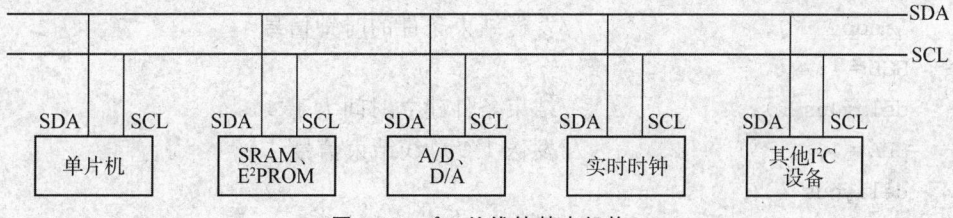

图 7-29　I^2C 总线的基本机构

为了进行通信，每个连接到 I²C 总线上的器件都有一个唯一的地址，器件两两之间进行 信息传送。在信息传输过程中，主机发送的信号分为器件地址码、器件单元地址和数据 3 部分，其中器件地址码用来选择从机，确定操作的类型（是发送数据还是接收数据）；器件单元地址用于选择器件内部的单元；数据是在各器件间传递的信息。各器件虽然挂在同一条总线上，却彼此独立，互不干涉。

当 I²C 总线没有进行信息传送时，数据线（SDA）和时钟线（SCL）都为高电平。当主控制器向某个器件传送信息时，首先应向总线发送开始信号，然后才能传送信息，当信息传送结束时应发送结束信号。开始信号和结束信号规定如下。

开始信号：SCL 为高电平时，SDA 由高电平向低电平跳变，开始数据传送。

结束信号：SCL 为高电平时，SDA 由低电平向高电平跳变，结束数据传送。

51 单片机中不具有 I²C 接口，因此需要利用单片机的引脚模拟上述时序，为此编写开始信号和结束信号的子函数，代码如下：

```
/****************************************************************
子函数 Start：I²C 总线启动信号
****************************************************************/
void STARTI²C ()
{
    SDA = 1;                    //发送起始条件的数据信号
    _nop_ ();
    SCL = 1;
    delay4us ();                //起始条件建立时间大于 4.7μs，延时
    SDA = 0;                    //发送起始信号
    delay4us ();                //起始条件锁定时间大于 4μs
    SCL = 0;                    //钳住 I²C 总线，准备发送或接收数据
    _nop_ ();
    _nop_ ();
}

/****************************************************************
子函数 Stop：I²C 总线停止信号
****************************************************************/
void STOPI²C ()
{
    SDA = 0;                    //发送结束条件的数据信号
    _nop_ ();                   //发送结束条件的时钟信号
    SCL = 1;
    delay4us ();                //结束条件建立时间大于 4μs
    SDA = 1;                    //发送 I²C 总线结束信号
    delay4us ();
}
```

开始信号和结束信号之间传送的是信息，信息的字节数没有限制，但每个字节必须为 8 位，高位在前，低位在后。数据线 SDA 上每一位信息状态的改变只能发生在时钟线 SCL 为低电平的期间。每个字节后面必须接收一个应答信号（ACK），ACK 是从机（即接收方）在接收到 8 位数据后向主机发出的特定的低电平脉冲，用以表示已收到数据。主机接收到应答信号（ACK）后，可根据实际情况作出是否继续传递信号的判断。若未收到 ACK，则判断为从机出现故障。具体情况如图 7-30 所示。

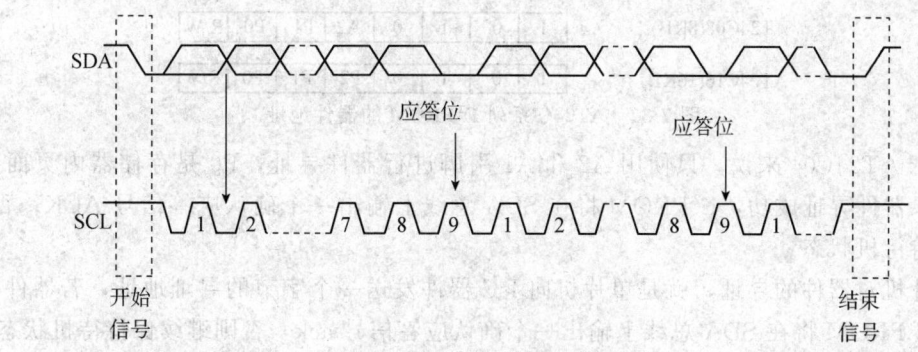

图 7-30　I²C 总线信息传送图

2. I²C 总线 E²PROM 接口芯片 AT24C04

AT24C 系列串行 E²PROM 是美国 Atmel 公司的低功耗 CMOS 存储器，具有工作电压宽（2.5～5.5V）、擦写次数多（大于 10000 次）、写入速度快（小于 10ms）等特点。在 IC 卡电度表、水表和煤气表中得到了广泛的应用。

（1）引脚分配。E²PROM 芯片有 8 个引脚，如图 7-31 所示。

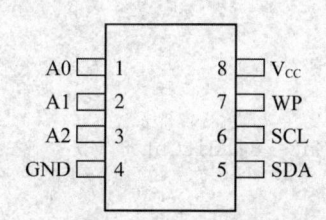

图 7-31　AT24C 系列存储器芯片引脚图

SCL：串行时钟输入脚，作为器件数据发送或接收的时钟。

SDA：串行数据输入/输出线，用于传送地址和数据的发送或接收。它是一个漏极开路端，使用时需要接一个上拉电阻到 V_CC 端。

A0、A1、A2：器件地址输入端。这些输入端用于多个器件级联时设置器件地址。

WP：写保护。如果 WP 管脚连接到 V_CC，所有的内容都被写保护（只能读）。当 WP 管脚连接到 V_SS 或悬空，允许对器件进行正常的读/写操作。

V_CC：电源线。

V_SS：地线。

（2）器件地址。AT24C 系列有 AT24C01/02/04/08/16 等，其容量分别为 1/2/4/8/16KB。串行 E²PROM 一般具有两种写入方式，一种是字节写入方式，另一种页写入方式，即允许在一个写周期内同时对 1 个字节到一页的若干字节的编程写入，一页的大小取决于芯片内页寄存器的大小。其中，AT24C04 具有 16 字节数据的页面写能力。

AT24C 系列 E^2PROM 的器件地址用 1 个字节表示，高 4 位是 1010。器件地址的低 4 位中最低位是读写控制位 R/W，"1"表示读操作，"0"表示写操作。其余 3 位地址码因芯片容量不同而具有不同定义，如图 7-32 所示。

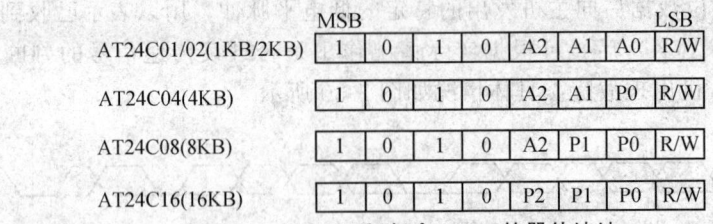

	MSB							LSB
AT24C01/02(1KB/2KB)	1	0	1	0	A2	A1	A0	R/W
AT24C04(4KB)	1	0	1	0	A2	A1	P0	R/W
AT24C08(8KB)	1	0	1	0	A2	P1	P0	R/W
AT24C16(16KB)	1	0	1	0	P2	P1	P0	R/W

图 7-32　AT24C 系列 E^2PROM 的器件地址

对于 AT24C04 来说，只使用 A2 和 A1 引脚进行器件寻址，P0 是存储器内页面寻址位。如果器件寻址成功，E^2PROM 将在 SDA 总线上输出一个确认应答信号 ACK；否则，继续保持待机状态。

单片机对器件的寻址，就是单片机向 I^2C 器件发送一个字节的寻址地址，若器件寻址成功，E^2PROM 将在 SDA 总线上输出一个确认应答信号 ack，否则继续保持待机状态。

单片机模拟 I^2C 时序，向器件输出一个字节的代码如下：（数据从高位到地位，在 SCL 信号的控制下，被发送到从机。下述程序需在程序首部事先定义应答标志位 ack。）

```
/*****************************************************************
子函数 sendbyte：向 AT24C04 写入一个字节
入口参数：待写入的数据 c
******************************************************************/
void sendbyte (uchar c)
{
    unsigned char BitCnt;
    for (BitCnt = 0; BitCnt<8; BitCnt + +)
    {
        if ( (c<<BitCnt) &0x80)
        SDA = 1;              //判断发送位
        else
        SDA = 0;
        _ nop _ ();
        SCL = 1;              //置时钟线为高，通知被控器开始接收数据位
        delay4us ();         //保证时钟高电平周期大于 4μ
        SCL = 0;
    }
    _ nop _ ();
    _ nop _ ();
    SDA = 1;                  //释放数据线，准备接收应答位；
    _ nop _ ();
```

```
        SCL = 1;
        delay4us ();
        if (SDA = = 1)           //判断是否接收到应答信号
            ack = 0;
        else
            ack = 1;
        SCL = 0;
        _ nop _ ();
        _ nop _ ();
}
```

(3) AT24C04 的写操作。

①字节写。图 7-33 是 AT24C04 字节写时序图。在字节写模式下,主器件首先发送起始命令和从器件地址信息（R/W=0）,然后等待从器件应答信号,当主器件收到从器件的应答信号后,再发送 1 个 8 位字节的器件内单元地址写入从器件的地址指针,收到从器件的应答信号后,再发送单元存储数据。从器件收到数据后回送应答信号,并在主器件产生停止信号后开始内部数据的擦写。

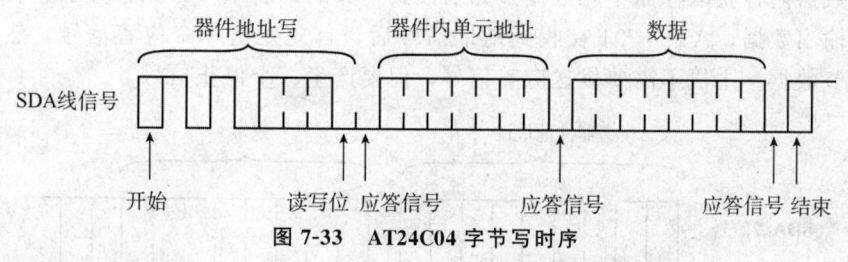

图 7-33 AT24C04 字节写时序

根据如 7-33 所示的时序,编写单片机模拟该过程的控制代码如下：

```
/***************************************************************
子函数 Write _ Random _ Address _ Byte：向 AT24C04 指定地址写数据
入口参数：待写入的地址 addr,待写入的数据 sj
***************************************************************/
void Write _ Random _ Address _ Byte (uchar add, uchar sj)
{
    STARTI²C ();                //启动总线
    sendbyte (AddWr24c04);      //发送器件写地址
    _ nop _ ();
    sendbyte (add);             //发送器件内单元地址
    _ nop _ ();
    sendbyte (sj);              //发送数据
    _ nop _ ();
    STOPI2C ();
}
```

②页写。图 7-34 所示的是 AT24C04 页写时序图。在页写模式下，AT24C04 一次可以写入 16 个字节数据。页写操作的启动和字节写一样，不同在于传送一个字节数据后并不产生停止信号，而是继续传送下一个字节。AT24C04 每收到一个字节数据产生一个应答信号，且内部地址自动加 1，如果在发送停止信号之前发送数据超过一页，地址计数器将自动翻转，先前写入的数据被自动覆盖。在接收到一页数据和主器件发送的停止信号后，AT24C04 启动内部写周期将数据写入数据区。

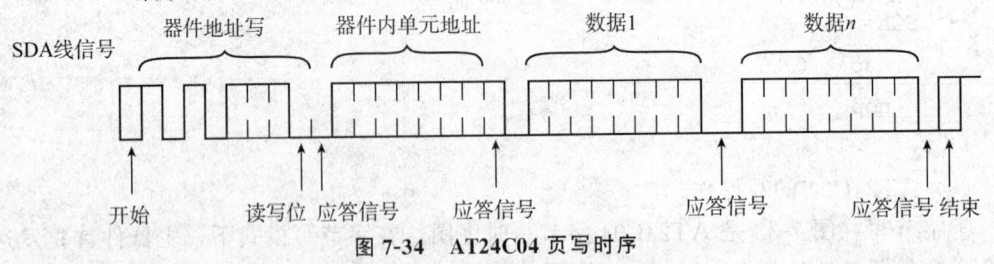

图 7-34　AT24C04 页写时序

（4）AT24C04 的读操作。对 AT24C04 的读操作的初始化方式和写操作时一样，仅把 R/W 位置 1，有 3 种不同读操作方式：当前地址读、随机地址读和顺序地址读。

①当前地址读。图 7-35 所示的是 AT24C04 当前地址读时序图。根据 AT24C04 的当前地址计数器内容获取存储单元数据。如果读到一页的最后字节，则计数器将自动翻到地址 0 继续输出数据。AT24C04 在收到地址信号后，首先发送一个应答信号，然后发送一个 8 位字节数据。主机不需要发送应答信号，但要产生一个停止信号。

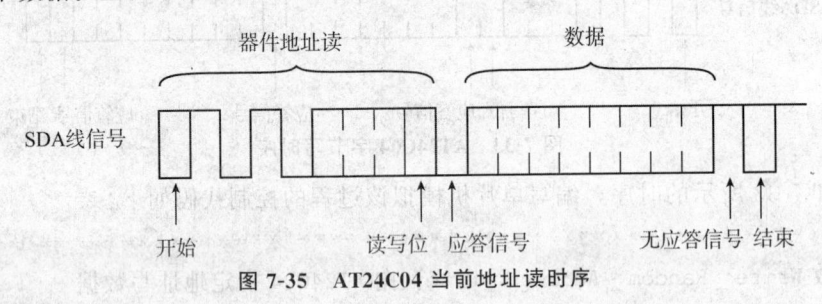

图 7-35　AT24C04 当前地址读时序

根据如 7-35 所示的时序，编写单片机模拟该过程的控制代码如下：

```
/*****************************************************************
子函数 Read_Current_Address_Data：读当前地址的数据
返回函数：读取的数据
*****************************************************************/
uchar Read_Current_Address_Data()
{
    uchar dat;
    STARTI²C();                    //启动
    sendbyte(AddRd24c04);          //发送器件地址读信号
    if(ack==0)                     //应答信号
        return(0);
    dat=rcvbyte();                 //发送数据
```

```c
        noack_i2c ();              //发送无应答信号
        STOPI2C ();                //结束
        return dat;
}
```

其中，主机发送无应答信号的过程用如下子程序完成：

```c
/***************************************************************
子函数 noack_i2c：发送非应答信号
***************************************************************/
void noack_i2c (void)
{
    SDA = 1;
    _nop_ ();
    _nop_ ();
    SCL = 1;
    delay4us ();          //时钟低电平周期大于 4μ
    SCL = 0;              //清时钟线，钳住 I²C 总线以便继续接收
    _nop_ ();
    _nop_ ();
}
```

②随机地址读。图 7-36 所示的是 AT24C04 随机地址读时序图。随机地址读允许主机对寄存器的任意字节进行读操作。主机首先进行一次空写操作，发送起始信号、从机地址（R/W＝0）和它想读取的字节数据的地址。在 AT24C04 应答以后，主机重新发送起始信号和从机地址，此时 R/W＝1。AT24C04 响应并发送应答信号后输出要求的一个 8 位字节数据。主机不需要发送应答信号，但要产生一个停止信号。

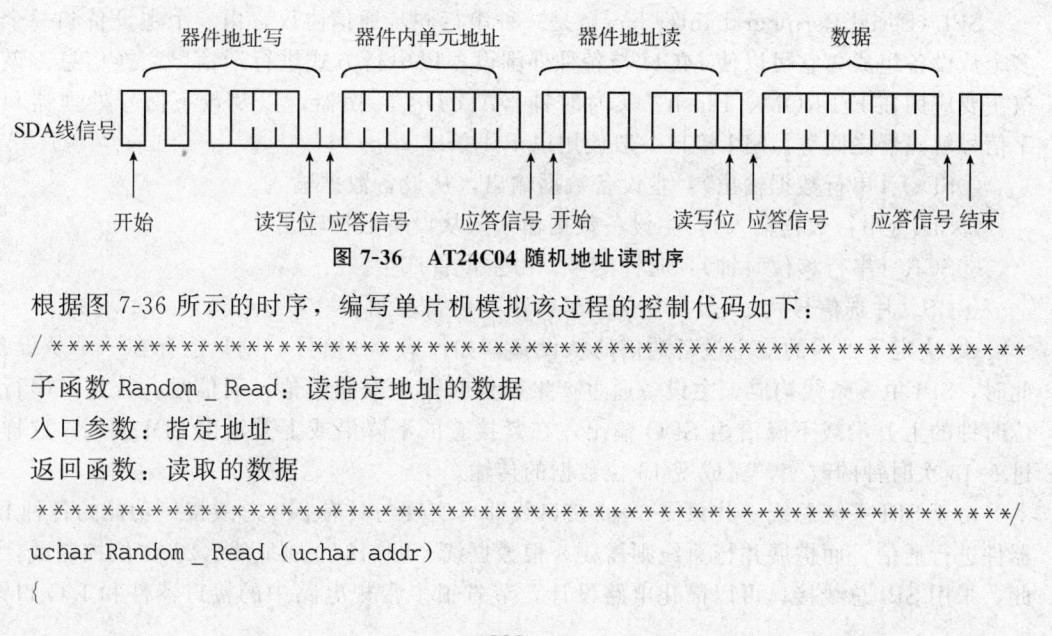

图 7-36 AT24C04 随机地址读时序

根据图 7-36 所示的时序，编写单片机模拟该过程的控制代码如下：

```c
/***************************************************************
子函数 Random_Read：读指定地址的数据
入口参数：指定地址
返回函数：读取的数据
***************************************************************/
uchar Random_Read (uchar addr)
{
```

```
STARTI²C ();
sendbyte (AddWr24c04);        //发送器件地址写信号
if (ack = = 0)                //应答
    return (0);
sendbyte (addr);              //发送器件内单元地址
if (ack = = 0)                //应答
    return (0);
STOPI2C ();
return Read _ Current _ Address _ Data ();
```
//读取单元内数据
}

③顺序地址写。图 7-37 所示的是 AT24C04 顺序地址读时序图。在顺序读操作中，首先执行当前地址读或随机地址读操作。在 AT24C04 发送完一个 8 位字节数据后，主机产生一个应答信号来响应，告知 AT24C04 主机需要更多的数据，对应主机产生的每个应答信号，AT24C04 都将发送一个 8 位的字节数据。当主机发送非应答信号时结束读操作，然后主机发送一个停止信号。

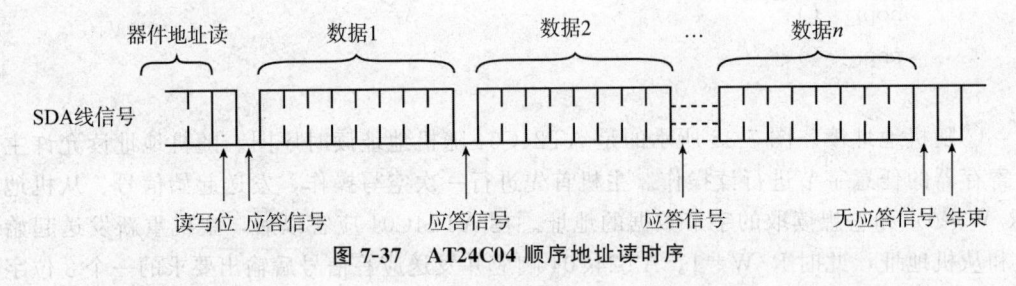

图 7-37　AT24C04 顺序地址读时序

3. SPI 总线

SPI（Serial Peripheral Inter face）是一种串行同步通信协议，由一个主设备和一个或多个从设备组成，它可以使 MCU 与各种外围设备以串行方式进行通信以交换信息。该接口主要应用在 E²PROM、Flash、实时时钟、AD/DA 转换器，以及数字信号处理器和数字信号解码器之间等。SPI 接口一般使用以下 4 条线。

①SDO（串行数据输出）：主设备数据输出，从设备数据输入。
②SDI（串行数据输入）：主设备数据输入，从设备数据输出。
③SCK（串行移位时钟）：时钟信号，由主设备产生。
④CS（片选信号）：从设备使能信号，由主设备控制。

CS 决定了唯一的与主设备通信的从设备，如没有 CS 信号，则只能存在一个从设备，此时，SPI 由 3 条线构成。主设备通过产生移位时钟来发起通信，通信时，数据在串行移位时钟的上升沿或下降沿由 SDO 输出，在紧接着的下降沿或上升沿由 SDI 读入，这样经过 8/16 次时钟的改变，完成 8/16 位数据的传输。

由于 SPI 系统总线一共只需 3～4 接口线即可实现与具有 SPI 总线接口功能的各种 I/O 器件进行通信，而扩展并行总线则需要 8 根数据线、8～16 位地址线、2～3 位控制线，因此，采用 SPI 总线接口可以简化电路设计，节省很多常规电路中的接口器件和 I/O 口线，提高设计的可靠性。

4. 单总线

单总线是美国 Maxim 全资子公司 Dallas 的一项专有技术。该技术与上述总线不同，它采用单根信号线，既可传输时钟，又能传输数据，而且数据传输是双向的，因而这种单总线技术具有线路简单，硬件开销少，成本低廉，便于总线扩展和维护等优点。

单总线适用于单个主机系统，能够控制一个或多个从机设备。主机可以是微控制器，从机可以是单总线器件，它们之间的数据交换只通过一条信号线。当只有一个从机设备时，系统可按单节点系统操作；当有多个从机设备时，系统则按多节点系统操作。其中，基于单总线协议的 DSl8B20 数字温度传感器应用十分广泛。

四、软件设计

对于 AT24C04 进行读写操作的关键在于正确产生芯片的操作时序。而 AT89C51 不具有 I^2C 总线接口，所以对 I^2C 外设读写时，需要软件模拟 I^2C 的串行时钟信号和操作时序。对照 I^2C 的各项操作时序图编写相应的启动、停止、读写等程序代码模块。

读写 AT24C04，并显示的系统仿真电路图如图 7-38 所示。在如图 7-38 所示的电路连接中，由于仅有一片 I^2C 芯片，因此无需设置器件地址，故将 AT24C04 的地址段 A1A2 均接地，因此，器件读地址为 0xa1，器件写地址为 0xa0。

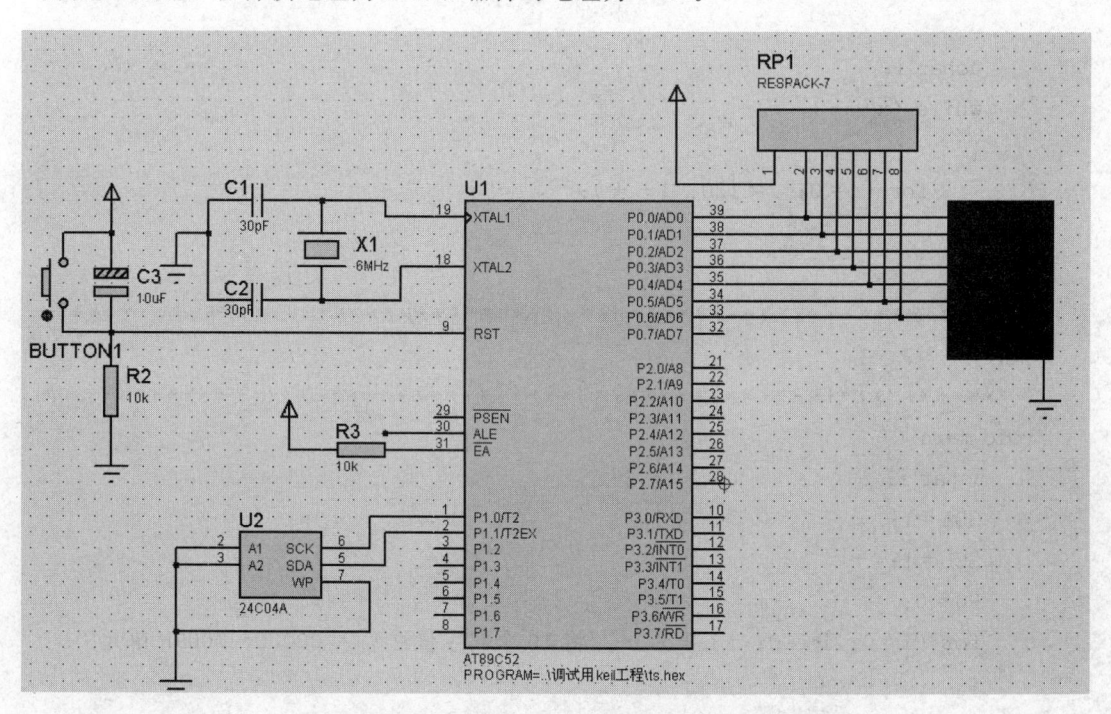

图 7-38　串行总线 AT24C04 存取显示仿真电路图

根据电路的连接及程序功能需要，完成程序首部如下：

＃include＜reg52.h＞
＃include＜intrins.h＞

```c
#define uchar unsigned char
#define uint unsigned int
#define AddWr24c04 0xa0        //写数据地址
#define AddRd24c04 0xa1        //读数据地址
#define delay4us() {_nop_();_nop_();_nop_();_nop_();_nop_();};
sbit SDA = P1^1;
sbit SCL = P1^0;
bit ack;                       //定义 I²C 应答标志位
uchar tab[10] = {0x3f, 0x06, 0x5b, 0x4f, 0x66, 0x6d, 0x7d, 0x07, 0x7f, 0x6f};
                               //共阴极数码管 0~9 的码字
```

设计程序，先向 AT24C04 中写入 0~9 的码字，然后循环读出这些码字，经延时后，发送到 P0 口显示。故设计主程序如下：

```c
/****************************************************************
延时函数 DelayMs
入口参数：x 控制延时长短
****************************************************************/
void DelayMs(uint x)
{
    uchar i;
    while(x--)
    {
        for(i = 0; i < 120; i++);
    }
}
/****************************************************************
主程序
****************************************************************/
void main()
{   uchar i;
    SDA = 1;
    SCL = 1;
    P0 = 0;
    for(i = 0; i < 10; i++)    //将 10 个码字依次写入 0000H~0009H 单元
    {
    Write_Random_Address_Byte(i, tab[i]);
    }
    i = 0;
    while(1)
    {
```

```
        P0 = Random _ Read (i);    //读出 AT24C04 中的码字，并显示
        DelayMs (1000);
        i++;
        i% = 10;
    }
}
```

五、Proteus 软件仿真

将 keil 中生成的 hex 文件装载到单片机中，点击运行按键，观察数码管显示结果。

点击暂停键，选择菜单栏中"调试"选项，如图 7-39 所示，选择 I2C Memory Internal Memory — U2，弹出窗口，可查看写入到 AT24C04 中的内容，如图 7-40 所示。

图 7-39　查看 I2C 存储器内容　　　　图 7-40　AT24C04 存储器数据

任务小结

本任务，利用软件模拟 I^2C 总线时序方式实现了数据存储器的串行扩展，串行扩展方式简化了硬件连接，减少了单片机的硬件资源浪费，提高了系统的可靠性。因此，串行接口在存储器、A/D、D/A、实时时钟、显示驱动等芯片得到广泛应用。在速度方面，串行扩展相对于并行扩展要低，所以，并行和串行扩展方法在单片机系统设计都需要进行掌握。并行扩展是利用了单片机的三总线结构，串行扩展是使用了新型串行总线 I^2C、SPI、单总线等。

项目总结

本项目以任务的形式展开，介绍了单片机在系统总线、程序存储器、数据存储器、并

行 I/O 口和串行 I/O 等方面的硬件电路设计和软件编程方法，使读者系统掌握单片机系统扩展的基本知识、方法和技能。学完本模块后，要求：

(1) 按照功能，通常把系统总线分为三组，即地址总线、数据总线和控制总线。理解系统三总线结构的工作原理。

(2) 掌握单片机程序存储器和数据存储器的扩展方法，特别是片选信号的产生方式，片选方法有线选方式、全译码方式和局部译码方式。

(3) 熟悉并行接口芯片 8255A 的使用，其是一种通用的可编程并行 I/O 接口芯片，可以方便地和 MCS-51 系列单片机相连接，以扩展单片机的 I/O 接口。掌握其编程方法，就可容易地对其他外设进行编程，如 ADC0809 等。

(4) 熟悉基于新型串行总线的编程协议及器件应用。当前，基于各种串行总线接口设计的器件越来越多，特别是 SPI、I^{2}C、单总线等使用广泛，已经在许多领域逐渐代替原有的并行接口器件。采用串行总线接口可以简化电路设计，节省很多常规电路器件和 I/O 接口线，提高设计的可靠性。

练 习 题

一、填空题

(1) 按照功能，通常把系统总线分为_____、_____和_____。

(2) 计算机中最常用的字符信息编码是_____，程序是以_____形式存放在程序存储器中的。

(3) 在 MCS-51 系统中片内外程序存储器地址采用的是统一编址，而片内外数据存储器采用的是_____编址；当 $\overline{EA}$ 引脚为低电平时，使用的是片_____程序存储器。

(4) 当单片机对外部设备采用总线式访问时，使用_____端口作为地址线，_____端口作为数据线。

(5) 一个 RAM 的地址具有 A0～A10 引脚，则它的容量为_____。

(6) 当 89C51 外扩程序存储器时，使用的某存储器芯片是 8KB×8/片，那么它的地址线是_____根，数据线是_____根。

(7) 8255A 具有_____个并行数据输入/输出端口，_____组工作方式控制电路。

(8) AT24C04 的容量为_____，遵从_____通信协议。

二、思考题

(1) 什么是总线？系统总线分为哪三种？

(2) 常用的片选方法有哪些？它们各有什么特点？

(3) 在 MSC-51 单片机应用系统中，使用 2764 芯片通过局部译码方式扩展 16KB 的程序存储器，试画出硬件连接电路图，并指出各芯片的地址空间范围。

(4) 在 MSC-51 单片机应用系统中，使用 6264 芯片通过全译码方式扩展 24KB 的数据存储器，试画出硬件连接电路图，并指出各芯片的地址空间范围。

(5) 在 MCS-51 单片机扩展系统中，为什么低 8 位地址信号需要地址锁存器？程序存储器和数据存储器共用 16 位地址线和 8 位数据线，为什么两个存储空间不会发生冲突？

(6) 用 8255A 扩展并行 I/O 口，实现 8 个开关的状态通过 8 个 LED 显示出来，试画出硬件电路图，用 C 语言编写相应的控制程序。

（7）8255A 有哪几种工作方式？怎样进行选择？

（8）比较 SPI、I^{2}C、单总线的技术特点。

（9）I^{2}C 总线的起始信号和终止信号是如何定义的？

附录一

MCS-51 指令集

表 1 数据传送类指令

助记符	说 明	字节数	执行时间机器周期数	指令代码（机器代码）
MOV A，Rn	寄存器内容传送到累加器 A	1	1	E8H～EFH
MOV A，direct	直接寻址字节传送到累加器	2	1	E5H，direct
MOV A，@Ri	间接寻址 RAM 传送到累加器	1	1	E6H～E7H
MOV A，#data	立即数传送到累加器	2	1	74H，data
MOV Rn，A	累加器内容传送到寄存器	1	1	F8H～FFH
MOV Rn，direct	直接寻址字节传送到累加器	2	2	A8H～AFH，direct
MOV Rn，#data	立即数传送到寄存器	2	1	78H～7FH，data
MOV direct，A	累加器内容传送到直接寻址字节	2	1	F5H，direct
MOV direct，Rn	寄存器内容传送到直接寻址字节	2	2	88H～8FH，direct
MOV direct1，direct2	直接寻址字节2传送到直接寻址字节1	3	2	85H，direct2，direct1
MOV direct，@Ri	间接寻址 RAM 传送到直接寻址字节	2	2	86H～87H；
MOV direct，#data	立即数传送到直接寻址字节	3	2	75H，direct，data
MOV @Ri，A	累加器传送到间接寻址 RAM	1	1	F6H～17H
MOV @Ri，direct	直接寻址字节传送到间接寻址 RAM	2	2	A6H～A7H，direct
MOV @Ri，#data	立即数传送到间接寻址 RAM	2	1	76H～77H，data
MOV DPTR，#dara16	16 位常数装入到数据指针	3	2	90H，dataH，dataL
MOVC A，@A+DPTR	代码字节传送到累加器	1	2	93H
MOVC A，@A+PC	代码字节传送到累加器	1	2	83H
MOVX A，@Ri	外部 RAM（8 位地址）传送到 A	1	2	E2H～E3H
MOVX A，@DPTR	外部 RAM（16 位地址）传送到 A	1	2	E0H
MOVX @Ri，A	累加器传送到外部 RAM（8 位地址）	1	2	F2H～F3H
MOVX @DPTR，A	累加器传送到外部 RAM（16 位地址）	1	2	F0H
PUSH difeet	直接寻址字节压入栈顶	2	2	C0H，direct
POP direct	栈顶字节弹到直接寻址字节	2	2	D0H，direct
XCH A，Rn	寄存器和累加器交换	1	1	C8H～CFH
XCH A，direct	直接寻址字节和累加器交换	2	1	C5H，direct
XCH A，@Ri	间接寻址 RAM 和累加器交换	1	1	C6H～C7H
XCHD A，@Ri	间接寻址 RAM 和累加器交换低半字节	1	1	D6H～D7H
SWAP A	累加器内高低半字节交换	1	1	C4H

附录一 MCS-51 指令集

表 2 算术操作类指令

助记符	说 明	字节数	执行时间机器周期数	指令代码（机器代码）
ADD A，Rn	寄存器内容加到累加器	1	1	28H～2FH
ADD A，direct	直接寻址字节加到累加器	2	1	25H，direct
ADD A，@Ri	间接寻址 RAM 加到累加器	1	1	26H～27H
ADD A，#data	立即数加到累加器	2	1	24H，data
ADDC A，Rn	寄存器内容加到累加器（带进位）	1	1	38H～3FH
ADDC A，direct	直接寻址字节加到累加器（带进位）	2	1	35H，direct
ADDC A，@Ri	间接寻址 RAM 加到累加器（带进位）	2	1	36H～37H
ADDC A，#data	立即数加到累加器（带进位）	2	1	34H，data
SUBB A，Rn	累加器内容减去寄存器内容（带借位）	2	1	98H～9FH
SUBB A，direct	累加器内容减去直接寻址字节内容（带借位）	3	2	95H，direct
SUBB A，@Ri	累加器内容减去间接寻址 RAM 内容（带借位）	1	1	96H～97H
SUBB A，#data	累加器内容减去立即数（带借位）	2	1	94H，dara
INC A	累加器增 1	1	1	04H
INC Rn	寄存器增 1	1	1	08H～0FH
INC direct	直接寻址字节增 1	2	1	05H，direct
INC @Ri	间接寻址 RAN 增 1	1	1	06H～07H
DEC A	累加器减 1	1	1	14H
DEC Rn	寄存器减 1	1	1	18H～1FH
DEC direct	直接寻址字节减 1	2	1	15H，direct
DEC @Ri	间接寻址 RAN 减 1	1	1	16H～17H
INC DPTR	数据指针增 1	1	2	A3H
MUL AB	累加器和寄存器 B 相乘	1	4	A4H
DIV AB	累加器除以寄存器 B	1	4	84H
DA A	累加器十进制调整	1	1	D4H

表 3　逻辑操作类指令

助记符	说　明	字节数	执行时间 机器周期数	指令代码（机器代码）
ANL A，Rn	寄存器与到累加器	1	1	58H～5FH
ANL A，direct	直接寻址字节与到累加器	2	1	55H，direct
ANL A，@Ri	间接寻址 RAM 与到累加器	1	1	56H～57H
ANL A，#data	立即数与到累加器	2	1	54H，data
ANL direct，A	累加器与到直接寻址字节	2	1	52H，direct
ANL direct，#data	立即数与到直接寻址字节	3	1	53H，direct，data
ORL A，Rn	寄存器或到累加器	1	1	48H～4FH
ORL A，direct	直接寻址字节或到累加器	2	1	45H，direct
ORL A，@Ri	间接寻址 RAM 或到累加器	1	1	46H～47H
ORL A，#data	立即数或到累加器	2	1	44H，data
ORL direct，A	累加器或到直接寻址字节	2	2	42H，direct
ORL direct，#data	立即数或到直接寻址字节	3	2	43H，direct，data
XRL A，Rn	寄存器异或到累加器	1	1	68H～6FH
XPtL A，direct	直接寻址字节异或到累加器	2	1	65H，direct
XRL A，@Ri	间接寻址 RAM 异或到累加器	2	1	66H～67H
XRL A，#data	立即数异或到累加器	2	1	64H，data
XRL direct，A	累加器异或到直接寻址字节	2	1	62H，direct
XRL direct，#data	立即数异或到直接寻址字节	3	2	63H，direct，data
CLR A	累加器清零	1	1	E4H
CPL A	累加器取反	1	1	F4H
RL A	累加器循环左移	1	1	23H
RLC A	经过进位位的累加器循环左移	1	1	33H
RR A	累加器循环右移	1	1	03H
RRC A	经过进位位的累加器循环右移	1	1	13H

附录一 MCS-51 指令集

表 4 控制转移类指令

助记符	说 明	字节数	执行时间机器周期数	指令代码（机器代码）
ACALL addrll	绝对调用子程序	2	2	(addr10～810001)，(addr7～0)
LCALL addrl6	长调用子程序	3	2	12H，(addrl5～8)，(addr7～0)
RET	从子程序返回	1	2	22H
RETI	从中断返回	1	2	32H
AJMP addrll	绝对转移	2	2	(addr10～800001)，(addr7～0)
LJMPaddrl6	长转移	3	2	02H，(addr15～8)，(addr7～0)
SJMPrel	短转移（相对偏移）	2	2	80H，rel
JMP @ A+DPTR	相对 DPTR 的间接转移	1	2	73H
JZ rel	累加器为零则转移	2	2	60H，rel
JNZ rel	累加器非零则转移	2	2	70H，rel
CJNE A,direct,rel	比较直接寻址字节和 A，不相等则转移	3	2	B5H，direct，rel
CJNE A,#data,rel	比较立即数和 A，不相等则转移	3	2	B4H，data，rel
CJNE @ Ri,#data,rel	比较立即数和间接寻址 RAM，不相等则转移	3	2	B6H～B7H，data，rel
DJNZ Rn, rel	寄存器减 1 不为 0 则转移	3	2	D8H～DFH，rel
DJNZ direct, rel	地址字节减 1 不为 0 则转移	3	2	D5H，direct，rel
NOP	空操作	1	1	00H

表 5　位操作类指令

助记符	说　明	字节数	执行时间机器周期数	指令代码（机器代码）
CLR C	清零进位位	1	1	C3H
CLR bit	清零直接寻址位	2	1	C2H，bit
SETB C	进位位置1	1	1	D3H
SETB bit	直接寻址位置1	2	1	D2H，bit
CPL C	进位位取反	1	1	B3H
CPL bit	直接寻址位取反	2	1	B2H，bit
ANL C，bit	直接寻址位与到进位位	2	2	82H，bit
ANL C，/bit	直接寻址位的反码与到进位位	2	2	B0H，bit
ORL C，bit	直接寻址位或到进位位	2	2	72H，bit
ORL C，/bit	直接寻址位的反码或到进位位	2	2	A0H，bit
MOV C，bit	直接寻址位传送到进位位	2	2	A2H，bit
MOV bit，C	进位位传送到直接寻址位	2	2	92H，bit
JC rel	进位位为1则转移	2	2	40H，rel
JNC rel	进位位为0则转移	2	2	50H，rel
JB bit，rel	直接寻址位为1则转移	3	2	20H，bit，rel
JNB bit，rel	直接寻址位为0则转移	3	2	30H，bit，rel
JBC bit，rel	直接寻址位为1则转移并清0该位	3	2	10H，bit，rel

附录二

ASCII 表

ASCII 表

低位\高位	000	001	010	011	100	101	110	111
0000	NUL	DLE	SP	0	@	P	`	p
0001	SOH	DC1	!	1	A	Q	a	q
0010	STX	DC2	"	2	B	R	b	r
0011	ETX	DC3	#	3	C	S	c	s
0100	EOT	DC4	$	4	D	T	d	t
0101	ENQ	NAK	%	5	E	U	e	u
0110	ACK	SYN	&	6	F	V	f	v
0111	BEL	ETB	'	7	G	W	g	w
1000	BS	CAN	(	8	H	X	h	x
1001	HT	EM	)	9	I	Y	i	y
1010	IF	SUB	*	:	J	Z	j	z
1011	VT	ESC	+	;	K	[	k	{
1100	FF	FS	,	<	L	\	l	|
1101	CR	GS	—	=	M	]	m	}
1110	SO	RS	.	>	N	↑	n	~
1111	SI	US	/	?	O	←	o	DEL

参 考 文 献

[1] 耿淬，孙志平．微机控制技术及应用［M］．北京：高等教育出版社，2002．
[2] 蔡朝洋．单片机控制实习与专题制作［M］．北京：北京航天大学出版社，2006．
[3] 王守中．51单片机发入门与典型实傲［M］．北京：人民邮电出版社，2007．
[4] 陈宁，王文宁．单片机技术项目教程［M］．南京：东南大学出版社，2008．
[5] 周坚．单片机轻松入门［M］．北京：航空航天大学出版社，2004．
[6] 李建忠．单片机原理及应用［M］．西安：西安电子科技大学出版社，2004．
[7] 王晓明．电动机的单片机控制［M］．北京：航空航天大学出版社，2004．
[8] 何立民．单片机应用系统设计［M］．北京：航空航天大学出版社，2004．
[9] 杨振江，杜铁军，李群．流行单片机使用子程序机应用实例［M］．西安：西安电子科技大学出版社，2004．
[10] 胡健．单片机原理及接口技术实践教程［M］．北京：机械工业出版社，2004．
[11] 姜源，陈卫兵．单片机应用与实践教程［M］．西安：西安交通大学出版社，2010